全国高等职业教育药品类专业
国家卫生健康委员会"十三五"规划教材

供化学制药技术、药学、生物制药技术专业用

药物分离与纯化技术

第3版

主　编　马　娟

副主编　杜建红

编　者　（以姓氏笔画为序）

马　娟　（广东食品药品职业学院）　　吴小瑜　（无锡卫生高等职业技术学校）

巴寅颖　（首都医科大学）　　　　　　周代营　（广东食品药品职业学院）

杜建红　（山西药科职业学院）　　　　梁大伟　（雅安职业技术学院）

李　艳　（重庆医药高等专科学校）

人民卫生出版社

图书在版编目（CIP）数据

药物分离与纯化技术／马娟主编.—3 版.—北京：
人民卫生出版社,2018
　ISBN 978-7-117-25952-1

　Ⅰ.①药…　Ⅱ.①马…　Ⅲ.①药物-分离-高等职业
教育-教材②药物-提纯-高等职业教育-教材　Ⅳ.
①TQ460.6

　中国版本图书馆 CIP 数据核字(2018)第 097025 号

| 人卫智网 | www.ipmph.com | 医学教育、学术、考试、健康，购书智慧智能综合服务平台 |
| 人卫官网 | www.pmph.com | 人卫官方资讯发布平台 |

药物分离与纯化技术
第 3 版

主　　编：马　娟
出版发行：人民卫生出版社（中继线 010-59780011）
地　　址：北京市朝阳区潘家园南里 19 号
邮　　编：100021
E - mail：pmph @ pmph.com
购书热线：010-59787592　010-59787584　010-65264830
印　　刷：北京九州迅驰传媒文化有限公司
经　　销：新华书店
开　　本：850×1168　1/16　印张：18
字　　数：423 千字
版　　次：2009 年 1 月第 1 版　　2018 年 12 月第 3 版
　　　　　2022 年 12 月第 3 版第 4 次印刷（总第 8 次印刷）
标准书号：ISBN 978-7-117-25952-1
定　　价：52.00 元

全国高等职业教育药品类专业国家卫生健康委员会
"十三五"规划教材出版说明

随着《国务院关于加快发展现代职业教育的决定》《高等职业教育创新发展行动计划（2015－2018年）》《教育部关于深化职业教育教学改革全面提高人才培养质量的若干意见》等一系列重要指导性文件相继出台，明确了职业教育的战略地位、发展方向。为全面贯彻国家教育方针，将现代职教发展理念融入教材建设全过程，人民卫生出版社组建了全国食品药品职业教育教材建设指导委员会。在该指导委员会的直接指导下，经过广泛调研论证，启动了全国高等职业教育药品类专业第三轮规划教材的修订出版工作。

本套规划教材首版于2009年，于2013年修订出版了第二轮规划教材，其中部分教材入选了"十二五"职业教育国家规划教材。本轮规划教材主要依据教育部颁布的《普通高等学校高等职业教育（专科）专业目录（2015年）》及2017年增补专业，调整充实了教材品种，涵盖了药品类相关专业的主要课程。全套教材为国家卫生健康委员会"十三五"规划教材，是"十三五"时期人卫社重点教材建设项目。本轮教材继续秉承"五个对接"的职教理念，结合国内药学类专业高等职业教育教学发展趋势，科学合理推进规划教材体系改革，同步进行了数字资源建设，着力打造本领域首套融合教材。

本套教材重点突出如下特点：

1. **适应发展需求，体现高职特色**　本套教材定位于高等职业教育药品类专业，教材的顶层设计既考虑行业创新驱动发展对技术技能型人才的需要，又充分考虑职业人才的全面发展和技术技能型人才的成长规律；既集合了我国职业教育快速发展的实践经验，又充分体现了现代高等职业教育的发展理念，突出高等职业教育特色。

2. **完善课程标准，兼顾接续培养**　本套教材根据各专业对应从业岗位的任职标准优化课程标准，避免重要知识点的遗漏和不必要的交叉重复，以保证教学内容的设计与职业标准精准对接，学校的人才培养与企业的岗位需求精准对接。同时，本套教材顺应接续培养的需要，适当考虑建立各课程的衔接体系，以保证高等职业教育对口招收中职学生的需要和高职学生对口升学至应用型本科专业学习的衔接。

3. **推进产学结合，实现一体化教学**　本套教材的内容编排以技能培养为目标，以技术应用为主线，使学生在逐步了解岗位工作实践，掌握工作技能的过程中获取相应的知识。为此，在编写队伍组建上，特别邀请了一大批具有丰富实践经验的行业专家参加编写工作，与从全国高职院校中遴选出的优秀师资共同合作，确保教材内容贴近一线工作岗位实际，促使一体化教学成为现实。

4. **注重素养教育，打造工匠精神**　在全国"劳动光荣、技能宝贵"的氛围逐渐形成，"工匠精神"在各行各业广为倡导的形势下,医药卫生行业的从业人员更要有崇高的道德和职业素养。教材更加强调要充分体现对学生职业素养的培养,在适当的环节,特别是案例中要体现出药品从业人员的行为准则和道德规范,以及精益求精的工作态度。

5. **培养创新意识,提高创业能力**　为有效地开展大学生创新创业教育,促进学生全面发展和全面成才,本套教材特别注意将创新创业教育融入专业课程中,帮助学生培养创新思维,提高创新能力、实践能力和解决复杂问题的能力,引导学生独立思考、客观判断,以积极的、锲而不舍的精神寻求解决问题的方案。

6. **对接岗位实际,确保课证融通**　按照课程标准与职业标准融通,课程评价方式与职业技能鉴定方式融通,学历教育管理与职业资格管理融通的现代职业教育发展趋势,本套教材中的专业课程,充分考虑学生考取相关职业资格证书的需要,其内容和实训项目的选取尽量涵盖相关的考试内容,使其成为一本既是学历教育的教科书,又是职业岗位证书的培训教材,实现"双证书"培养。

7. **营造真实场景,活化教学模式**　本套教材在继承保持人卫版职业教育教材栏目式编写模式的基础上,进行了进一步系统优化。例如,增加了"导学情景",借助真实工作情景开启知识内容的学习;"复习导图"以思维导图的模式,为学生梳理本章的知识脉络,帮助学生构建知识框架。进而提高教材的可读性,体现教材的职业教育属性,做到学以致用。

8. **全面"纸数"融合,促进多媒体共享**　为了适应新的教学模式的需要,本套教材同步建设以纸质教材内容为核心的多样化的数字教学资源,从广度、深度上拓展纸质教材内容。通过在纸质教材中增加二维码的方式"无缝隙"地链接视频、动画、图片、PPT、音频、文档等富媒体资源,丰富纸质教材的表现形式,补充拓展性的知识内容,为多元化的人才培养提供更多的信息知识支撑。

本套教材的编写过程中,全体编者以高度负责、严谨认真的态度为教材的编写工作付出了诸多心血,各参编院校对编写工作的顺利开展给予了大力支持,从而使本套教材得以高质量如期出版,在此对有关单位和各位专家表示诚挚的感谢!教材出版后,各位教师、学生在使用过程中,如发现问题请反馈给我们(renweiyaoxue@163.com),以便及时更正和修订完善。

人民卫生出版社

2018 年 3 月

全国高等职业教育药品类专业国家卫生健康委员会
"十三五"规划教材
教材目录

序号	教材名称	主编	适用专业
1	人体解剖生理学(第3版)	贺 伟 吴金英	药学类、药品制造类、食品药品管理类、食品工业类
2	基础化学(第3版)	傅春华 黄月君	药学类、药品制造类、食品药品管理类、食品工业类
3	无机化学(第3版)	牛秀明 林 珍	药学类、药品制造类、食品药品管理类、食品工业类
4	分析化学(第3版)	李维斌 陈哲洪	药学类、药品制造类、食品药品管理类、医学技术类、生物技术类
5	仪器分析	任玉红 闫冬良	药学类、药品制造类、食品药品管理类、食品工业类
6	有机化学(第3版)*	刘 斌 卫月琴	药学类、药品制造类、食品药品管理类、食品工业类
7	生物化学(第3版)	李清秀	药学类、药品制造类、食品药品管理类、食品工业类
8	微生物与免疫学*	凌庆枝 魏仲香	药学类、药品制造类、食品药品管理类、食品工业类
9	药事管理与法规(第3版)	万仁甫	药学类、药品经营与管理、中药学、药品生产技术、药品质量与安全、食品药品监督管理
10	公共关系基础(第3版)	秦东华 惠 春	药学类、药品制造类、食品药品管理类、食品工业类
11	医药数理统计(第3版)	侯丽英	药学、药物制剂技术、化学制药技术、中药制药技术、生物制药技术、药品经营与管理、药品服务与管理
12	药学英语	林速容 赵 旦	药学、药物制剂技术、化学制药技术、中药制药技术、生物制药技术、药品经营与管理、药品服务与管理
13	医药应用文写作(第3版)	张月亮	药学、药物制剂技术、化学制药技术、中药制药技术、生物制药技术、药品经营与管理、药品服务与管理

序号	教材名称	主编	适用专业
14	医药信息检索(第3版)	陈 燕 李现红	药学、药物制剂技术、化学制药技术、中药制药技术、生物制药技术、药品经营与管理、药品服务与管理
15	药理学(第3版)	罗跃娥 樊一桥	药学、药物制剂技术、化学制药技术、中药制药技术、生物制药技术、药品经营与管理、药品服务与管理
16	药物化学(第3版)	葛淑兰 张彦文	药学、药品经营与管理、药品服务与管理、药物制剂技术、化学制药技术
17	药剂学(第3版)*	李忠文	药学、药品经营与管理、药品服务与管理、药品质量与安全
18	药物分析(第3版)	孙 莹 刘 燕	药学、药品质量与安全、药品经营与管理、药品生产技术
19	天然药物学(第3版)	沈 力 张 辛	药学、药物制剂技术、化学制药技术、生物制药技术、药品经营与管理
20	天然药物化学(第3版)	吴剑峰	药学、药物制剂技术、化学制药技术、生物制药技术、中药制药技术
21	医院药学概要(第3版)	张明淑 于 倩	药学、药品经营与管理、药品服务与管理
22	中医药学概论(第3版)	周少林 吴立明	药学、药物制剂技术、化学制药技术、中药制药技术、生物制药技术、药品经营与管理、药品服务与管理
23	药品营销心理学(第3版)	丛 媛	药学、药品经营与管理
24	基础会计(第3版)	周凤莲	药品经营与管理、药品服务与管理
25	临床医学概要(第3版)*	曾 华	药学、药品经营与管理
26	药品市场营销学(第3版)*	张 丽	药学、药品经营与管理、中药学、药物制剂技术、化学制药技术、生物制药技术、中药制药技术、药品服务与管理
27	临床药物治疗学(第3版)*	曹 红 吴 艳	药学、药品经营与管理
28	医药企业管理	戴 宇 徐茂红	药品经营与管理、药学、药品服务与管理
29	药品储存与养护(第3版)	徐世义 宫淑秋	药品经营与管理、药学、中药学、药品生产技术
30	药品经营管理法律实务(第3版)*	李朝霞	药品经营与管理、药品服务与管理
31	医学基础(第3版)	孙志军 李宏伟	药学、药物制剂技术、生物制药技术、化学制药技术、中药制药技术
32	药学服务实务(第2版)	秦红兵 陈俊荣	药学、中药学、药品经营与管理、药品服务与管理

序号	教材名称	主编		适用专业
33	药品生产质量管理(第3版)*	李 洪		药物制剂技术、化学制药技术、中药制药技术、生物制药技术、药品生产技术
34	安全生产知识(第3版)	张之东		药物制剂技术、化学制药技术、中药制药技术、生物制药技术、药学
35	实用药物学基础(第3版)	丁 丰	张 庆	药学、药物制剂技术、生物制药技术、化学制药技术
36	药物制剂技术(第3版)*	张健泓		药学、药物制剂技术、化学制药技术、生物制药技术
	药物制剂综合实训教程	胡 英	张健泓	药学、药物制剂技术、化学制药技术、生物制药技术
37	药物检测技术(第3版)	甄会贤		药品质量与安全、药物制剂技术、化学制药技术、药学
38	药物制剂设备(第3版)	王 泽		药品生产技术、药物制剂技术、制药设备应用技术、中药生产与加工
39	药物制剂辅料与包装材料(第3版)*	张亚红		药物制剂技术、化学制药技术、中药制药技术、生物制药技术、药学
40	化工制图(第3版)	孙安荣		化学制药技术、生物制药技术、中药制药技术、药物制剂技术、药品生产技术、食品加工技术、化工生物技术、制药设备应用技术、医疗设备应用技术
41	药物分离与纯化技术(第3版)	马 娟		化学制药技术、药学、生物制药技术
42	药品生物检定技术(第2版)	杨元娟		药学、生物制药技术、药物制剂技术、药品质量与安全、药品生物技术
43	生物药物检测技术(第2版)	兰作平		生物制药技术、药品质量与安全
44	生物制药设备(第3版)*	罗合春	贺 峰	生物制药技术
45	中医基本理论(第3版)*	叶玉枝		中药制药技术、中药学、中药生产与加工、中医养生保健、中医康复技术
46	实用中药(第3版)	马维平	徐智斌	中药制药技术、中药学、中药生产与加工
47	方剂与中成药(第3版)	李建民	马 波	中药制药技术、中药学、药品生产技术、药品经营与管理、药品服务与管理
48	中药鉴定技术(第3版)*	李炳生	易东阳	中药制药技术、药品经营与管理、中药学、中草药栽培技术、中药生产与加工、药品质量与安全、药学
49	药用植物识别技术	宋新丽	彭学著	中药制药技术、中药学、中草药栽培技术、中药生产与加工

序号	教材名称	主编	适用专业
50	中药药理学(第3版)	袁先雄	药学、中药学、药品生产技术、药品经营与管理、药品服务与管理
51	中药化学实用技术(第3版)*	杨 红 郭素华	中药制药技术、中药学、中草药栽培技术、中药生产与加工
52	中药炮制技术(第3版)	张中社 龙全江	中药制药技术、中药学、中药生产与加工
53	中药制药设备(第3版)	魏增余	中药制药技术、中药学、药品生产技术、制药设备应用技术
54	中药制剂技术(第3版)	汪小根 刘德军	中药制药技术、中药学、中药生产与加工、药品质量与安全
55	中药制剂检测技术(第3版)	田友清 张钦德	中药制药技术、中药学、药学、药品生产技术、药品质量与安全
56	药品生产技术	李丽娟	药品生产技术、化学制药技术、生物制药技术、药品质量与安全
57	中药生产与加工	庄义修 付绍智	药学、药品生产技术、药品质量与安全、中药学、中药生产与加工

说明:* 为"十二五"职业教育国家规划教材。全套教材均配有数字资源。

全国食品药品职业教育教材建设指导委员会
成员名单

主 任 委 员： 姚文兵　中国药科大学

副主任委员： 刘　斌　天津职业大学　　　　　　　马　波　安徽中医药高等专科学校

冯连贵　重庆医药高等专科学校　　　袁　龙　江苏省徐州医药高等职业学校

张彦文　天津医学高等专科学校　　　缪立德　长江职业学院

陶书中　江苏食品药品职业技术学院　张伟群　安庆医药高等专科学校

许莉勇　浙江医药高等专科学校　　　罗晓清　苏州卫生职业技术学院

昝雪峰　楚雄医药高等专科学校　　　葛淑兰　山东医学高等专科学校

陈国忠　江苏医药职业学院　　　　　孙勇民　天津现代职业技术学院

委　　　员（以姓氏笔画为序）：

于文国　河北化工医药职业技术学院　张　铎　河北化工医药职业技术学院

毛小明　安庆医药高等专科学校　　　张志琴　楚雄医药高等专科学校

牛红云　黑龙江农垦职业学院　　　　张佳佳　浙江医药高等专科学校

王　宁　江苏医药职业学院　　　　　张健泓　广东食品药品职业学院

王明军　厦门医学高等专科学校　　　张海涛　辽宁农业职业技术学院

王玮瑛　黑龙江护理高等专科学校　　李　霞　天津职业大学

王峥业　江苏省徐州医药高等职业学校　李群力　金华职业技术学院

王瑞兰　广东食品药品职业学院　　　杨元娟　重庆医药高等专科学校

边　江　中国医学装备协会康复医学　杨先振　楚雄医药高等专科学校
　　　　装备技术专业委员会　　　　邹浩军　无锡卫生高等职业技术学院

刘　燕　肇庆医学高等专科学校　　　陈芳梅　广西卫生职业技术学院

刘玉兵　黑龙江农业经济职业学院　　陈海洋　湖南环境生物职业技术学院

刘德军　江苏省连云港中医药高等职业　周双林　浙江医药高等专科学校
　　　　技术学校　　　　　　　　　罗兴洪　先声药业集团

吕　平　天津职业大学　　　　　　　罗跃娥　天津医学高等专科学校

孙　莹　长春医学高等专科学校　　　郏枝花　安徽医学高等专科学校

朱照静　重庆医药高等专科学校　　　金浩宇　广东食品药品职业学院

师邱毅　浙江医药高等专科学校　　　段如春　楚雄医药高等专科学校

严　振　广东食品药品监督管理局　　胡雪琴　重庆医药高等专科学校

张　庆　济南护理职业学院　　　　　郝晶晶　北京卫生职业学院

张　建　天津生物工程职业技术学院　倪　峰　福建卫生职业技术学院

9

徐一新　上海健康医学院　　　　　　　黄美娥　湖南食品药品职业学院

莫国民　上海健康医学院　　　　　　　景维斌　江苏省徐州医药高等职业学校

袁加程　江苏食品药品职业技术学院　　葛　虹　广东食品药品职业学院

顾立众　江苏食品药品职业技术学院　　蒋长顺　安徽医学高等专科学校

晨　阳　江苏医药职业学院　　　　　　潘志恒　天津现代职业技术学院

黄丽萍　安徽中医药高等专科学校

前　言

《药物分离与纯化技术》第3版是全国高等职业教育药品类专业国家卫生健康委员会"十三五"规划教材之一。本教材的编写认真贯彻落实了以培养高素质技能型专门人才为核心,以就业为导向、能力为本位、学生为主体的指导思想和原则,按照化学制药技术、药学、生物制药技术专业的培养目标,在人民卫生出版社的组织规划下,进一步确立了本门课程的教学内容,修订了教学大纲和教材内容。

《药物分离与纯化技术》第3版是在总结前两版的经验、同时参考近期出版的各类相关文献、认真吸取它们的优点的基础上编写成的新教材。教材内容的选择与编排以企业实际的药物分离与纯化过程为线索,呈现从预处理到干燥的全程介绍,内容包括:绪论、固相析出技术、固-液分离技术、萃取技术、蒸馏技术、膜分离技术、色谱分离技术、其他分离纯化技术、药物干燥技术。同时,为了使理论教学与实践教学紧密联系,在相关章节末安排了实训项目,供各校在教学中选用。考虑到学生的章节与章节之间自我联系能力不强且岗位对学生实际操作能力要求较高的特点,书末还附有一些综合实践训练项目,让学生建立连续生产及成本控制的概念,而不只是停留在对单个分离纯化技术的理解层面上,同时也可以满足实际教学过程中任务驱动教学的需要。书末附有经过反复讨论修改、最后审定的针对各专业的课程标准,可供各校教学参考。各专业可以按照课程标准的要求及专业学习的需要,选取内容。

本书编写有三大特色,一是以岗位群和技术方法作为章节,以技能培养为目标,以技术应用为主线,理论知识的选取以提高解决实际问题的能力为目的,充分体现高职特色及产学结合;二是内容呈现上重点突出、多样展示、营造真实场景、活化教学模式,在教材中设立了导学情景、课堂活动、案例分析、知识链接、难点释疑、点滴积累、边学边练、目标检测等栏目,激发学生学习的主动性,突出培养学生分析问题和解决问题的能力,提高学习质量;三是"纸数"融合,促进信息化教学,在纸质教材中增加二维码的方式,"无缝隙"地链接图片、PPT、文档等富媒体资源,丰富纸质教材的表现形式,另一方面借助网络增值服务平台,补充拓展性的知识内容和大容量的数字资源,为多元化的人才培养提供更多的信息知识支撑。

本书基本上涵盖了药品生产中涉及的各种药物分离与纯化技术,可作为化学制药技术、药学、生物制药技术专业的必备教材,还可供药品生产技术(中药制药方向、药物制剂方向)、中药等专业教学选用。同时可作为从事药物分离与纯化的生产和技术人员培训教材,对岗前培训、岗位技能训练、职业技能考核、职业资格证书等也有指导作用。

在编写过程中,编写团队的所有成员相互配合,倾心倾力地付出劳动,同时也得到了有关单位、企业、院校领导、专家、老师的鼎力支持和帮助,并参考引用众多专家、学者的成果,在此一并表示诚挚的敬意和感谢。

药物分离与纯化技术是一门涉及面广、实践性强的综合性课程,限于编者的工程实践能力、学识水平和时间限制,书中的缺憾和不足在所难免,敬请同行专家和读者批评指正。

马 娟

2018 年 11 月

目　录

第一章

绪　论

ER-01章PPT

导学情景　∨

情景描述：

　　新学期初，制药工程学院的同学们来到某制药厂链霉素生产线进行参观，发现发酵液从发酵罐出来后并不是如大家预计的那样很快就变成了药品，而是需经过多个步骤、多道工序处理后才得到原料药，且后续还需经过制剂才能得到临床使用的药品。

学前导语：

　　药品生产过程包括原料药生产过程和药物制剂过程，原料药生产过程包括：药物成分的获得、药物的分离纯化、干燥、最后获得成品，药物分离纯化技术在原料药生产过程起着非常重要的作用。　本章我们将带领同学们来学习药物分离与纯化技术课程的研究对象、内容、意义以及分离纯化的原理、分类和发展，为大家学习该门课程提供方向，并为后续具体的分离纯化技术学习奠定基础。

　　从含有药物成分的混合物中，经分离、纯化并加工制成符合《中华人民共和国药典》（简称《中国药典》）规定的药品生产技术，称为药物分离与纯化技术。本课程主要内容有固相析出技术、固-液分离技术、萃取技术、蒸馏技术、膜分离技术、色谱分离技术、其他分离纯化技术和药物干燥技术等。

第一节　本课程的研究对象和内容

一、药品生产过程

药品生产过程包括原料药生产过程和药物制剂过程。原料药生产过程如下。

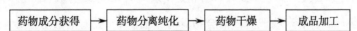

药物成分获得　→　药物分离纯化　→　药物干燥　→　成品加工

　　根据药物成分获得方法的不同，可分为化学合成法、生物发酵法和中药提取法等。化学合成法指针对所需合成药物成分的分子结构、光学构象等要求，制订合理的化学合成工艺路线和步骤，确定出适当的反应条件，设计或选用适当的反应器，完成合成反应操作以获得含药物成分的反应产物。生物发酵法则通过自然界的生物机体、组织、细胞，通过生长代谢合成含有具有预防、治疗和诊断功能的药物成分的发酵液。中药提取法则通过对中药材有效成分的分析，选择适宜的提取方法，以获得含有药物成分的混合液。采用上述各种方法获得的是含有药物成分的混合物，需要采用固-液分离技术、萃取技术、膜分离技术等各种分离技术,将药物成分从复杂的混合物中分离浓缩;然后再运用离子交换技术、吸附技术、除菌技术、结晶技术等各种纯化技术,对药物进行精制,获得较纯净的药物成分;最后通过热干燥或冷冻干燥、成品加工过程,获得符合《中国药典》规定质量要求的原料药。

> **难点释疑**
>
> 分离过程与纯化过程
>
> 利用混合物的性质差异如沸点、溶解性等的不同,把物质分开并得到各单一纯净物的过程,称为分离过程。 利用混合物的性质差异,把混合物中的杂质去除而得到目标物的过程,如药液中热原、色素、细菌等的去除过程,称为纯化过程。

药品生产技术的高低由生物或化学反应技术水平、分离与纯化技术水平和药物制剂技术水平所决定,药品生产技术又是以制药设备作为物质基础和工具,以制药工艺作为技术手段和方法,因此制药工业是一个技术密集型产业,具有生产工艺复杂、生产岗位分工明确、产品品种多、生产投入高、产品质量要求严格等特点。

二、研究对象和内容

药物分离与纯化技术是综合应用化学、物理、生物等基础知识,分析研究各种分离纯化技术的基本原理、工艺过程及主要影响因素,理解和认识分离纯化设备的结构与操作,为学习药品生产工艺和从事药物分离与纯化岗位工作奠定基础。

药品生产所用原料种类繁多,生产方法多种多样,使制得的含有药物成分的混合液成分复杂,而且随着对药品质量的严格控制,许多新型药物分离与纯化技术得到飞速发展,成为药品生产技术的重要组成部分之一;对于从事药品生产的高素质、高技能人才,必须掌握药物分离与纯化技术的原理和方法,并能根据混合物的特性和分离要求,选用适宜的技术,组成合理的工艺,更好地完成药物的分离纯化任务。

三、本课程的地位和作用

由于药物(涵盖化学药、中药、生物药)的纯度和杂质含量与其药效、毒物作用、价格等息息相关,通过各种方法获得的含有药物成分的混合物具有杂质含量高、有效成分浓度低、多相态的特点,且许多生物活性药物极不稳定,有些药品还要求无菌操作,这对药物分离与纯化过程提出了更高的要求,也使得分离与纯化技术成为制药工艺的重点。

由于药物分离与纯化过程的步骤多、周期长、影响因素复杂,使得药品生产过程的不确定性大、难以严格控制,从而造成生产收率低、工艺重复性差,而且药品的有效性、稳定性、均一性和纯净度也难以保证。因此,药物分离与纯化技术对药品质量起着非常重要的作用,其成本在总成本中占有很高的比例,也对药品的商品化起着决定性作用。特别是各种新型药物的制备技术日趋成熟,但分离纯化技术难以实现工业化,难以推广使用,进一步说明药物分离与纯化技术在药品生产技术中占有相当重要的地位。

点滴积累 ╲╱

1. 药物分离与纯化技术是从含有药物成分的混合物中,经分离、纯化并加工制成符合《中华人民共和国药典》(简称《中国药典》)规定药品的生产技术。
2. 药物分离纯化技术对药品质量起着非常重要的作用,是药品生产成本控制的关键。

第二节 药物分离与纯化技术必备知识

一、分离原理及分类

药物分离纯化主要是利用待分离物系中的有效成分与共存杂质之间在物理、化学及生物学性质上的差异进行分离。根据热力学第二定律,混合过程属于自发过程,而分离则需要外界能量。因所用分离方法、设备和投入能量方式的不同,使得分离产品的纯度、消耗能量的大小以及过程的绿色化程度有很大的差别。

药物分离纯化技术多种多样,并不断发展和变化,目前按传统分类方法通常分为机械分离和传质分离两大类。机械分离的原理是依据物质的大小、密度的差异,在外力作用下,使两相或多相得以分离,其特点是相间没有物质传递,如过滤、沉降、离心分离、清洗除尘、膜分离技术等都属于机械分离,适用于非均相物系的分离。传质分离的原理是利用加入的分离剂(能量或质量),使混合物成为两相,在某种推动力的作用下,物质从一相转移到另一相,实现混合物的分离过程,由于此过程在两相间发生了物质传递,故称为传质分离,既适用于均相混合物的分离,也适用于非均相混合物的分离。但传质分离常常需要依靠机械分离来实现最终的分离过程,如萃取、结晶等传质分离过程均需要采用机械分离的方法来实现液-液、固-液的分离。因此,传质分离的速度和效果也受到机械分离的影响,必须掌握传质分离和机械分离技术,合理运用其原理和方法,使分离纯化工艺过程达到生产要求。依据物理化学原理的不同,工业上常用的传质分离又分为平衡分离过程和速率分离过程。

1. 平衡分离过程 该过程是借助分离媒介(如热能、溶剂或吸附剂)使均相混合物系变为两相系统,再以混合物中各组分处于相平衡的两相中分配关系的差异为依据而实现分离。溶质在两相中的浓度与相平衡时的浓度之差是过程进行的推动力,根据两相状态的不同,平衡分离可分为:①气体传质过程,如吸收、气体的增湿和减湿等;②气液传质过程,如精馏等;③液液传质过程,如液-液萃取;④液固传质过程,如浸取、结晶、吸附、离子交换、色谱分离等;⑤气固传质过程,如固体干燥、吸附等。

相与相际的传质过程都以达到相平衡为极限,因此,需要研究相平衡以便决定物质传递过程进行的极限,为选择合适的分离方法提供依据。另一方面,由于两相的平衡需要经过相当长的接触时间后才能建立,而实际操作中,相际的接触时间一般是有限的,因此需要研究物质在一定接触时间内由一相迁移到另一相的量,即传质速率。传递速率与物系性质、操作条件等诸多因素有关。例如,精馏是利用各组分挥发度的差别实现分离的目的,液液萃取则是利用萃取剂与被萃取组分之间溶解度的差异,将萃取组分从混合物中分开。

2. 速率分离过程　该过程是在某种推动力(如压力差、浓度差、电势差、温度差、磁场差等)的作用下,有时在选择性透过膜的配合下,利用各组分扩散速率的差异实现组分的分离。该类过程的特点是所处理的物料和产品通常属于同一相态,仅有组成差别。速率分离过程分两大类:①膜分离,如超滤、反渗透、电渗析等;②场分离,如电泳等。

分离与纯化技术的核心是选择合适的分离剂。分离剂可以是能量的一种形式,也可以是某一种物质,如干燥过程的分离剂是热能,液-液萃取过程的分离剂是溶剂,离子交换过程则采用离子交换树脂为分离剂。

对于不同混合物,采用的分离方法可能相同,也可能不同;对于同一混合物,也可采用多种分离方法进行分离;当分离要求发生变化时,所选用的分离剂也会发生变化。对于混合物的分离,有时用一种分离纯化技术就能完成,但大多数需要用两种以上分离纯化技术才能实现;另外,为达到技术上可行、经济上合理,也需要将几种分离技术优化组合。因此,对某一混合物的分离工艺过程常常是多种多样的。

二、常用工程计算

在药物分离纯化技术中,常常涉及物理、化学、生物等基础知识在生产技术中的应用,还涉及一些工程中常用的计算方法,即物料衡算、能量衡算、平衡关系和过程速率。

1. 物料衡算　依据质量守恒定律,某一过程或某一设备的进出物料量恒等,衡算通式可表示为:∑进入衡算范围的总物料量=∑离开衡算范围的总物料量。利用上式可以对物料总量进行衡算,也可以对物料中的某一组分进行衡算。

2. 能量衡算　依据能量守恒定律,某一过程或某一设备的进出能量恒等,衡算通式可表示为:∑进入衡算范围的总能量=∑离开衡算范围的总能量。

利用上式可以对各种形式的总能量进行衡算,也可以对某一种形式的能量进行衡算。

衡算步骤和要点:①画出生产工艺过程示意图;②划定衡算范围,选定衡算基准;③列出衡算式,并根据已知条件分析确定衡算式中各个物理量;④利用各物理量之间的相互关系,使未知量减少到最少;⑤通过解方程或方程组,求得未知量。

▶ 课堂活动

举例说出所学过课程涉及的物料衡算、能量衡算问题。举例说出所学过的课程中涉及哪些平衡关系? 它们是如何表示的?

3. 平衡关系　任何过程进行的极限都是达到平衡状态,平衡状态的数据可以从各类数据手册中查得。

4. 过程速率　每一种分离与纯化过程都是在一定速率下进行的,可用式(1-1)表示:

$$过程速率 = \frac{过程推动力}{过程阻力}$$ 式(1-1)

过程速率的大小决定了过程进行的快慢,直接关系到设备的尺寸、工艺条件的控制。对于不同的分离纯化过程,其过程推动力和阻力不同,如推动力可以是浓度差、压力差等,而阻力则比较复杂,需根据过程涉及的复杂机制,通过各种传递理论来分析确定。

三、分离纯化方法选择的标准及其评价

(一)分离纯化方法选择的标准

一种分离纯化方法的选择与确定除了要考虑分离对象的性质外,还有很多因素需要考虑,如分析和制备条件、现有的实验条件(如仪器和设备)及操作者的经验等,因此是一项综合性的工作。表1-1列出了医药研究和生产中常用的分离纯化方法,根据待分离纯化样品的特点、分析方法的要求,选择分离纯化方法的主要准则可分为六项,每一项准则分为A、B两类。其中前四项是与样品本身性质相关的,后两项是对分析方法的要求。X表示该种分离纯化方法适用于A、B两类准则。

表1-1 主要分离纯化方法的分类和六项准则

序号	准则 A	准则 B	LLE	D	GC	LSC	LLC	LEC	GPC	PC	E	DL	P	IC
第一项	亲水的	疏水的	X	B	B	B	B	A	X	X	A	A	A	X
第二项	离子的	非离子的	X	B	B	B	B	A	B	X	A	X	A	B
第三项	挥发的	非挥发的	B	A	A	B	B	B	B	B	B	B	B	X
第四项	简单的	复杂的	A	A	A	A	A	A	A	A	A	A	A	A
第五项	定量的	定性的	A	B	A	A	A	A	A	B	B	B	A	A
第六项	分析的	制备的	X	B	A	A	A	A	A	A	A	B	X	B

注:LLE,液-液萃取;D,蒸馏;GC,气相色谱;LSC,液固色谱;LLC,液液色谱;LEC,离子交换色谱;GPC,凝胶渗透色谱;PC,平板色谱;E,电泳;DL,渗析;P,沉淀;IC,包合物

表1-1中第一项和第二项准则对应于亲水/疏水和离子/非离子,这两项性质是相互关联的。除少数分离纯化方法外(表中的X项),多数方法只适用其中一类,或者适合于离子型、亲水型分离对象,或者适用于非离子型、疏水型分离对象,不能同时适用于两者。第三项对应的是挥发性,蒸馏和气相色谱较适合。第四项对应的是简单的和复杂的,对于复杂的样品,目前只有色谱法能将其分离成各自单一的组分。

总之,对象的性质是选择分离纯化方法的重要依据,这些性质与组成分子的化学结构和物理化学性质有关,包括相对分子质量、分子体积与形状、偶极矩与极化率、分子电荷与化学反应性等。应针对分子的不同性质,提出不同的分离纯化方法。例如,凝胶渗透、渗析以及色谱等分离纯化方法主要是由孔穴大小决定目标物的分离纯化,在选择方法时主要考虑分子的形状和大小等性质,适当考虑其化学反应性。而离子交换、电泳、离子对缔合萃取等方法中,分子电荷起主要作用。对蒸馏法来说,则主要考虑分子间作用,因与其偶极矩和极化率有关。

（二）分离纯化方法的评价

分离效率是评估分离纯化技术的重要参数,所选用分离纯化方法的效果如何,是否达到了分离的目的,可以用一些参数来评价,其中有回收率、分离因子、富集倍数、准确性和重现性等,这里介绍其中常用的两个重要参数。

1. 回收率（R） 回收率是评价分离纯化效果的一个重要指标,反映了被分离组分在分离纯化过程中损失的量,代表了分离纯化方法的准确性（可靠性）,将回收率 R 定义为:

$$R = \frac{Q}{Q_0} \times 100\% \qquad\qquad 式(1-2)$$

式(1-2)中,Q_0、Q 分别为分离富集前和富集后欲分离组分的量,R 通常小于 100%。

因为在分离和富集过程中,由于挥发、分解或分离不完全,器皿和有关设备的吸附作用以及其他人为的因素会引起欲分离组分的损失。通常情况下对回收率的要求是,1% 以上常量分析的回收率应大于 99%;痕量组分的分离应大于 90% 或 95%。

2. 分离因子 分离因子表示两种成分分离的程度,在 A、B 两种成分共存的情况下,A（目标分离组分）对 B（共存组分）的分离因子 $S_{A,B}$ 定义为:

$$S_{A,B} = \frac{R_A}{R_B} = \frac{Q_A / Q_B}{Q_{0,A} / Q_{0,B}} \qquad\qquad 式(1-3)$$

分离因子的数值越大,分离效果越好。

知识链接

为了提高总回收率,可采用两种方法:一是提高各步骤的回收率;二是减少流程所需的步骤。 如对某些生物大分子产品,分离纯化可采用离子交换色谱、凝胶过滤等多种单元的组合,但如采用亲和色谱,虽然分离材料的成本会增加,但产品的一次纯化效率很高,这样会大大降低生产成本,提高生产效率。

通常在根据上述准则和实际经验选定了分离方法之后,需要进行的工作是影响分离的因素考察,通过按实验设计进行反复实验优化分离过程的条件,这一过程需要分离效果的指标（回收率、分离因子等）衡量分离方法和分离条件的优劣,最后确定用于生产的分离方法和条件。

点滴积累 ∨

1. 分离机制主要分两种 机械分离和传质分离（又分平衡分离、速率分离）。
2. 回收率和分离因子是分离效率的两个重要评价参数。

第三节 药物分离与纯化技术的发展

传统的分离技术研究得比较透彻,如固-液分离、萃取、干燥等分离纯化技术。随着新材料的开发、加工制造手段的提高,其分离纯化性能得到不断提高和完善,如成功研制的各种新型高效过滤设备和萃取设备,大大提高了产品收率和生产效率,色谱技术也正从分析检验逐渐发展成为工业分离技术,这主要是由于色谱柱的机械强度大幅度提高,高压输送装置不断完善,使色谱技术成功放大应用,为制药工业提供了分离效率高、使用方便、用途广泛的分离纯化技术。

超临界流体萃取技术是利用超临界区溶剂的高溶解性和高选择性,将溶质进行萃取,再通过调节压力或温度使溶剂的密度大大降低,从而降低其萃取能力,使溶剂与萃取物得到有效分离。超临界流体萃取技术被认为是萃取速度快、效率高、能耗少的先进工艺,其中超临界二氧化碳萃取特别适合于分离热敏性物质,且能实现无溶剂残留,这一特点使超临界流体萃取技术用于天然产物、中草药的提取分离成为其研究热点。

随着生物制药的发展,适用于分离提纯含量微小的生物活性物质的新型分离技术如反胶束萃取、双水相萃取也应运而生。此外,在利用外场强化技术改善浸出效率的探索中,超声波与微波协助浸取由于具有快速、高效等优点,在浸取单元操作中也受到重视。精馏是石油和化工过程中应用最广、成熟度最高的一种分离技术。近年来,分子蒸馏技术在精馏技术基础上得到发展。手性制药是国际医药行业的前沿领域,现代研究发现,手性药物在药物中占有很大的比例,研究对映异构体的拆分和检测近年来已经迅速发展为现代药学研究的重要领域。

目前各种技术的耦合,又开拓了药物分离与纯化技术新的发展方向,并赋予传统技术以广义的内涵。各种分离与纯化技术之间通过相互结合、相互交叉、相互渗透,可显示出良好的分离性能和发展前景,如吸附色谱、离子交换色谱把传统的吸附技术、离子交换技术与色谱分离的操作方法有机结合,使吸附技术和离子交换技术得到了跨越式的发展;如将亲和技术与其他分离技术结合,形成亲和过滤、亲和膜分离等新型分离技术。这些融合了的分离纯化技术具有较高的选择性和分离效率,是药物分离与纯化技术发展的主要方向。

对于新型分离与纯化技术的开发,多数是从生产实践中总结、发展而得出的。如依据溶剂萃取原理,可从形成两相的方法上考虑,也可从溶剂的特性上考虑,目前已开发出双水相萃取、超临界流体萃取、反胶束萃取等新的分离技术,在制药生产中已逐渐被采用。双水相萃取已用于分离酶、蛋白质等生物活性物质,也用于分离细胞器和菌体碎片等;超临界流体萃取在天然物质中有效成分的提取方面应用已实现工业化;反胶束萃取分离技术在溶菌酶、细胞色素 C 等药物的生产中得到应用。

随着科学不断发展,技术不断进步,分离与纯化技术也必将得到迅速发展。无论是新型分离方法的开发,还是传统分离方法的耦合与发展,都会遇到新问题和新要求,它将不断推动分离与纯化机制的研究,促进材料制造技术的提高,从而使药物分离与纯化技术有更广阔的发展空间。

点滴积累 ╲ ···

各种分离技术的耦合,是药物分离与纯化技术新的发展方向。

目标检测

一、单项选择题

1. 下面哪一个是分离过程(　　)

A. 乙醇和水混合液,利用乙醇沸点78℃,水沸点100℃,而通过减压蒸馏的方法,分别得到纯净的乙醇和水两种纯净物

B. 盐酸吗啡水溶液通过膜过滤除菌,得到无菌的盐酸吗啡溶液

C. 阿司匹林粉末干燥除水,得到无水的阿司匹林粉末

D. 维生素C里混入少量布洛芬杂质,把两者的混合物溶解在水里后,过滤除去少量布洛芬杂质后再干燥除水后,得到维生素C

E. 硫酸链霉素水溶液膜过滤除去热原

2. 下面哪一个是纯化过程( )

A. 利用阿司匹林和盐酸吗啡两者的水溶性不同,用水溶解后过滤,滤渣干燥后得到阿司匹林纯净物,滤液挥去水溶液再干燥后得到盐酸吗啡纯净物

B. 水和乙醚两种液体置于分液漏斗后,先放置下层水溶液,再倒出上层乙醚,分别得到水和乙醚两种纯净物

C. 硫酸阿托品溶液膜过滤除去热原

D. 蛋白质和葡萄糖通过溶解在水里后,膜过滤得到不滤物再干燥后得到蛋白质,滤液通过蒸馏除去水后,再干燥得到葡萄糖。

E. 利用氨基酸的等电点不同,先用磺酸离子交换树脂交换吸附,然后通过改变洗脱液的pH进行洗脱,得到天冬氨酸、丙氨酸和赖氨酸溶液

二、简答题

1. 简述药物分离纯化技术研究的内容及重要性。

2. 分离方法的选择有哪些标准?

3. 评价分离效率的因素有哪些?简述回收率和分离因子的概念。

（马　娟）

第二章

固相析出技术

ER-02章PPT

导学情景 ∨

情景描述：

端午节临近，小明帮妈妈用食盐水腌制咸鸭蛋。他好奇地问妈妈"妈妈，为什么制作咸鸭蛋的时候，不用把鸭蛋煮熟，蛋白就能凝固并且还能出油呢？"妈妈一边腌鸭蛋一边告诉小明："鲜蛋直接煮熟时，蛋中蛋白质和脂肪直接受热凝固成块，油脂来不及析出，仍被分散在蛋白质凝块中，因此并不见出油。鲜鸭蛋腌制的过程中，盐通过蛋壳、壳膜、蛋黄膜渗入蛋内，蛋内水分也不断渗出，蛋白质发生"盐析"作用而缓慢地变性凝固，将油脂从蛋白质组织中挤出而聚集在一起，这时蛋中的蛋白质及脂肪已分别存在，所以咸蛋煮熟切开后能看到蛋白凝固并明显出油。而鸭蛋的脂肪含量比鸡蛋多，因此制成咸蛋后蛋白软嫩，蛋黄油分四溢，松沙可口。"

学前导语：

盐析，是一种常见的固相析出分离的方法。盐析、有机溶剂沉淀、等电点沉淀、结晶等固相析出技术被广泛应用于回收、浓缩、纯化等阶段，在制药、食品、化工等多个领域以及我们的日常生活中均是必不可少的重要环节。本章我们将带领同学们学习各种固相析出分析方法的原理，并熟悉各种方法的应用和相关注意事项。

通过加入某种试剂或改变溶液条件，使生化产物以固体形式从溶液中沉降析出的分离纯化称为固相析出分离技术。根据析出物的形态不同，分为结晶法（结晶析出）和沉淀法（无定形固体析出）。固相析出技术作为传统的分离技术之一，目前仍广泛应用于实验室和生产中，在蛋白质、酶、多肽、核酸及其他细胞组分的回收和分离中应用得尤为广泛。通常，析出物为晶体时称为结晶法，析出物为无定形固体称为沉淀法。

固相析出技术主要包括盐析法、有机溶剂沉淀法、等电点沉淀法、结晶法及其他多种沉淀法。

▶▶ 课堂活动

沉淀和结晶的共同特征是什么？它们的不同之处在哪里？

沉淀法和结晶法都是将溶质以固体形式从溶液中析出的方法，若析出的是无定形物质，则称为沉淀；析出的是晶体，则称为结晶。沉淀和结晶本质上同属一个过程，都是固相析出的过程，两者的区别在于构成单元的排列方式不同，沉淀的原子、离子或分子排列是不规则的，而结晶是规则的。

第一节　盐析法

早在19世纪,盐析法就被用于从血液中分离蛋白质。因为它经济、对设备要求简单、操作简单方便、应用广泛,较少引起变性,至今仍被广泛应用于分离或提取蛋白质(酶)等生物大分子物质。

在高浓度中性盐溶液中,蛋白质等生物大分子的溶解度降低并沉淀析出的现象叫做盐析。盐析法是生物大分子制备中最常用的沉淀方法之一,除了蛋白质和酶以外,多肽、多糖和核酸等都可以用盐析法进行沉淀分离。其突出优点是:成本低、不需特殊设备、操作简单安全、应用范围广、对许多生物活性物质具有稳定作用。但盐析法分离的分辨率不高,一般用于生物分离纯化的初步纯化阶段。

一、盐析法的原理及盐析公式

(一)盐析原理

1. 中性盐离子破坏蛋白质表面水膜　在蛋白质分子表面分布着各种亲水基团,如:—COOH、—NH$_2$、—OH,这些基团与极性水分子相互作用形成水化膜,包围于蛋白质分子周围,形成1~100nm大小的亲水胶体,削弱了蛋白质分子间的作用力,蛋白质分子表面的亲水基团越多,水膜越厚,蛋白质分子的溶解度也越大。当向蛋白质溶液中加入中性盐时,中性盐对水分子的亲和力大于蛋白质,它会抢夺本来与蛋白质分子结合的自由水,于是蛋白质分子周围的水化膜层减弱乃至消失,暴露出疏水区域,由于疏水区域的相互作用,使其沉淀。如图2-1所示。

2. 中性盐离子中和蛋白质表面电荷　蛋白质分子中含有不同数目的酸性和碱性氨基酸,其肽链的两端含有不同数目的自由羧基和氨基,这些基团使蛋白质分子表面带有一定的电荷,因同种电荷相互排斥,使蛋白质分子彼此分离。当向蛋白质溶液中加入中性盐时,盐离子与蛋白质表面具相反电性的离子基团结合,形成离子对,因此盐离子部分中和了蛋白质的电性,使蛋白质分子之间电排斥作用减弱而能互相聚集起来。如图2-1所示。

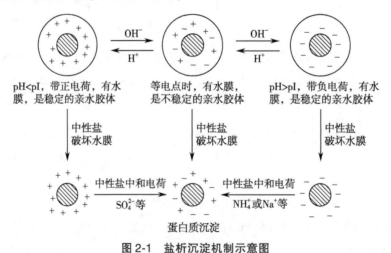

图 2-1　盐析沉淀机制示意图

当向蛋白质溶液中逐渐加入中性盐时,会产生两种现象:低盐情况下,随着中性盐离子强度增高,蛋白质的溶解度增大,这种现象称为盐溶;但是,当高盐情况下继续加入中性盐时,则蛋白质的溶解度减小,蛋白质发生聚集而沉淀的现象,称为盐析。

▶▶ 课堂活动

盐析过程中,加入中性盐时,蛋白质的溶解度先增加,后减小,其原因何在?

(二) 盐析公式

在高浓度盐溶液中,蛋白质溶解度的对数值与溶液中的离子强度呈线性关系,可用 Cohn 经验方程表示:

$$\log S = \beta - K_s I \qquad\qquad 式(2-1)$$

式(2-1)中,S 为蛋白质溶解度,单位:mol/L;β 是盐浓度为 0 时,蛋白质溶解度的对数值,与蛋白质种类、温度、pH 有关,与盐无关。K_s 为盐析常数,与蛋白质和无机盐的种类有关,与温度、pH 无关。I 为离子强度。

$$I = 1/2 \sum C_i Z_i^2 \qquad\qquad 式(2-2)$$

式(2-2)中,C_i 为离子浓度,Z_i 为离子化合价。

蛋白质的溶解度与离子强度的关系曲线上存在最大值,该最大值在较低的离子强度下出现,在高于此离子强度的范围内,溶解度随盐离子强度的增大迅速降低,如图 2-2 所示。

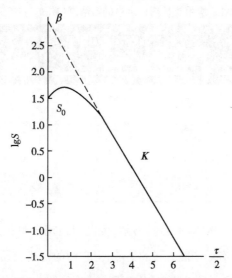

图 2-2　碳氧血红蛋白的溶解度与硫酸铵离子强度的关系(pH 6.6,25℃,S_0 = 17g/L)

$S(g/L)$-碳氧血红蛋白浓度;$r/2$-离子强度 = $1/2 \sum m_i z^2$;m_i-溶液中离子的摩尔浓度;z-离子所带电荷数。
β-常数,即截距,代表理想状态时纯水中碳氧血红蛋白浓度的对数;K_s-盐析常数,曲线的斜率

知识链接

1. K_s 分级盐析法　是在一定的 pH 和温度下,改变体系离子强度进行盐析的方法。此法由于蛋白质对离子强度的变化非常敏感,易产生共沉淀现象,因此常用于蛋白质的粗提。

2. β 分级盐析法　在一定离子强度下,改变 pH 和温度进行盐析的方法。此法由于溶质溶解度变化缓慢,且变化幅度小,因此分辨率更高,常用于对粗提蛋白质进一步分离纯化。

二、中性盐的选择

1. 选用中性盐的几点原则 在盐析过程中,离子强度和离子种类对蛋白质等溶质的溶解度起着决定性的影响。在选择中性盐时要考虑以下几个问题:①要有较强的盐析效果,一般多价阴离子的盐析效果比阳离子显著。②要有足够大的溶解度,且溶解度受温度的影响尽可能的小。这样便于获得高浓度的盐溶液,尤其是在较低的温度下操作时,不至于造成盐结晶析出,影响盐析效果。③盐析用盐在生物学上是惰性的,最好不引入给分离或测定带来麻烦的杂质。④来源丰富,价格低廉。

2. 常用的中性盐种类及选择 盐析常用的中性盐主要有硫酸铵、硫酸镁、硫酸钠、氯化钠、磷酸钠等。实际应用中以硫酸铵最为常用,主要因为硫酸铵有以下优点:①离子强度大,盐析能力强。②溶解度大且受温度的影响小。尤其是在低温时仍有相当高的溶解度,这是其他盐类所不具备的。由表 2-1 可以看出,硫酸铵在 0℃时的溶解度,远远高于其他盐类。③有稳定蛋白质结构的作用,不易使蛋白质变性。有的蛋白质在 2~3mol/L 的 $(NH_4)_2SO_4$ 溶液中可保存数年。④价格低廉,废液不污染环境。缺点是硫酸铵水解后变酸,在高 pH 条件下会释放出氨,腐蚀性较强,因此盐析后要将硫酸铵从产品中除去。

表 2-1 常用盐析剂在水中的溶解度(单位:g/100ml)

盐析剂	温度（℃）					
	0	20	40	60	80	100
$(NH_4)_2SO_4$	70.6	75.4	81.0	88.0	95.3	103.0
$MgSO_4$	–	34.5	44.4	54.6	63.6	70.8
Na_2SO_4	4.9	18.9	48.6	45.6	43.3	42.2
NaH_2PO_4	1.6	7.8	54.1	82.6	93.8	101.0

硫酸钠无腐蚀性,但低于 40℃就不容易溶解,因此只适用于热稳定性较好的蛋白质的沉淀过程。磷酸盐也常用于盐析,具有缓冲能力强的优点,但它们的价格较昂贵,溶解度较低,还容易与某些金属离子生成沉淀,所以也没有硫酸铵应用广泛。

三、影响盐析的因素

1. 蛋白质性质 各种蛋白质的结构和性质不同,盐析沉淀要求的离子强度也不同,可采取先后加入不同量无机盐的办法来分级沉淀蛋白质,以达到分离目的。例如,血浆中的蛋白质,纤维蛋白原最易析出,硫酸铵的饱和度达到 20% 即可;饱和度增加到 28%~33% 时,优球蛋白析出;饱和度再增至 33%~50% 时,拟球蛋白析出;饱和度大于 50% 时,清蛋白析出。

知识链接

硫酸铵的饱和度

　　硫酸铵的饱和度是指饱和硫酸铵溶液的体积占混合后溶液总体积的百分数。通常盐析所用中性盐的浓度不以百分浓度或物质的量浓度表示，而多用相对饱和度来表示，也就是把饱和时的浓度看作 1 或 100%，如 1L 水在 25℃时溶入了 767g 硫酸铵固体就是 100% 饱和，溶入 383.5g 硫酸铵称半饱和（50% 或 0.5 饱和度）。同样，对于液体饱和硫酸铵来说，1 体积的含蛋白溶液加 1 体积饱和硫酸铵溶液时，饱和度为 50% 或 0.5，3 体积的含蛋白溶液加 1 体积饱和硫酸铵溶液时，饱和度为 25% 或 0.25。

　　2. 蛋白质浓度　蛋白质浓度不同，沉淀所需无机盐用量也不同。在相同的盐析条件下，样品的浓度越大，越容易沉淀，所需的盐饱和度也越低，但样品的浓度越高，杂质的共沉作用也越强，从而使分辨率降低；相反，样品浓度小时，共沉作用小，分辨率高，但盐析所需的盐饱和度大，用盐量大，样品的回收率低。所以在盐析时，要根据实际条件选择适当的样品浓度。一般较适当的样品浓度是 2.5% ~ 3.0%。

　　3. 离子强度和类型　一般来说，离子强度越大，蛋白质的溶解度越低。相同离子强度下，离子的种类对蛋白质的溶解度也有一定程度的影响，一般阴离子的盐析效果比阳离子好，尤其以高价阴离子更为明显。此外，离子半径小而很高电荷离子在盐析方面也有较强影响，离子半径大而低电荷离子的影响较弱。故进行盐析操作选择中性盐时，确定最适盐析剂很重要。

　　4. pH　一般来说，蛋白质所带净电荷越多溶解度越大，净电荷越少溶解度越小，在等电点时蛋白质溶解度最小。为提高盐析效率，多将溶液 pH 调到目的蛋白的等电点处，这样产生沉淀所消耗的中性盐较少，蛋白质收率也高，同时可以部分地减少共沉淀作用。但必须注意，蛋白质在高盐溶液中，等电点往往发生偏移，与负离子结合的蛋白质，其等电点往往向酸侧移动，当蛋白质与较多的 Mg^{2+}、Zn^{2+} 离子结合时，等电点则向高 pH 偏移，因此需根据实际情况调整溶液 pH，以达到最好的盐析效果。

　　5. 温度　温度的变化会影响 β 值。在低离子强度或纯水中，蛋白质溶解度在一定范围内随温度增加而增加，但在高浓度下常相反。在一般情况下，蛋白质对盐析温度无特殊要求，可在室温下进行，只有某些对温度比较敏感的酶要求在 0~4℃进行。

四、盐析操作过程及其注意事项

　　1. 盐析用盐的选择　选择盐析用盐时，通常需要考虑如下问题：

　　（1）盐析作用强。通常，多价阴离子的盐析作用强，某些场合多价阳离子反而会使盐析作用降低。

　　（2）盐析用盐要有较大溶解度，且溶解度受温度影响尽可能小，便于获得高浓度盐溶液，有利于操作，尤其是低温操作，不易造成盐结晶析出，影响盐析效果。

　　（3）盐析用盐是生物学惰性的，最好不引入给分离或测定带来麻烦的杂质。

(4)来源丰富、经济。

2. 操作方式　盐析时,将盐加入到溶液中有两种方式。

(1)加硫酸铵的饱和溶液:在实验室和小规模生产中溶液体积不大时,或硫酸铵浓度不需太高时,可采用这种方式。这种方式可防止溶液局部过浓,但是溶液会被稀释,不利于下一步的分离纯化。

为达到一定的饱和度,所需加入的饱和硫酸铵溶液体积可由式(2-3)求得:

$$V = V_0 \frac{S_2 - S_1}{1 - S_2} \qquad\qquad 式(2\text{-}3)$$

式(2-3)中:V 为需要加入的饱和硫酸铵溶液体积;V_0 为溶液的原始体积;S_1 和 S_2 分别为硫酸铵溶液的初始和最终饱和度。其中,所加的硫酸铵饱和溶液应达到真正的饱和,配制时加入过量硫酸铵,加热至 $50 \sim 60℃$,保温数分钟,趁热滤去不溶物,在 $0 \sim 25℃$ 下平衡 $1 \sim 2$ 天,有固体析出,即达到 100% 饱和度。

(2)直接加固体硫酸铵:在工业生产溶液体积较大或需要达到较高的硫酸铵饱和度时,可采用这种方式。加入之前先将硫酸铵研成细粉、不能有块,加入时速度不能太快,要在搅拌下缓慢、均匀、少量、多次地加入,尤其到接近计划饱和度时,加盐的速度要更慢一些,尽量避免局部硫酸铵浓度过高而造成不应有的蛋白质沉淀。

为了达到所需的饱和度,应加入固体硫酸铵的量,可由表2-2或表2-3查得,也可由式(2-4)计算而得:

$$X = \frac{G(S_2 - S_1)}{1 - AS_2} \qquad\qquad 式(2\text{-}4)$$

式(2-4)中:X 为 1L 溶液所需加入的硫酸铵克数;S_1 和 S_2 分别为硫酸铵溶液的初始和最终饱和度;G 为经验常数,$0℃$ 时为 515,$20℃$ 时为 513;A 为常数,$0℃$ 时为 0.27,$20℃$ 时为 0.29。

3. 脱盐　利用盐析法进行初级纯化时,产物中的盐含量较高,一般在盐析沉淀后需要进行脱盐处理,才能进行后续的纯化操作。通常所说的脱盐就是指将小分子的盐与目的物分离开。最常用的脱盐方法有两种,即透析和凝胶过滤。凝胶过滤脱盐不仅能除去小分子的盐,也能除去其他小分子物质。用于脱盐的凝胶主要有 Sephadex G-10,G-15,G-25 和 Bio-Gel P-2,P-6,P-10。与透析法相比,凝胶过滤脱盐速度比较快,对不稳定的蛋白质影响较小。但样品的黏度不能太高,不能超过洗脱液的 $2 \sim 3$ 倍。

4. 操作注意事项

(1)加固体硫酸铵时,必须注意表2-2和表2-3中规定的温度,一般有0℃和室温(25℃)两种,加入固体盐后体积的变化已考虑在表中。

(2)分段盐析时,要考虑到每次分段后蛋白质浓度的变化。蛋白质浓度不同,所要求盐析的饱和度也不同。

(3)为了获得实验的重复性,盐析的条件如 pH、温度和硫酸铵的纯度都必须严格控制。

(4)盐析后一般要放置 0.5~1 小时,待沉淀完全后再离心与过滤,过早的分离将影响收率。低浓度硫酸铵溶液盐析可采用离心分离,高浓度硫酸铵溶液则常用过滤方法。

(5)盐析过程中,搅拌必须是有规则和温和的。搅拌太快将引起蛋白质变性,其变性特征是起泡。

(6)为了平衡硫酸铵溶解时产生的轻微酸化作用,沉淀反应至少应在50mmol/L缓冲溶液中进行。

▶▶ 边学边练

用盐析沉淀法从牛奶中分离出酪蛋白，请见实训项目一 牛奶中酪蛋白和乳蛋白素粗品的制备。

表2-2　0℃下硫酸铵水溶液由原来的饱和度达到所需饱和度时，
每100ml硫酸铵水溶液应加入固体硫酸铵的克数

硫酸铵初浓度/饱和度（%）	硫酸铵终浓度/饱和度（%）每100ml溶液加固体硫酸铵的克数（g）																
	20	25	30	35	40	45	50	55	60	65	70	75	80	85	90	95	100
0.0	10.6	13.4	16.4	19.4	22.6	25.8	29.1	32.6	36.1	39.8	43.6	47.6	51.6	55.9	60.3	65.0	76.7
5.0	7.9	10.8	13.7	16.6	19.7	22.9	26.2	29.6	33.1	36.8	40.5	44.4	48.4	52.6	57.0	61.5	69.7
10.0	5.3	8.1	10.9	13.9	16.9	20.0	23.3	26.6	30.1	33.7	37.4	41.2	45.2	49.3	53.6	58.1	62.7
15.0	2.6	5.4	8.2	11.1	14.1	17.2	20.4	23.7	27.1	30.4	34.3	38.1	42.0	46.0	50.3	54.7	59.2
20.0		2.7	5.5	8.3	11.3	14.3	17.5	20.7	24.1	27.6	31.2	34.9	38.7	42.7	46.9	51.2	55.7
25.0			2.7	5.6	8.4	11.5	14.6	17.9	21.1	24.5	28.0	31.7	35.5	39.5	43.6	47.8	52.2
30.0				2.8	5.6	8.6	11.7	14.8	18.1	21.4	24.9	28.5	32.2	36.2	40.2	44.5	48.8
35.0					2.8	5.7	8.7	11.8	15.1	18.4	21.8	25.4	29.1	32.9	36.9	41.0	45.3
40.0						2.9	5.8	8.9	12.0	15.3	18.7	22.2	25.8	29.6	33.5	37.6	41.8
45.0							2.9	5.9	9.0	12.3	15.6	19.0	22.6	26.3	30.2	34.2	38.3
50.0								3.0	6.0	9.2	12.5	15.9	19.4	23.3	26.8	30.8	34.8
55.0									3.0	6.1	9.3	12.7	16.1	19.7	23.5	27.3	31.3
60.0										3.1	6.2	9.5	12.9	16.4	20.1	23.1	27.9
65.0											3.1	6.3	9.7	13.2	16.8	20.5	24.4
70.0												3.2	6.5	9.9	13.4	17.1	20.9
75.0													3.2	6.6	10.1	13.7	17.4
80.0														3.3	6.7	10.3	13.9
85.0															3.4	6.8	10.5
90.0																3.4	7.0
95.0																	3.5
100.0																	

表 2-3 室温(25℃)下硫酸铵水溶液由原来的饱和度达到所需饱和度时，
每升硫酸铵水溶液应加入固体硫酸铵的克数

		硫酸铵终浓度/饱和度（%）															
	10	20	25	30	33	35	40	45	50	55	60	65	70	75	80	90	100
	每 1L 溶液加固体硫酸铵的克数（g）																
0	56	114	144	176	196	209	243	277	313	351	390	430	472	516	561	662	767
10		57	86	118	137	150	183	216	251	288	326	365	406	449	494	592	694
20			29	59	78	91	123	155	190	225	262	300	340	382	424	520	619
25				30	49	61	93	125	158	193	230	267	307	348	390	485	583
30					19	30	62	94	127	162	198	235	273	314	356	449	546
33						12	43	74	107	142	177	214	252	292	333	426	522
35							31	63	94	129	164	200	238	278	319	411	506
40								31	63	97	132	168	205	245	285	375	469
45									32	63	99	134	171	210	250	339	431
50										33	66	101	137	176	214	302	392
55											33	67	103	141	179	264	353
60												34	69	105	143	227	314
65													34	70	107	190	275
70														35	72	153	237
75															36	115	198
80																77	157
90																	79

（左侧纵列标题：硫酸铵初浓度/饱和度（%））

五、盐析的应用

盐析广泛应用于各类蛋白质的初级纯化和浓缩。例如，人干扰素的培养液经硫酸铵盐析沉淀，可使人干扰素纯化 1.7 倍，回收率为 99%；白细胞介素-2 的细胞培养液经硫酸铵沉淀后，沉淀中白细胞介素-2 的回收率为 73.5%，纯化倍数达到 7。

案例分析

案例：

IgG 是动物和人体血浆的重要成分之一，试用盐析法得到 IgG 粗提物。

分析：

血浆蛋白质的成分多达 70 余种，要从血浆中分离出 IgG，首先要进行尽可能除去其他蛋白质成分的粗分离程序，使 IgG 在样品中比例大为增高，然后再纯化而获得 IgG。具体操作，如下所示：

（1）在 1 支离心管中加入 5ml 血清和 5ml 0.01mol/L，pH 7.0 的磷酸盐缓冲液，混匀。用滴管吸取饱和硫酸铵溶液，边滴加边搅拌于血浆溶液中，使溶液的最终饱和度为 20%，用滴管边加边搅拌，是为防止饱和硫酸铵1次性加入或搅拌不均匀造成局部过饱和的现象，使盐析达不到预期的饱和度，得不到目的蛋白质。搅拌时不要过急，以免产生过多泡沫，致使蛋白质变性。加完后应在4℃放置15分钟，使之充分盐析（蛋白质样品量大时，应放置过夜）。然后以3000r/min的转速离心10分钟。弃去沉淀（沉淀为纤维蛋白原），在上清液中为清蛋白、球蛋白。

（2）量取上清液的体积，置于另一离心管中，用滴管继续在上清液中滴加饱和硫酸铵溶液，使溶液的饱和度达到50%。加完后在4℃放15分钟，以3000r/min离心10分钟，清蛋白在上清液中，沉淀为球蛋白。弃去上清液，留下沉淀部分。

（3）将所得的沉淀再溶于5ml 0.01mol/L，pH 7.0的磷酸盐缓冲液中。滴加饱和硫酸铵溶液，使溶液的饱和度达35%。加完后4℃放置20分钟，以3000r/min离心15分钟，球蛋白在上清液中，沉淀为IgG。弃去上清液，即获得粗制的IgG沉淀。

为了进一步纯化，操作（3）可进行1~2次。将获得的粗IgG沉淀溶解于2ml 0.0175mol/L，pH 6.7的磷酸盐缓冲液中备用。

盐析沉淀法不仅是蛋白质初级纯化的常用手段，在某些情况下还可用于蛋白质的高度纯化。例如，利用无血清培养基培养的融合细胞培养液浓缩10倍后，加入等量的饱和硫酸铵溶液，在室温下放置1小时后离心除去上清液，得到的沉淀物中单克隆抗体回收率达100%。对于杂质含量较高的料液，例如从胰脏中提取胰蛋白酶和胰凝乳蛋白酶，可利用反复盐析沉淀并结合其他沉淀法，制备纯度较高的酶制剂。蛋白质的盐析沉淀纯化实例见表2-4。

表2-4　蛋白质的盐析沉淀纯化实例

目标蛋白	来源	硫酸铵饱和度（%）		收率（%）	纯化倍数
		一次沉淀	二次沉淀		
人干扰素	细胞培养液	30(上清)	80(沉淀)	99	1.7
白细胞介素	细胞培养液	50(上清)	85(沉淀)	73.5	7
单克隆抗体	细胞培养液	50(沉淀)		100	>8
组织纤溶酶原激活物	猪心抽提液	50(沉淀)		76	1.8
			35(沉淀)	81	1.5

点滴积累　∨

1. 盐析是指加入中性盐使样品在溶液中的溶解度降低，而从溶液中分离出来。
2. 盐析常用的中性盐主要有硫酸铵、硫酸镁、硫酸钠、氯化钠、磷酸钠。
3. 盐析法沉淀蛋白质的原理是中和电荷，破坏水膜。

第二节　有机溶剂沉淀法

在含有蛋白质、酶、核酸、黏多糖等生物大分子的水溶液中，加入一定量亲水性的有机溶剂，能降低溶质的溶解度,使其沉淀析出而分离纯化的方法称为有机溶剂沉淀法。

一、有机溶剂沉淀的概述

1. **基本原理**　有机溶剂沉淀的原理主要有两点:①有机溶剂降低水溶液的介电常数,使溶质分子之间的静电引力增加,互相吸引聚集,形成沉淀;②有机溶剂的亲水性比溶质分子的亲水性强,它会抢夺本来与亲水溶质结合的自由水,破坏其表面的水化膜,导致溶质分子之间的相互作用增大而发生聚集,从而沉淀析出。

2. **特点**　与盐析法相比,有机溶剂沉淀法的优点在于:①分辨率比盐析法高。因为蛋白质等其他生物大分子只在一个比较窄的有机溶剂浓度下沉淀。②有机溶剂沸点低,容易除去或回收,产品更纯净,沉淀物与母液间的密度差较大,分离容易。而盐析法需要复杂的除盐过程才能将盐从产品中除去。但有机溶剂沉淀法没有盐析法安全,它容易使蛋白质等生物大分子变性,沉淀操作需要在低温下进行,需要耗用大量的有机溶剂,为了节约成本,常将有机溶剂回收利用。另外,有机溶剂一般易燃易爆,储存比较麻烦。

二、常用的有机溶剂及其选择

沉淀用的有机溶剂一般要能与水无限混溶,也可使用一些与水部分混溶或微溶的溶剂如三氯甲烷等,一般利用其变性作用除去杂蛋白。

在选择有机溶剂时需考虑以下几方面:①介电常数小,沉淀作用强。②毒性小,对生物大分子的变性作用小。③挥发性适中。沸点低虽有利于溶剂的除去和回收,但挥发损失较大,且给劳动保护和安全生产带来麻烦。④一般需能与水无限混溶。

结合上面几个因素,常用于生物大分子沉淀的有机溶剂有乙醇、丙酮、异丙酮和甲醇等。其中,乙醇是最常用的有机溶剂沉淀剂,因为它具有沉淀作用强、沸点适中、无毒等优点,广泛用于蛋白质、核酸、多糖、核苷酸、氨基酸等的沉淀过程。丙酮的介电常数小于乙醇,故沉淀能力较强,用丙酮代替乙醇作沉淀剂一般可减少 1/4~1/3 有机溶剂用量,但丙酮具有沸点较低、挥发损失大、对肝脏有一定毒性、着火点低等缺点,使得它的应用不如乙醇广泛。甲醇的沉淀作用与乙醇相当,对蛋白质的变性作用比乙醇、丙酮都小,但甲醇口服有剧毒,所以应用也不如乙醇广泛。

案例分析

案例:

果胶是一种广泛分布于植物体内的胶体性多糖类物质,包括原果胶、水溶性果胶和果胶酸三大类。用酸提取沉淀法时可以选择乙醇沉淀法或盐析法,请选择较优的方法,并说出理由。

分析:

乙醇沉淀法中乙醇消耗量较大,因此浓缩阶段能耗非常大,生产成本高,厂家不能接受而难以形成规模化生产;盐析法能大大降低乙醇用量,省去稀酸提取液浓缩工序和减少乙醇回收量,节省能耗,降低生产成本,并能保证较高的提取率。

三、影响有机溶剂沉淀的因素

1. **温度**　进行有机溶剂沉淀时,温度是重要的因素。有机溶剂存在的条件下,大多数蛋白质的溶解度随着温度降低而有显著减小,故低温下沉淀较为完全,有机溶剂用量亦可减少。另外,大多数生物大分子如蛋白质、酶、核酸在有机溶剂中对温度特别敏感,温度稍高就会引起变性,且有机溶剂与水混合时,会放出大量的稀释热,使溶液的温度显著升高,从而增加生物大分子的变性作用。

因此,在使用有机溶剂沉淀生物大分子时,整个操作过程应在低温条件下进行,同时要保持温度的相对恒定,防止已沉淀的物质复溶解或者另一物质的沉淀。具体操作时,常常将待分离的溶液和有机溶剂分别进行预冷。

为了减少有机溶剂对生物大分子的变性作用,通常使沉淀在低温下短时间(0.5~2 小时)处理后即进行过滤或离心分离,接着真空抽去剩余溶剂或将沉淀溶于大量的缓冲溶液中以稀释有机溶剂,旨在减少有机溶剂与目的物的接触。

2. **样品浓度**　样品浓度对有机溶剂沉淀生物大分子的影响与盐析的情况相似。低浓度样品要使用比例更大的有机溶剂进行沉淀,且样品的损失较大,即回收率低,具有生物活性的样品易产生稀释变性。但对于低浓度的样品,杂蛋白与样品共沉淀的作用小,有利于提高分离效果。反之,对于高浓度的样品,可以节省有机溶剂,减少变性的危险,但杂蛋白的共沉淀作用大,分离效果下降。通常使用 5~20mg/ml 的蛋白质初浓度为宜,黏多糖则以 10~20mg/ml 较合适,可以得到较好的沉淀分离效果。

3. **pH**　溶液的 pH 对沉淀效果影响很大,适应的 pH 可使沉淀效果增强,提高产品收率的同时,减少杂质含量。一般而言,两性生化物质在等电点 pI 附近溶解度最低,最容易沉淀析出,因此溶液 pH 尽量在蛋白质等电点附近。另外,在控制溶液的 pH 时务必使溶液中的大多数蛋白质分子带有相同电荷,而不要让目的物与主要杂质分子带相反电荷,以免出现严重的共沉作用。

4. **离子强度**　离子强度是影响有机溶剂沉淀生物大分子的重要因素,较低浓度的中性盐存在有利于沉淀作用,减少蛋白质变性。盐浓度过高会增加蛋白质在水中的溶解度,降低了有机溶剂沉淀蛋白质的效果,故通常是在低盐或低浓度缓冲液中沉淀蛋白质。

5. **某些金属离子**　一些金属离子如 Ca^{2+}、Zn^{2+} 等可以与某些呈阴离子状态的蛋白质形成复合物,这种复合物的溶解度大大降低而且不影响蛋白质的生物活性,有利于沉淀的形成,并降低有机溶剂的用量。但使用时要避免溶液中存在能与这些金属离子形成难溶性盐的阴离子(如磷酸根)。实际操作时往往先加有机溶剂除去杂蛋白,再加 Ca^{2+}、Zn^{2+} 沉淀目的物。

▶▶ 边学边练

用丙酮沉淀大蒜细胞中的 SOD 酶, 请见实训项目二 大蒜细胞 SOD 酶的提取和分离。

有机溶剂沉淀法经常用于蛋白质、酶、多糖和核酸等生物大分子的沉淀分离,使用时先要选择合适的有机溶剂,然后注意调整样品的浓度、温度、pH 和离子强度,使之达到最佳的分离效果。注意:沉淀所得的固体样品,如果不是立即溶解进行下一步的分离,则应尽可能抽干沉淀,减少其中有机溶剂的含量,如若必要可以装透析袋透析脱有机溶剂,以免影响样品的生物活性。

点滴积累 ∨

1. 加入乙醇、丙酮等溶剂使样品在溶液中的溶解度降低而析出的方法称为有机溶剂沉淀法。
2. 有机溶剂沉淀法溶剂的选择　介电常数小,不能破坏样品性质,亲水性强。

第三节　等电点沉淀法

利用蛋白质在等电点时溶解度最低的特性,向含有目的药物成分的混合液中加入酸或碱,调节其 pH,使蛋白质沉淀析出的方法,称为等电点沉淀法。

等电点沉淀法常和盐析法、有机溶剂沉淀法以及其他沉淀方法一起使用,以提高沉淀的效果。等电点沉淀法调节 pH,一般加入的是无机酸,无机酸的成本相对较低,因此在工业生产中具有一定的优势。

一、等电点沉淀法原理

在等电点时,蛋白质分子以两性离子形式存在,其分子净电荷为零(即正、负电荷相等),此时蛋白质分子颗粒在溶液中因没有相同电荷的相互排斥,分子相互之间的作用力减弱,其颗粒极易碰撞、凝聚而产生沉淀,所以蛋白质在等电点时,其溶解度最小,最易形成沉淀物。等电点时的许多物理性质如黏度、膨胀性、渗透压等都变小,从而有利于悬浮液的过滤。

二、等电点沉淀的操作

等电点沉淀的操作条件是:低离子浓度,pH=pI。因此,等电点沉淀操作需要在低离子浓度下调整溶液的 pH 至等电点,或在等电点的 pH 下利用透析等方法降低离子强度,使蛋白质沉淀。由于一般蛋白质的等电点多在偏酸性范围内,故等电点沉淀操作中,多通过加入无机酸(如盐酸、磷酸和硫酸等)调节 pH。

等电点沉淀法一般适用于疏水性较大的蛋白质(如酪蛋白),而对亲水性很强的蛋白质(如明胶),由于在水中的溶解度较大,在等电点的 pH 下不易产生沉淀,所以,等电点沉淀法不如盐析沉淀法应用广泛。但该法仍不失为有效的蛋白质初级分离手段。例如从猪胰脏中提取胰蛋白酶原:胰蛋白酶原的 pI=8.9,可先于 pH 3.0 左右进行等电点沉淀,除去共存的许多酸性蛋白质(pH 3.0)。工业生产胰岛素(pH 5.3)时,先调节 pH 至 8.0 除去碱性蛋白质,再调节 pH 至 3.0 除去酸性蛋白质,同时配合其他沉淀技术以提高沉淀效果。

在盐析沉淀中,要综合等电点沉淀技术,使盐析操作在等电点附近进行,降低蛋白质的溶解度。例如,碱性磷酸酯酶的 pI 沉淀提取:发酵液调节 pH 至 4.0 后出现含碱性磷酸酯酶的沉淀物,离心收集沉淀物。用 pH 9.0 的 0.1mol/L Tris-HCl 缓冲溶液重新溶解,加入 20%~40%饱和度的硫酸铵分级,离心收集的沉淀用 Tris-HCl 缓冲液再次沉淀,即得较纯的碱性磷酸酯酶。

▶▶ 边学边练

用等电点沉淀法分离牛奶中的酪蛋白和乳蛋白素,请见实训项目一牛奶中酪蛋白和乳蛋白素粗品的制备。

三、等电点沉淀法的注意事项

1. **不同的蛋白质具有不同的等电点** 在生产过程中应根据分离要求,除去目的产物之外的杂蛋白;若目的产物也是蛋白质且等电点较高时,可先除去低于等电点的杂蛋白,如细胞色素 C 的等电点为 10.7,在细胞色素 C 的提取纯化过程中,调 pH=6.0 除去酸性蛋白,调 pH 为 7.5~8.0 除去碱性蛋白。

> **案例分析**
>
> 案例:
> 通过调节 pH 快速鉴别乳清粉和奶粉。
>
> 分析:
> 工业生产中,调节牛奶的 pH 至 4.6 附近时,酪蛋白因等电点沉淀从溶液中析出,余下的乳液被称为乳清,并经进一步处理并喷雾干燥得乳清粉。因此,乳清粉不含酪蛋白,只含乳清蛋白,而常规的全脂奶粉、脱脂奶粉以及其他的调制奶粉等均含有酪蛋白。鉴别时,将待测样品水溶液的 pH 调至 4.6 附近,若该溶液是奶粉溶液,则形成大量白色絮状沉淀从溶液中析出,若为乳清粉溶液则无该现象。

2. **同一种蛋白质在不同条件下等电点不同** 在盐溶液中,蛋白质若结合较多的阳离子,则等电点的 pH 升高,因为结合阳离子后,正电荷相对增多,只有 pH 升高才能达到等电点状态,如胰岛素在水溶液中的等电点为 5.3,在含一定浓锌盐的水-丙酮溶液中的等电点为 6.0;如果改变锌盐的浓度,等电点也会改变。蛋白质若结合较多的阴离子(如 Cl^-、SO_4^{2-} 等),则等电点移向较低的 pH,因为负电荷相对增多了,只有降低 pH 才能达到等电点状态。

3. **目的药物成分对 pH 的要求** 生产中应尽可能避免直接用强酸或强碱调节 pH,以免局部过酸或过碱,而引起目的药物成分蛋白或酶的变性。另外,调节 pH 所用的酸或碱应与原溶液中的盐或即将加入的盐相适应,如溶液含硫酸铵时,可用硫酸或氨水调 pH,如原溶液中含有氯化钠时,可用盐酸或氢氧化钠调 pH。总之,应以尽量不增加新物质为原则。

4. **考虑采用几种方法结合来实现沉淀分离** 由于各种蛋白质在等电点时仍存在一定的溶解度,使沉淀不完全,而多数蛋白质的等电点都十分接近,因此当单独使用等电点沉淀法效果不理想时,可以考虑采用几种方法结合来实现沉淀分离。

点滴积累　∨

　　利用两性物质在等电时的静电排斥力最小,溶解度最低,易从样品溶液中析出的方法,称为等电点沉淀法。

第四节　其他沉淀方法

一、非离子型聚合物沉淀法

非离子型有机聚合物是 20 世纪 60 年代发展起来的一类沉淀剂,最早被用于沉淀分离血纤维蛋白原和免疫球蛋白以及一些细菌与病毒,近年来被广泛应用于核酸和酶的分离纯化。

某些水溶性非离子型高分子聚合物,包括不同相对分子质量的聚乙二醇(polyethylene glycol,简写成 PEG)、聚乙烯吡咯烷酮和葡萄糖等,都能使蛋白质水合作用减弱而发生沉淀。其中应用最多的是聚乙二醇,它的亲水性强,溶于水和许多有机溶剂,对热稳定,有广范围的相对分子质量。在生物大分子的制备中,使用较多的是相对分子质量为 6000~20 000 的 PEG。

到目前为止,关于 PEG 沉淀机制的解释还都仅仅是假设,没有得到充分的证实。其解释主要有:①认为沉淀作用是由于聚合物与生物大分子发生共沉淀作用;②由于聚合物有较强的亲水性,使生物大分子脱水而发生沉淀;③聚合物与生物大分子之间以氢键相互作用形成复合物,在重力作用下形成沉淀析出;④通过空间位置排斥,使液体中生物大分子被迫挤聚在一起而发生沉淀。

PEG 的沉淀效果主要与 PEG 的浓度和相对分子质量有关,同时还受离子强度、溶液 pH 和温度等因素的影响。在一定的 pH 条件下,盐浓度越高,所需的 PEG 浓度越低。溶液的 pH 越接近目的物的等电点,沉淀所需的 PEG 浓度越低。在一定浓度范围内,高相对分子质量的 PEG 沉淀的效率高。此外,随着蛋白质相对分子质量的提高,沉淀所需加入的 PEG 用量减少。一般而言,PEG 浓度常为20%,浓度过高会使溶液的黏度增大,加大沉淀物分离的困难。

PEG 沉淀法的主要优点是:①操作条件温和,体系的温度控制在室温条件下即可,不易引起生物大分子变性;②沉淀效能高,使用很少量的 PEG 即可沉淀相当多的生物大分子;③沉淀的颗粒往往比较大,与其他方法相比,产物比较容易收集。

利用 PEG 沉淀蛋白质所得的沉淀物中含有大量的 PEG,除去 PEG 的方法有吸附法、乙醇沉淀法和盐析法等。吸附法是将沉淀物溶于磷酸缓冲溶液中,然后用 DEAE-纤维素离子交换剂吸附蛋白质,PEG 不被吸附而除去,蛋白质再用 0.1mol/L 氯化钾溶液洗脱,最后经透析脱盐制得成品。乙醇沉淀法是将沉淀物溶于磷酸缓冲溶液后,用 20%的乙醇沉淀蛋白质,离心后可将 PEG 除去(留在上清液中)。盐析法是将沉淀物溶于磷酸缓冲溶液后,用 35%的硫酸铵沉淀蛋白质,PEG 则留在上清液中。

二、成盐沉淀法

1. 金属离子沉淀法 许多生物活性物质(如核酸、蛋白质、多肽、抗生素和有机酸等)能与金属离子形成难溶性的复合物而沉淀。根据它们与物质作用的机制不同,可把金属离子分为三大类:第一类,能与羧基、含氮化合物和含氮杂环化合物结合的金属离子,如 Mn^{2+}、Fe^{2+}、Co^{2+}、Ni^{2+}、Cu^{2+}、Zn^{2+}、Cd^{2+};第二类,能与羧基结合,但不能与含氮化合物结合的金属离子,如 Ca^{2+}、Ba^{2+}、Mg^{2+}、Pb^{2+}等;第三类,能与巯基结合的金属离子,如 Hg^{2+}、Ag^{2+}、Pb^{2+}。分离出沉淀物后,应将复合物分解,并采用离子交换法或金属螯合剂 EDTA 等将金属离子除去。

金属离子沉淀生物活性物质已有广泛的应用,如锌盐可用于沉淀杆菌肽和胰岛素等,$CaCO_3$ 用来沉淀乳酸、柠檬酸和人血清蛋白等。此外,沉淀法还能用于除去杂质,例如微生物细胞中含大量核酸,它会使料液黏度提高,影响后续纯化操作,因此特别是在胞内产物提取时,预先除去核酸是很重要的,锰盐能选择性地沉淀核酸。除沉淀核酸外,还可采用 $ZnSO_4$ 沉淀红霉素发酵液中的杂蛋白以提高过滤速度;用 $BaSO_4$ 除去柠檬酸产品中的重金属;用 $MgSO_4$ 除去 DNA 和其他核酸等。金属沉淀法的主要缺点是:有时复合物的分解较困难,并容易促使蛋白质变性,故应谨慎选择适当的操作条件。

2. 有机酸沉淀法 含氮有机酸如苦味酸、苦酮酸、鞣酸、三氯乙酸等,能与有机分子的碱性功能团形成复合物而沉淀析出,但这些有机酸与蛋白质形成盐复合物沉淀时,常发生不可逆的沉淀反应。因此,应用此法时必须谨慎,可以采用较温和的方法,有时还可以加入一定的稳定剂,以防止蛋白质变性。

生物碱是植物中具有显著生理作用的一类含氮碱性物质。凡能使生物碱沉淀,或者能与生物碱作用产生颜色反应的物质,称为生物碱物质,如鞣酸、苦味酸、磷钨酸等。当蛋白质溶液的 pH 低于等电点时,蛋白质能与生物碱试剂的阴离子结合成盐而沉淀,溶液中的蛋白亦能被有机酸沉淀,其中尤以三氯乙酸的作用最为灵敏而且特异,故被广泛用于沉淀蛋白质。

知识链接

生成有机酸类复合盐沉淀的常见结晶试剂

1. 鞣酸(单宁)为多元酸类化合物,分子上有羧基和多个羟基。蛋白质分子与鞣酸分子间形成较多的氢键而络合在一起,从而生成巨大的复合颗粒沉淀下来。

2. 雷凡诺是一种吖啶染料,但其与蛋白质的作用主要也是通过形成盐的复合物而沉淀的,尤其对提纯血浆中的 γ-球蛋白有较好效果。

3. 三氯乙酸(TCA)沉淀蛋白质(成盐)迅速而完全,一般会引起变性。但在低温条件下短时间作用可使有些较稳定的蛋白质或酶保持原有活力,多用于目的物较稳定且分离杂蛋白相对困难的场合。

3. 无机酸沉淀法　磷钨酸、磷钼酸等能与阳离子形式的蛋白质形成溶解度极低的复合盐,从而使蛋白质沉淀析出。应用此法得到沉淀物后,可在沉淀中加入无机酸并用乙醚萃取,把磷钨酸、磷钼酸等移入乙醚中除去,或用离子交换法除去。

三、选择性变性沉淀法

选择性变性沉淀法,即选择一定条件使溶液中存在的某些杂蛋白等杂质变性沉淀下来,而与目的物分开。选择性变性沉淀法的原理是利用蛋白质、酶和核酸等生物大分子对某些物理或化学因素敏感性不同,而有选择性地使之变性沉淀,达到分离纯化的目的。这类方法大致可分为以下3种。

1. 利用表面活性剂或有机溶剂引起变性　十六烷基三甲基溴化铵(CTAB)、十二烷基硫酸钠(SDS)等均属于离子型表面活性剂,前者用于沉淀酸性多糖类物质,后者多用于分离胰蛋白或核蛋白。例如,在制备核酸时,加入三氯甲烷、十二烷基硫酸钠等,有选择性地使蛋白质变性沉淀,从而与核酸分离。

2. 利用生物大分子对热的稳定性不同,加热破坏某些组分,而保留另一些组分。热变性法操作简单可行,在制备一些对热稳定的小分子物质过程中,对除去一些大分子蛋白质和核酸特别有用。

3. 选择性的酸碱变性　利用酸碱变性,有选择性地除去杂蛋白在生物分离中的例子很多。有时还把酸碱变性与热变性法结合起来使用,效果更为显著。但使用前必须对目的物的热稳定性及酸碱稳定性有足够的了解,切莫盲目使用。例如:胰蛋白酶在 pH=2.0 的酸性溶液中可耐极高的温度,而且热变性后的沉淀冷却后可重新溶解,恢复活性。

点滴积累 ∨

1. 有机聚合物沉淀法的原理　①有机聚合物与生物大分子发生共沉淀;②聚合物有较强的亲水性,使生物大分子脱水而发生沉淀;③聚合物与生物大分子之间以氢键相互作用形成复合物,在重力作用下形成沉淀析出。

2. 金属离子与有机物形成难溶的有机复合物而沉淀。

3. 加入有机溶剂或表面活性剂,选择性地使一些样品变性而析出沉淀,称为选择性变性沉淀法。

第五节　结晶技术

结晶技术是使溶质从过饱和溶液中以晶体状态析出的操作技术。结晶作为一种分离提纯方法,因其操作简单、对设备腐蚀程度较小,在传统工业生产中一直占有相当重要的位置。以盐和糖为例,世界的年生产能力已超过 1 亿吨;化肥如硝酸铵、氯化钾、尿素、磷酸铵等世界的年生产量亦已超过了 100 万吨;在医药、染料、精细化工生产中,虽然结晶态产品产量相对较低,但具有异常重要的地位以及高额的产值。结晶过程没有其他物质的引入,结晶操作的选择性高,可制取高纯或超纯产品。

经过结晶后的产品均有一定的外形,便于干燥、包装、运输、贮存等,从而可以更好地适应商品市场的需要。

近年来随着对晶体产品要求的提高,不仅要求纯度高、产率大,还对晶形、晶体的主体颗粒、粒度分布、硬度等都加以规定,结晶操作的重要性与日俱增,例如生物技术中蛋白质的制造,催化剂行业中超细晶体的生产以及新材料工业中超纯物质的净化,都离不开结晶技术。

知识链接

结晶与无定形沉淀

固体有结晶和无定形两种状态。两者的区别就是构成一单位（原子、离子或分子）的排列方式不同,前者有规则,后者无规则。在条件变化缓慢时,溶质分子具有足够时间进行排列,有利于结晶形成；相反,当条件变化剧烈,强迫快速析出时,溶质分子来不及排列就析出,结果形成无定形沉淀。

通常只有同类分子或离子才能排列成晶体,所以结晶过程有很好的选择性,通常结晶溶液中的大部分杂质会留在母液中,再通过过滤、洗涤等,就可得到纯度高的晶体。许多蛋白质就是利用多次结晶的方法制取高纯度产品的。

结晶是制备纯物质的有效方法。溶液中的溶质在一定条件下因分子有规则的排列而结合成晶体。通常只有同类分子或离子才能排列成晶体,所以结晶过程有很好的选择性。通过结晶,溶液中的大部分杂质会留在母液中,经过滤、洗涤可得到纯度高的晶体。许多抗生素、氨基酸、维生素等就是利用多次结晶的方法制取高纯度产品的。但是结晶过程复杂,有时会出现晶体大小不一、形状各异,甚至形成晶簇的现象,因此附着在晶体表面及空隙中的母液难以完全除去,需要重结晶,否则将直接影响产品质量。

溶液结晶技术与其他分离操作相比,结晶过程具有如下特点:①能从杂质含量相当多的溶液或多组分的熔融混合物中形成纯净的晶体。对于许多使用其他方法难以分离的混合物系,例如同分异构体混合物、共沸物系、热敏性物系等,采用结晶分离往往更为有效。②结晶过程可赋予固体产品以特定的晶体结构和形态(如晶形、粒度分布、堆密度等)。③能量消耗少,操作温度低,对设备材质要求不高,一般亦很少有三废排放,有利于环境保护。④结晶产品包装、运输、储存或使用都很方便。

一、结晶过程

结晶是指溶质自动地从过饱和溶液中析出形成新相的过程。一般可分为3个阶段,即过饱和溶液的形成、晶核的生成和晶体的成长阶段。

过饱和溶液的形成可通过减少溶剂或减小溶质的溶解度而达到,晶核的生成和晶体的成长都是复杂的过程。

1. 过饱和溶液的形成　在给定温度条件下,与一种特定溶质达到平衡的溶液称为该溶质的饱和溶液。对于一个平衡体系,温度与浓度之间有一个确定的关系,这种关系在温度-浓度图中就是一条曲线,称为饱和曲线。如图 2-3 所示,图中 AB 曲线为溶解度曲线,曲线上各点的溶液均处于饱和状态;CD 曲线为自发产生晶核的温度-浓度曲线,称为过饱和曲线。当溶液的状态点一旦进入 CD 曲线以上的区域,其浓度远远大于饱和浓度,说明溶液处于极不稳定的状态,能立即自发结晶,可在短时间内出现大量微小晶核,使溶液浓度降至溶解度。

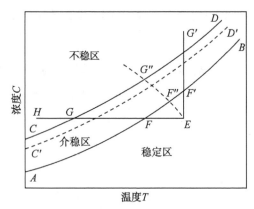

图 2-3　溶解度曲线与过饱和曲线示意图

溶液浓度等于溶质溶解度时,该溶液称为饱和溶液,溶质在饱和溶液中不能析出;当溶质浓度超过溶解度时,该溶液称为过饱和溶液,溶质只有在过饱和溶液中才有析出的可能。结晶过程都必须以溶液的过饱和度作为推动力,过饱和溶液的形成可通过减少溶剂或降低溶质的溶解度而达到,其大小直接影响过程的速度,而过程的速度也影响晶体产品的粒度分布和纯度。因此,过饱和度是结晶过程中一个极其重要的参数。除改变温度外,改变溶剂组成、离子强度、调节 pH,是蛋白质、抗生素等药物结晶操作的重要手段。

(1)蒸发法:蒸发法是借蒸发除去部分溶剂,在常压或减压下加热蒸发除去一部分溶剂,以达到或维持溶液过饱和度。此法适用于溶解度随温度变化不显著的物质或随温度升高溶解度降低的物质,而且要求物质有一定的热稳定性。蒸发法多用于一些小分子化合物的结晶中,而受热易变性的蛋白质或酶类物质则不宜采用。

(2)温度诱导法:蛋白质、酶、抗生素等生化物质的溶解度大多数受温度影响。若先将其制成溶液,然后升高或降低温度,使溶液逐渐达到过饱和,即可慢慢析出晶体。热盒技术也是温度诱导法之一,它利用某些比较耐热的生化物质在较高温度下溶解度较大的性质,先将其溶解,然后置于可保温的盒内,使温度缓慢下降以得到较大而且均匀的晶体。

(3)盐析结晶法:这是生物大分子如蛋白质及酶类药物制备中用得最多的结晶方法。通过向结晶溶液中引入中性盐,逐渐降低溶质的溶解度,使其过饱和,经过一定时间后晶体形成并逐渐长大。盐析结晶法的优点是可与冷却法结合,提高溶质从母液中的回收率;另外,结晶过程的温度可保持在较低的水平,有利于热敏性物质结晶。

(4)透析结晶法:由于盐析结晶时溶质溶解度发生跳跃式非连续下降,下降的速度也较快。对一些结晶条件苛刻的蛋白质,最好使溶解度的变化缓慢而且连续。为达到此目的,透析法最方便。

(5)有机溶剂结晶法:向待结晶溶液中加入某些有机溶剂,以降低溶质的溶解度。常用的有机溶剂有乙醇、丙酮、甲醇、丁醇、异丙醇、乙腈等。应用有机溶剂结晶法的最大缺点是有机溶剂可能会引起蛋白质等物质变性,另外,结晶残液中的有机溶剂常需回收。

(6)等电点法:利用某些生物物质具有两性化合物的性质,使其在等电点(pI)时于水溶液中游离而直接结晶的方法。等电点法常与盐析法、有机溶剂沉淀法一起使用。

（7）化学反应结晶法：调节溶液的 pH 或向溶液中加入反应剂，生成新物质，当其浓度超过它的溶解度时，就有结晶析出。例如青霉素结晶就是利用其盐类不溶于有机溶剂，而游离酸不溶于水的特性使结晶析出。在青霉素乙酸正丁酯的萃取液中，加入醋酸钾-乙醇溶液，即得青霉素钾盐结晶。

（8）共沸蒸馏结晶法：有些有机溶剂系统能与水形成恒沸混合物，纯水沸点为 100℃，正丁醇沸点为 117.7℃，但两者的混合物进行蒸馏时，蒸出来的是丁醇和水恒沸混合物（丁醇为 57.5%，水为 42.5%），共沸点为 92.6℃，分别低于水与丁醇的沸点。无论二元还是三元共沸点，都随着真空度的提高而下降，因此，可在真空低温下进行共沸蒸馏结晶，将溶剂蒸发后产品结晶析出，可缩短结晶的生产周期，同时还可提高收率。

例如，在抗生素工业中采用共沸蒸馏结晶法制取青霉素钠（钾）盐。在高浓度的青霉素钠盐萃取液中，加入能和水形成共沸的正丁醇，在减压条件下进行共沸蒸馏，使青霉素钠盐析出。由于共沸点的温度较低，水分的蒸发可在较温和的条件下进行，故减少了青霉素的破坏损失，不仅结晶收率高，而且晶体粗大疏松，容易过滤，便于洗涤，提高了成品的质量。

在实际生产中，某一种物质的结晶过程往往是几种方法的综合运用，并不是靠某一种条件单独进行的。例如，普鲁卡因青霉素的结晶就是合用冷却法和化学反应结晶两种方法。

2. 晶核的生成　晶核是过饱和溶液中初始生成的微小晶粒，是晶体成长过程中必不可少的核心。晶核的产生根据成核机制不同，分为初级成核和二次成核。

（1）初级成核：初级成核是过饱和溶液中的自发成核现象，即在没有晶体存在的条件下自发产生晶核的过程。

知识链接

初 级 成 核

初级成核分为非均相成核、均相成核。所谓初级均相成核是指溶液在较高过饱和度下自发生成晶核的过程，而初级非均相成核则是指溶液在外来物的诱导下生成晶核的过程，可在较低的过饱和度下发生。实际上溶液中常常难以避免有外来固体物质颗粒，如大气中的灰尘或其他人为引入的固体粒子，这种存在其他颗粒的过饱和溶液中自发产生晶核的过程即为初级非均相成核，实际生产过程中在工业结晶器中发生均相初级成核的机会比较少。

（2）二次成核：如果向过饱和溶液中加入晶种，就会产生新的晶核，这种成核现象称为二次成核。工业结晶操作一般在晶种的存在下进行，有几种不同的起晶方法，下面分别加以介绍。①自然起晶法：先使溶液进入不稳区形成晶核，当生成晶核的数量符合要求时，再加入稀溶液使溶液浓度降低至亚稳区，使之不生成新的晶核，溶质即在晶核的表面长大。该起晶方法要求过饱和浓度较高，晶核不易控制，现已很少采用。②刺激起晶法：先使溶液进入亚稳区后，将其加以冷却，进入不稳区，此

时即有一定量的晶核形成,由于晶核析出使溶液浓度降低,随即将其控制在亚稳区的养晶区使晶体生长。味精和枸橼酸结晶都可采用先在蒸发器中浓缩至一定浓度后再放入冷却器中搅拌结晶的方法。③晶种起晶法:先使溶液进入到亚稳区的较低浓度,投入一定量和一定大小的晶种,使溶液中的过饱和溶质在所加的晶种表面上长大。加入的晶种不一定是同一种物质,溶质的同系物、衍生物、同分异构体也可作为晶种加入,例如,乙基苯胺可用于甲基苯胺的起晶。对纯度要求较高的产品必须使用同种物质起晶。晶种起晶法容易控制,所得晶型形状、大小均较理想,是一种常用的工业起晶方法。

3. 晶体的成长　在过饱和溶液中,晶核一经形成立即开始长成晶体,与此同时,由于新的晶核还在不断生成,故所得晶体的大小和数量由晶核形成速度与晶体生长速度的对比关系决定。如果晶体生长速度大大超过晶核形成速度,则过饱和度主要用于使晶体成长,可得到粗大而有规则的晶体;反之,则过饱和度主要用于形成新的晶核,所得的晶核颗粒参差不齐,晶体细小,甚至呈无定形态。

知识链接

晶体生长的相关理论

化合物的晶体生长是依靠构成单位之间相互作用力来实现的。在离子晶体中,靠静电引力结合在一起;在分子晶体中,可能靠氢键结合在一起,如果分子带有偶极,那么它也靠静电力结合。关于晶体生长的机制有很多种,例如"表面能理论""扩散理论""吸附层理论"等,这些理论各有优缺点。目前常用的"扩散理论"认为晶体生长包括两个过程:①分子扩散过程:溶质从溶液主体相扩散通过一层液膜,到达晶体表面;②表面化学反应过程:固-液界面处溶液中的物质沉积在晶体表面或与晶体上的物质结合,形成一定大小的规则晶体。因此,在过饱和溶液中成核以后,可用图 2-4 表示晶体生长过程:①在晶体表面与溶液主体之间始终存在着一层边界层,即在晶体表面和溶液之间存在着浓度推动力($C-C_i$),其中 C 是液相主体浓度,C_i 是晶体表面上的浓度。由于浓度梯度的作用,溶液中的溶质粒子穿过边界层向图 2-4 中所示的晶体表面扩散,此为传质过程。②由于推动力(C_i-C^*,C^* 为饱和溶液中溶质的浓度)使溶质在晶体表面沉积,这种沉积为表面结合过程,即溶质分子嵌入到晶体晶格中。③在溶质分子嵌入晶体晶格以后,释放出结晶热并传入溶液中,使晶体表面上的饱和浓度比溶液主体中稍高一些。传质过程速率与表面结合速率影响和控制着结晶速率。对于传质过程速率控制的结晶过程而言,一方面可提高溶液流速,使边界层厚度降低;另一方面可提高温度,使流体黏度降低,扩散系数增大,都能提高扩散传质速率。

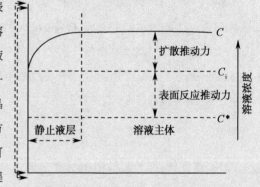

图 2-4　晶体生长扩散过程示意图

一般情况下,过饱和度增大,搅拌速率提高,温度升高,都有利于晶体的生长。Macabet 首先证明了晶体生长速率与原始晶粒的初始粒度无关,这对结晶器的设计及生长速率的测定具有重要的指导意义。

二、结晶条件的选择与控制

晶体的质量主要是指晶体的大小、形状(外观形状)和晶体的纯度(内在质量)3 方面。一般情况下,晶型整齐和色泽洁白的固体产品具有较高的纯度。由结晶过程可知,溶液的过饱和度、结晶温度、时间、搅拌及晶种加入等操作条件对晶体质量影响很大,必须根据药物在粒度大小、分布、晶型以及纯度等方面的要求,选择适合的结晶条件,并严格控制结晶过程。

1. **过饱和度**　过饱和度是结晶过程的推动力,是产生结晶产品的先决条件,也是影响结晶操作的最主要因素。在较高的过饱和度下进行结晶,可提高结晶速率和收率。但是在实际工业生产中,当过饱和度(推动力)增大时,溶液黏度增大,杂质含量也增大,可能会出现以下问题:成核速率过快,使晶体细小;结晶生长速率过快,容易在晶体表面产生液泡,影响结晶质量;结晶器壁易产生晶垢,给结晶操作带来困难;产品纯度降低。因此,过饱和度值应大致使操作控制在介稳区内,又可保持较高的晶体成长速率,从而使结晶操作高产而优质。

2. **晶浆浓度**　晶浆是指在结晶器中结晶出来的晶体和剩余的溶液(或熔液)所构成的混悬物。晶浆浓度应在保证晶体质量的前提下尽可能取较大值。对于加晶种的分批结晶操作,晶种的添加量也应根据最终产品的要求,选择较大的晶浆浓度。只有根据结晶生产工艺和具体要求,确定或调整晶浆浓度,才能得到较好的晶体。对于生物大分子,通常选择 3%~5% 的晶浆浓度比较适宜,而对于小分子物质(如氨基酸类)则需要较高的晶浆浓度。

3. **温度**　结晶操作温度的控制很重要,一般控制较低温度和较小的温度范围。如生物大分子的结晶,一般选择在较低温度条件下进行,以保证物质的生物活性,还可以抑制细菌的繁殖。同时,温度较低时,溶液的黏度增大,可能会使结晶速率变慢,因此应控制适宜的结晶温度。

4. **时间**　对于小分子物质,如果在适宜的条件下,几小时或几分钟内即可析出结晶。对于蛋白质等生物大分子物质,由于相对分子质量大,立体结构复杂,其结晶过程比小分子物质要困难得多。生物大分子的结晶时间差别很大,从几小时到几个月的都有,早期用于研究 X 射线衍射的胃蛋白酶晶体的制备就需花费几个月的时间。生产中主要控制过饱和溶液的形成时间,防止形成的晶核数量过多而造成晶粒过小。

5. **溶剂与 pH**　结晶操作采用的溶剂和 pH 应使目标溶质的溶解度降低,以提高结晶的收率。一般来说,所选择的 pH 应在生化物质稳定范围内,尽量接近其等电点。溶剂和 pH 对晶形也有影响。如普鲁卡因青霉素在水溶液中的结晶为方形晶体,在乙酸正丁酯中的结晶为长棒状。在设计结晶操作前,需实验确定使结晶晶形较好的溶剂和 pH。

通常,结晶溶剂要具备以下几个条件:①溶剂不能和结晶物质发生任何化学反应;②溶剂对结晶物质要有较高的温度系数,以便利用温度的变化达到结晶的目的;③溶剂应对杂质有较大的溶解度,或在不同的温度条件下结晶物质与杂质在溶剂中应有溶解度的差别；④溶剂如果是容易挥发的有机溶剂时，应考虑操作方便、安全。工业生产上还应考虑成本高低、是否容易回收等。

对于大多数生物小分子来说，水、乙醇、甲醇、丙酮、三氯甲烷、乙酸正乙酯、异丙醇、丁醇、乙醚等溶剂使用较多。尤其是乙醇，既亲水又亲脂，而且价格便宜、安全无毒，所以应用较多。对于蛋白质、酶和核酸等生物大分子，使用较多的是硫酸铵溶液、氯化钠溶液、磷酸缓冲溶液、Tris 缓冲溶液和丙酮、乙醇等。有时需要考虑使用混合溶剂。操作时先将样品用溶解度较大的溶剂溶解，再缓慢地分次少量加入对样品溶解度小的溶剂，直至产出混浊为止，然后放置或冷却即可获得结晶。也可选用在低沸点溶剂中容易溶解，在高沸点溶剂中难溶解的高、低沸点两种混合溶剂。结晶液放置一段时间后，由于低沸点溶剂慢慢蒸发而使结晶形成。许多生物小分子结晶使用的混合溶剂有水-乙醇，醇-醚，水-丙酮，石油醚-丙酮等。

▶ 课堂活动

①对有效成分热时溶解度大，冷时溶解度小；②对有效成分溶解度小，对杂质溶解度大；③对有效成分热时溶解度大、冷时溶解度小，对杂质冷热都溶或都不溶；④对有效成分冷热时都溶，对杂质不溶；⑤对杂质热时溶解度大，冷时溶解度小，上述五个选项中哪一个是结晶法对溶剂选择的原则？

6. **晶种**　加入晶种进行结晶是控制结晶过程、提高结晶速率、保证产品质量的重要方法之一。工业中的引入有两种方法：一种是通过蒸发或降温等方法，使溶液的过饱和状态达到不稳定自发成核至一定数量后，迅速降低溶液浓度(如稀释法)至介稳区，这部分自发成核的结晶为晶种；另一种是向处于介稳区的过饱和溶液中直接添加细小均匀的晶种。工业生产中对于不易结晶(即难以形成晶核)的物质，常采用加入晶种的方法，以提高结晶速率。对于溶液黏度较高的物系，晶核产生困难，而在较高的过饱和度下进行结晶时，由于晶核形成速率较快，容易发生聚晶现象，使产品质量不易控制，因此，高黏度的物系必须采用在介稳区内添加晶种的操作方法。

7. **搅拌与混合**　增大搅拌速率，可提高成核速率，同时搅拌也有利于溶质的扩散而加速晶体生长；但搅拌速率过快会造成晶体的剪切破碎，影响结晶产品质量。工业生产中，为获得较好的混合状态，同时避免晶体的破碎，一般通过大量的实验，选择搅拌桨的形式，确定适宜的搅拌速率，以获得所需的晶体。搅拌速率在整个结晶过程中可以是不变的，也可以根据不同阶段选择不同的搅拌速率。可采用直径及叶片较大的搅拌桨，降低转速，以获得较好的混合效果；也可采用气体混合方式，以防止晶体破碎。

8. **结晶系统的晶垢**　在结晶操作系统中，常在结晶器壁及循环系统内产生晶垢，严重影响结晶过程的效率。

9. **共存杂质的影响**　结晶的对象是多组分物系，要选择性地结晶目标产物。如果共存杂质的浓度较低，一般对目标产物的结晶无明显影响。但如果在结晶操作中杂质含量不断升高(如采用蒸发式结晶操作时)，杂质的积累会严重影响目标产物结晶的纯度。结晶操作中需要控制杂质的含量，往往在结晶系统中增设除杂设备。

三、结晶操作

结晶操作既要满足产品生产规模的要求,又要符合产品质量、粒度的要求。

1. 分批结晶　为了控制晶体的生长,获得粒度较均匀的产品,必须尽一切可能防止不需要的晶核生成。有时可在适当时机向溶液中添加适量的晶种,使被结晶的溶质只在晶体表面上生长。用温和的搅拌,使晶体较均匀地悬浮在整个溶液中,并尽量避免二次成核现象。分批冷却结晶有以下 4 种操作方式。

(1)不加晶种,迅速冷却:溶液很快达到过饱和状态,大量微小的晶核骤然产生,溶液的过饱和度迅速降低,过量的晶粒数和细小的晶粒使产品质量和结晶收率都差,属于无控制结晶。

(2)不加晶种,缓慢冷却:溶液慢慢达到过饱和状态,产生较多晶核。过饱和度因成核而有所消耗。但由于晶体生长,过饱和度也迅速降低。这种方法对结晶过程的控制作用也有限。

(3)加晶种,迅速冷却:溶液一旦达到过饱和,晶种开始长大。由于有溶质结晶出来,溶液浓度有所下降,但因冷却速度很快,溶液仍很快达到过饱和状态,最后不可避免地会有细小晶体产生。

(4)加晶种,缓慢冷却:溶液中有晶种存在,且降温速率得到控制,晶体生长速率完全由冷却速度控制,所以这种操作方法能够产生预定粒度的、合乎质量要求的匀整晶体。

2. 连续结晶　连续结晶操作有以下几项要求:产品粒度分布符合质量要求;生产强度高;晶垢的产生速度尽量低,以延长结晶的操作周期;维持结晶器的操作稳定性。因此,在连续结晶的操作中往往要采用"细晶消除""粒度分级排料""清母液溢流"等技术。采用这些技术可使不同粒度范围的晶体在结晶器内具有不同的停留时间,也可使晶体和母液具有不同的停留时间,从而使结晶器增添了控制产品粒度分布和晶浆密度的手段;再与适宜的晶浆循环速率相结合,便能使结晶器达到操作要求。

(1)细晶消除:在连续操作的结晶器中,每一粒晶体产品都是由一粒晶核生长而成的,晶核生成量越少,产品晶体就会长得越大。反之,晶体粒度必然小。通常是在结晶器内部或下部建立一个澄清区,在此区域内,晶浆以很低的速度上流,因较大的晶粒有很大的沉降速度,当沉降速度大于晶浆上流速度时,晶粒沉降下来,回到结晶器的主体部分,重新参与器内晶浆循环而继续长大。细小的晶粒则随着溶液从澄清区溢流而出,进入细晶消除系统,以加热或稀释的办法使之溶解,然后经循环泵重新回到结晶器中去。

(2)粒度分级排料:为了实现对晶体粒度分布的调节,有时混合悬浮型连续结晶器采用这种方法。它是将结晶器中流出的产品先流过一个分级排料器,将小于某产品分级粒度的晶体截留后返回结晶器继续长大,达到产品分级粒度后才有可能作为产品排出系统。

(3)清母液溢流:清母液溢流是调节结晶器内晶浆密度的主要手段,增加清母液溢流量可有效地提高器内晶浆密度。清母液溢流有时与结晶消除相结合,从澄清区溢流出来的母液总含有小于某一粒度的细小晶粒,所以不存在真正的清母液。由于它含有一定量的细晶,所以对结晶器而言也必然起着某种消除细晶的作用。有些情况下,将从澄清区溢流出来的母液分为两部分:一部分排出结晶系统;另一部分则进入细晶消除系统,消除细晶后再回到结晶器中。有时为了避免流失过多的固相产品组分,可使溢流而出的带细晶的母液先经旋液分离器或湿筛,而后分为两段,含较多细晶的流股进入细晶消除循环,含较少细晶的流股则排出结晶系统。

从另一角度看,清母液溢流的主要作用在于液相及固相在结晶器中具有不同的停留时间。在无清母液溢流的结晶器中,固-液两相的停留时间相同。在有母液溢流的结晶器中,固相的停留时间可延长数倍,这对于结晶这样的低速过程有重要的意义。

连续结晶有以下优点:①冷却法和蒸发法(真空冷却法除外)采用连续结晶操作,费用低,经济性好;②结晶工艺简化,相对容易保证质量;③生产周期短,节约劳动力费用;④连续结晶设备的生产能力可比分批结晶提高数倍甚至数十倍,相同生产能力则投资少,占地面积小;⑤连续结晶操作参数相对稳定,易于实现自动化控制。

但是连续结晶也有缺点,主要有:①换热面和器壁上容易产生晶垢,并不断积累,使运行后期的操作条件和产品质量逐渐恶化;②与分批结晶相比,产品平均粒度较小;③操作控制上比分批操作困难,要求严格。

案例分析

案例:

普鲁卡因青霉素生产工艺采用了哪些结晶方法? 为什么在剧烈搅拌下进行结晶操作?

分析:

该生产过程利用的是反应结晶,因普鲁卡因青霉素是供肌内注射的混悬剂,直接注射到人体中去,要求结晶颗粒$<5\mu m$。 颗粒过大不仅不利于吸收,注射时还易堵塞针头,注射后易产生局部红肿疼痛,甚至发热等症状;晶体过分细小则粒子会带静电,因相互排斥而似乎跳散,而且会使比容过大,为成品的分装带来不便。 故普鲁卡因青霉素结晶合用冷却法和化学反应结晶两种方法。 现将青霉素钾盐溶于缓冲液中,冷却至5~8℃,加入适量的晶种,然后滴加盐酸普鲁卡因溶液,在剧烈搅拌下进行结晶操作,以保证得到适宜的细小晶体。

四、重结晶

重结晶是指结晶出来的晶体溶在适当的溶剂中,再经过加热、蒸发、冷却等步骤重新达到晶体的过程。其原理是利用杂质和结晶物质在不同溶剂和不同温度下的溶解度不同,将晶体用合适的溶剂再次结晶,以获得高纯度晶体的操作。

对于溶解度受温度影响较大的物质,可将产品溶解在热的溶剂中,然后缓慢降低温度析出晶体。另一种常用的重结晶方法是将溶质溶于对其溶解度较大的一种溶剂中,然后将第二种溶剂加热后缓缓加入,直到稍显混浊,结晶刚刚出现为止,接着冷却,放置一段时间使结晶完全。

重结晶的关键是选择一种合适的溶剂,用于重结晶的溶剂一般应具备以下条件:

1. 溶质在某溶剂中的溶解度较大,当外界条件(温度、pH 等)改变时,其溶解度能明显减少。

2. 溶质易溶于某一溶剂而难溶于另一溶剂,且两溶剂互溶,则通过实验确定两者在混合溶剂中所占的比例。

3. 对色素、降解产物、异构体等杂质能有较好的溶解性。

4. 无毒性或极其低微、沸点较低、便于回收利用等。用于生物物质重结晶的溶剂一般有蒸馏水（或无盐水）、丙酮、石油醚、乙酸乙酯、低级醇等。

案例分析

案例：

重结晶是进一步纯化精制抗生素的有效途径，如何在工业生产中通过重结晶技术使红霉素成品的纯度和色级等提高？

分析：

为了提高红霉素成品的纯度，在生产上采用丙酮加水的重结晶方法，即将已干燥的红霉素碱以1∶7配比（W/V）的丙酮进行溶解，待溶于丙酮后以硅藻土为介质进行过滤，再用丙酮溶液1.5~2倍量体积的蒸馏水加入到丙酮溶液中，在室温条件下静置（24小时左右），即有红霉素精制品析出。通过重结晶的红霉素成品效价一般能较原来产品要提高50~60U/mg。通过重结晶可以使产品的色级和纯度等均获得提高，使原来不合格的产品转为合格品，使合格品的质量进一步提高。

五、结晶设备

工业结晶器主要分冷却式和蒸发式两种，根据蒸发操作压力又可分为常压蒸发式和真空蒸发式。因真空蒸发效率较高，所以蒸发结晶器以真空蒸发为主。结晶器选用的主要依据是药物成分的溶解度曲线，如果药物成分的溶解度随温度升高而显著增大，则可采用冷却结晶器或蒸发结晶器，这里仅介绍常用的结晶器及其特点。

1. 冷却结晶器 冷却式搅拌槽结晶器有夹套冷却式、外部循环冷却式，此外还有槽外蛇管冷却式。搅拌槽结晶器结构简单，设备造价低。夹套冷却式结晶器的冷却表面积比较小，结晶速度较低，不适于大规模结晶操作。另外，因为结晶器壁的温度较低，溶液过饱和度较大，所以器壁上容易形成晶垢，影响传热效率。为消除晶垢的影响，槽内常设有除晶垢装置。外部循环式冷却结晶器通过外部热交换器冷却，由于强制循环，溶液高速流过热交换器表面，通过热交换器的温差较小，使热交换器表面不易形成晶垢，交换效率较高，可较长时间连续运作。冷却结晶器根据结晶器形状及特点，还有 Krystal-Oslo 冷却型和 Howard 型结晶器。

2. 蒸发结晶器

（1）Krystal-Oslo 蒸发结晶器：蒸发结晶器由结晶器主体、蒸发室和外部加热器构成。图 2-5 是一种常用的 Krystal-Oslo 型常压蒸发结晶器。溶液经外部循环加热后送入蒸发室蒸发浓缩，达到饱和状态，通过中心导管下降到结晶生长槽中。在结晶生长槽中，流体向上流动的同时结晶不断生长，大颗粒结晶发生沉降，从底部排出产品晶浆。因此，Krystal-Oslo 型结晶器同时具备结晶分级能力。将蒸发器与真空泵相连，可进行真空绝热蒸发。与常压蒸发结晶器相比，真空蒸发结晶器不设加热设备，进料为预热的溶液，蒸发室中发生绝热蒸发。因此，在蒸发浓缩的同时，溶液温度下降，操作效率更高。此外,为便于结晶产品从结晶槽内排出和澄清母液的溢流,真空蒸发结晶器设有气压真空脚(barometric leg)。

(2)DTB型结晶器:图2-6为DTB型结晶器(draft-tube-baffled crystallizer)。DTB型结晶器属于典型的晶浆内循环结晶器,由于设置了内导流筒及高效搅拌器,形成了内循环通道,内循环速率很高,可使晶浆质量密度保持至30%~40%,并可明显地消除高饱和度区域,器内各处的过饱和度都比较均匀而且较低,因而强化了结晶器的生产能力。DTB型结晶器还设有外循环通道,用于消除过量的细晶,以及产品粒度的淘析,保证了生产粒度分布范围较窄的结晶产品。

DTB型结晶器的特点是:由于结晶器内设置了导流管和高效搅拌螺旋桨,形成内循环通道,内循环效率很高,过饱和度均匀,并且较低(一般过冷度<1℃)。DTB型结晶器除可用于真空绝热冷却法之外,尚可用于蒸发法、直接接触冷却法以及反应结晶法等多种结晶操作。它的优点在于生产强度高,能产生粒度达600~1200μm的大粒结晶产品,已成为国际上连续结晶器的最主要形式之一。

(3)DP结晶器:DP结晶器即双螺旋桨(double propeller)结晶器,如图2-7所示。DP结晶器是对DTB型结晶器的改良,内设两个同轴螺旋桨,双螺旋桨驱动流体内循环,所以在低转数下即可获得较好的搅拌循环效果,功耗较DTB型结晶器低,有利于降低结晶的机械破碎;其缺点是大螺旋桨要求动平衡性能好、精度高,制造复杂。

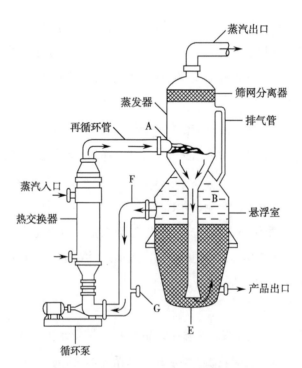

图 2-5　Krystal-Oslo 型常压蒸发结晶器
A-闪蒸区入口;B-亚稳区入口;E-床层区入口;F-循环流出口;G-结晶料液入口

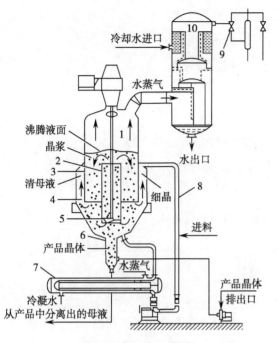

图 2-6　DTB 型结晶器
1. 结晶器；2. 导流桶；3. 挡板；4. 澄清器；5. 螺旋桨；
6. 淘析腿；7. 加热器；8. 循环管；9. 喷射真空泵；10. 冷凝器

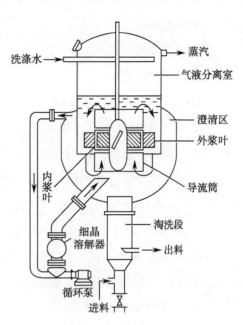

图 2-7　DP 结晶器

点滴积累　∨

1. 结晶过程包括过饱和溶液的形成、晶核的生成和晶体的成长阶段三个过程。

2. 过饱和溶液的制备方法　饱和溶液冷却、部分溶剂蒸发、化学反应结晶法、透析法等。

3. 影响结晶的因素　过饱和度、溶液浓度、温度、溶剂、pH、时间等。

目标检测

一、选择题

（一）单项选择题

1. 氨基酸的结晶纯化是根据氨基酸的（　　）性质

　　A. 溶解度和等电点　　　　　B. 相对分子质量　　　　　C. 酸碱性

　　D. 生产方式　　　　　　　　E. 空间结构

2. 盐析操作中，硫酸铵在什么样的情况下不能使用（　　）

　　A. 酸性条件　　　　　　　　　　　B. 碱性条件

　　C. 中性条件　　　　　　　　　　　D. 和溶液酸碱度无关

　　E. 和溶液酸碱度有关

3. 蛋白质溶液进行有机溶剂沉淀，蛋白质的浓度在（　　）范围内适合

　　A. 0.5%～2%　　　　　　　B. 1%～3%　　　　　　　C. 2%～4%

　　D. 3%～5%　　　　　　　　E. 5%～8%

4. 盐析法与有机溶剂沉淀法比较,其优点是(　　)

    A. 分辨率高　　　　　　　　　　　　B. 变性作用小

    C. 杂质易除　　　　　　　　　　　　D. 沉淀易分离

    E. 用于制备高纯度产物

5. 盐析法沉淀蛋白质的原理是(　　)

    A. 降低蛋白质溶液的介电常数　　　　B. 中和电荷,破坏水膜

    C. 与蛋白质结合成不溶性蛋白　　　　D. 调节蛋白质溶液 pH 至等电点

    E. 生物大分子对化学因素敏感性不同

6. 在一定的 pH 和温度下改变离子强度(盐浓度)进行盐析,称作(　　)

    A. KS 盐析法　　　　　B. β 盐析法　　　　　C. 重复盐析法

    D. 分步盐析法　　　　　E. 等电点沉淀法

7. 下列关于固相析出说法正确的是(　　)

    A. 沉淀和晶体会同时生成　　　　　　B. 析出速度慢产生的是结晶

    C. 和析出速度无关　　　　　　　　　D. 析出速度慢产生的是沉淀

    E. 析出的无定形物质称为结晶

8. 在 Cohn 方程中,$\log S = \beta - K_s I$ 中,β 常数反映(　　)对蛋白质溶解度的影响

    A. 操作温度　　　　　B. pH　　　　　C. 盐的种类

    D. 离子强度　　　　　E. 搅拌速度

9. 在盐析实际应用过程中,最常用的无机盐为(　　)

    A. 硫酸镁　　　　　B. 硫酸钠　　　　　C. 硫酸铵

    D. 醋酸铵　　　　　E. 碳酸氢钠

10. 人血清清蛋白的等电点为 4.64,在 pH 为 7 的溶液中将血清蛋白质溶液通电,清蛋白质分子向(　　)

    A. 正极移动　　　　B. 负极移动　　　　C. 不移动

    D. 不确定　　　　　E. 不变

11. 使蛋白质盐析可加入的试剂是(　　)

    A. 氯化钠　　　　　B. 碳酸氢钠　　　　C. 溴化铵

    D. 硫酸铵　　　　　E. 碳酸钠

12. 在相同的离子强度下,不同种类的盐对蛋白质盐析的效果不同,一般离子半径(　　)效果好

    A. 小且带电荷较多的阴离子　　　　B. 大且带电荷较多的阴离子

    C. 小且带电荷较多的阳离子　　　　D. 大且带电荷较多的阳离子

    E. 大且带电荷较多的阳离子

13. 结晶过程中,溶质过饱和度大小(　　)

    A. 不仅会影响晶核的形成速度,而且会影响晶体的长大速度

B. 只会影响晶核的形成速度,但不会影响晶体的长大速度

C. 不会影响晶核的形成速度,但会影响晶体的长大速度

D. 不会影响晶核的形成速度,而且不会影响晶体的长大速度

E. 以上均不是

14. 大多数蛋白质的等电点都在(　　)范围内

A. 酸性　　　　　　　　B. 碱性　　　　　　　　C. 中性

D. 缓冲液　　　　　　　E. 弱碱性

15. 盐析法纯化酶类是根据(　　)进行纯化

A. 根据酶分子电荷性质的纯化方法

B. 调节酶溶解度的方法

C. 根据酶分子大小、形状不同的纯化方法

D. 根据酶分子专一性结合的纯化方法

E. 根据酶分子空间结构的纯化方法

16. 有机溶剂沉淀法中可使用的有机溶剂为(　　)

A. 乙酸乙酯　　　　　　B. 正丁醇　　　　　　　C. 苯

D. 丙酮　　　　　　　　E. 甲醛

17. 有机溶剂为什么能够沉淀蛋白质(　　)

A. 介电常数大　　　　　B. 介电常数小　　　　　C. 中和电荷

D. 与蛋白质相互反应　　E. 改变溶液 pH

18. 若两性物质结合了较多阳离子,则等电点 pH 会(　　)

A. 升高　　　　　　　　B. 降低　　　　　　　　C. 不变

D. 以上均有可能　　　　E. 以上均不是

19. 单宁沉析法制备菠萝蛋白酶实验中,加入1%的单宁于鲜菠萝汁中产生沉淀,属于(　　)原理

A. 盐析　　　　　　　　B. 有机溶剂沉析　　　　C. 等电点沉析

D. 有机酸沉析　　　　　E. 金属离子沉淀法

20. 生物活性物质与金属离子形成难溶性的复合物沉析,然后适用(　　)去除金属离子

A. SDS　　　　　　　　B. CTAB　　　　　　　　C. EDTA

D. CPC　　　　　　　　E. CMC

(二) 多项选择题

1. 影响药物溶解度的因素包括(　　)

A. 离子强度　　　　　　B. pH　　　　　　　　　C. 温度

D. 去垢剂　　　　　　　E. 以上都是

2. 盐析时应注意的几个问题是(　　)

A. 盐的饱和度　　　　　B. pH　　　　　　　　　C. 样品浓度的影响

　　D. 温度　　　　　　　　　E. 脱盐

3. 盐析时所有无机盐的挑选原则应注意(　　)

　　A. 要有较强的盐析效果

　　B. 要有足够大的溶解度,且溶解度受温度的影响尽可能小

　　C. 不影响蛋白质等生物大分子的活性

　　D. 来源丰富,价格低廉

　　E. 以上都是

4. 过饱和溶液的制备一般有哪些方法(　　)

　　A. 饱和溶液冷却　　　　　B. 部分溶剂蒸发　　　　　C. 化学反应结晶法

　　D. 解析法　　　　　　　　E. 以上都是

5. 影响晶核形成的因素有(　　)

　　A. 溶液浓度　　　　　　　B. 样品纯度　　　　　　　C. 溶剂

　　D. pH　　　　　　　　　　E. 温度

二、简答题

1. 盐析的原理及影响因素?

2. 什么是等电点沉析法?

3. 简述结晶过程中晶体形成的条件。

4. 影响结晶的因素有哪些?

三、实例分析

酶提取液中常含有杂蛋白、多糖、脂类及核酸等杂质,如何去除这些杂质?

ER-02章习题

实训项目一　牛奶中酪蛋白和乳蛋白素粗品的制备

【实训目的】

掌握盐析法和等电点沉淀法的原理与基本操作。

【实训原理】

乳蛋白素(α-lactalbumin)广泛存在于乳品中,是乳糖合成所需要的重要蛋白质。牛奶中的主要蛋白质是酪蛋白(casein),酪蛋白在 pH 为 4.8 左右会沉淀析出。而乳蛋白素在 pH 为 3 左右才会沉淀。利用这一性质,可先将 pH 降至 4.8,或是在加热至 40℃ 的牛奶中加硫酸钠,将酪蛋白沉淀出来。酪蛋白不溶于乙醇,这个性质被用于从酪蛋白粗制剂中除去脂类杂质。将去除酪蛋白的滤液 pH 调

至 3 左右,能使乳蛋白素沉淀析出,部分杂质可随澄清液除去。再经过一次 pH 沉淀后,即可得到粗乳蛋白素。

【实训材料】

1. **实训器材** 烧杯(250ml、100ml、50ml),玻璃试管(10mm×100mm),离心管(50ml),磁力搅拌器,pH 计,离心机。

2. **实训试剂** 脱脂或低脂奶粉、无水硫酸钠、0.1mol/L HCl 溶液、0.1mol/L NaOH 溶液、0.05mol/L碳酸氢铵溶液、滤纸、pH 试纸、浓盐酸、0.2mol/L 的乙酸-乙酸钠缓冲溶液(pH 为 4.6)、乙醇。

【实训方法】

1. **盐析法或等电点沉淀法制备酪蛋白**

(1)将 50ml 牛乳倒入 250ml 烧杯中,于 40℃ 水浴中加热并搅拌。

(2)在搅拌下缓慢加入 10g 无水硫酸钠(约 10 分钟内分次加入),之后再继续搅拌 10 分钟(或加热到 40℃,再在搅拌下慢慢地加入 50ml 40℃ 左右的乙酸-乙酸钠缓冲溶液,直到 pH 达到 4.8 左右,可以用酸度计调节。将上述悬浮液冷却至室温,然后静置 5 分钟)。

(3)将溶液用细布过滤,分别收集沉淀和滤液。将上述沉淀悬浮于 30ml 乙醇中,倾于布氏漏斗中,过滤除去乙醇溶液,抽干。将沉淀从布氏漏斗中移出,在表面皿上摊开以除去乙醇,干燥后得到酪蛋白。准确称量。

2. **等电点沉淀法制备乳蛋白素**

(1)将实训方法 1 第(3)步所得的滤液置于 100ml 烧杯中,一边搅拌,一边利用 pH 计以浓盐酸调整 pH 至 3±0.1。

(2)6000r/min 离心 15 分钟,倒掉上清液。

(3)在离心管内加入 10ml 去离子水,振荡,使管内下层物重新悬浮,用 0.1mol/L NaOH 溶液调整 pH 至 8.5~9.0(以 pH 试纸或 pH 计判定),此时大部分蛋白质均会溶解。

(4)6000r/min 离心 10 分钟,将上清液倒入 50ml 烧杯中。

(5)将烧杯置于磁力搅拌器上,一边搅拌,一边利用 pH 计,用 0.1mol/L HCl 调整 pH 至 3±0.1。

(6)6000r/min 离心 10 分钟,倒掉上清液。沉淀取出干燥,并称重。

【实训提示】

离心机的使用安全。

【实训思考】

影响得率的因素是什么?

【实训报告】

包括实训目的、实训内容、实训步骤、实训问题处理、结果分析、改革成果及体会等。

【实训测试】

根据学生出勤、在实训过程中的表现、实训报告完成情况和实训测试成绩,综合评定学生的实训成绩。

实训项目二　大蒜细胞 SOD 酶的提取和分离

【实训目的】

1. 掌握有机溶剂沉淀法的原理和基本操作。

2. 掌握 SOD 酶提取分离的一般步骤。

【实训原理】

超氧化物歧化酶(superoxide dismutase,SOD)是一种具有抗氧化、抗衰老、抗辐射和消炎作用的药用酶。它可催化超氧负离子(O_2^-)进行歧化反应,生成氧和过氧化氢。大蒜蒜瓣和悬浮培养的大蒜细胞中含有较丰富的 SOD,通过组织或细胞破碎后,可用 pH 7.8 的磷酸缓冲溶液提取出来。由于 SOD 不溶于丙酮,可用丙酮将其沉淀析出。

有机溶剂沉淀的原理是有机溶剂能降低水溶液的介电常数,使蛋白质分子之间的静电引力增大。同时,有机溶剂的亲水性比溶质分子的亲水性强,它会抢夺本来与亲水溶质结合的自由水,破坏其表面的水化膜,导致溶质分子之间的相互作用增大而发生聚集,从而沉淀析出。

【实训材料】

1. **实训器材**　研钵、石英砂、烧杯(50ml)、玻璃棒、pH 计、冷冻离心机、离心管。

2. **实训试剂**　新鲜蒜瓣、0.05mol/L 磷酸缓冲溶液(pH 7.8)、三氯甲烷-乙醇混合液(三氯甲烷:无水乙醇=3:5)、丙酮(用前预冷至-10℃)。

【实训方法】

整个操作过程在 0~5℃条件下进行。

1. **SOD 酶的提取**　称取 5g 大蒜蒜瓣,加入石英砂研磨破碎细胞后,加入 0.05mol/L 的磷酸缓冲液(pH 7.8)15ml,继续研磨 20 分钟,使 SOD 酶充分溶解到缓冲溶液中,然后 6000r/min 冷冻离心 15 分钟,弃沉淀,取上清液。

2. **去除杂蛋白**　上清液中加入 0.25 倍体积的三氯甲烷-乙醇混合液搅拌 15 分钟,6000r/min 离心 15 分钟,弃去沉淀,得到的上清液即为粗酶液。

3. **SOD 酶的沉淀分离**　粗酶液中加入等体积的冷丙酮,搅拌 15 分钟,6000r/min 离心 15 分钟,得到 SOD 酶沉淀。冷冻干燥后即得成品。对成品进行称量并测定酶活力。

4. **SOD 活力测定**

试剂	空白管	对照管	样品管
碳酸缓冲液	5.0	5.0	5.0
EDTA 溶液	0.5	0.5	0.5
蒸馏水	0.5	0.5	
样品液			0.5
上述试剂在各管中混合均匀,30℃水浴中预热 5 分钟			
肾上腺素溶液		0.5	0.5

加入肾上腺素后,继续保温 2 分钟,然后立即在 480nm 处测定光密度。对照管和样品管的光密度值分别为 A 和 B。在上述条件下,SOD 抑制肾上腺素自氧化 50%所需的酶量定义为 1 个酶活力单位。即:

$$酶活力(单位) = 2\frac{(A-B)N}{A}$$

式中,N 为样品稀释倍数;2 为抑制肾上腺素自氧化 50%的换算系数。

【实训提示】

1. 酶液提取时,为了尽可能保持酶的活性,应尽可能地在冰浴中研磨,在低温中离心。

2. 肾上腺素容易氧化,故操作时要迅速。

【实训思考】

讨论有机溶剂沉淀法与盐析法相比的优缺点。

【实训报告】

包括实训目的、实训内容、实训步骤、实训问题处理、结果分析、改革成果及体会等。

【实训测试】

根据学生出勤、在实训过程中的表现、实训报告完成情况和实训测试成绩,综合评定学生的实训成绩。

(吴小瑜)

第三章

固-液分离技术

导学情景

情景描述：

丽丽放学回家，闻到家里一股中药味，原来是妈妈生病了，正在用砂锅熬中药。丽丽看到妈妈趁热把熬好的中药从砂锅中倒出时，用滤网把药渣过滤了。

学前导语：

滤网把熬好的中药汤和中药渣进行了很好的固-液分离。像纱布、滤网这些都是日常生活中可以经常看到的固-液分离用品。在制药过程中，常会产生大量悬浮液，必须进行固-液分离操作。本章我们将带领同学们学习固-液分离的基本知识和基本操作，熟悉其原理和应用。

在制药生产中，常会产生大量悬浮液。为了回收有用的物料，必须进行固-液分离操作，如从母液中分离固体成品或半成品或从反应液中取得结晶产品。

常用的固-液分离方法主要有以下两种：①沉降法：颗粒在重力场或离心力场内，借助自身的重力或离心力使之分离；②过滤法：使悬浮液通过过滤介质，将颗粒截留在过滤介质上而得到分离。

按分离的推动力不同，沉降可分为重力沉降和离心沉降；过滤可分为加压过滤、真空过滤、离心过滤等。利用离心沉降或离心过滤操作的设备统称为离心机；利用重力沉降或旋流器操作的设备统称为沉降器；真空过滤和加压过滤的设备统称为过滤机械。沉降器适用于粗颗粒悬浮液中粗大颗粒的分离，过滤机械常用于较细颗粒悬浮液的分离，而离心机则用于较细颗粒悬浮液和乳浊液的分离。

固-液分离在制药工业生产上是一类经常使用的单元操作。在原料药、制剂乃至辅料的生产中，固-液分离技术的效能都将直接影响产品的质量、收率、成本及劳动生产率，甚至还关系到生产安全与企业的环境保护。

知识链接

其他非均相分离方法

①静电分离法：利用两相带电性的差异，借助于电场的作用，使两相得以分离。属于此类的操作有电除尘、电除雾等。②湿洗分离法：使气-固混合物穿过液体，固体颗粒黏附于液体而被分离出来。工业上常用的此类分离设备有泡沫除尘器、湍球塔、文氏管洗涤器等。

第一节　沉降技术

在固-液两相物系中,无论作为连续相的流体处于静止还是做某种运动,只要固体颗粒的密度大于液体的密度,那么在重力场中,固体颗粒将在重力方向上与液体做相对运动;在离心力场中,则与液体在离心力方向上做相对运动。

依靠重力作用而发生的沉降过程称为重力沉降,这是最简单的悬浮液分离方法,如中药生产中利用重力沉降实现中药浸提液的静止澄清。沉降分离要求固体和液体间有密度差。

但若悬浮的固体颗粒较小,使得重力沉降较慢,则可利用离心沉降的方法。依靠惯性离心力的作用而实现的沉降过程称为离心沉降,处理对象为两相密度差小,且颗粒粒度较小的固-液两相物系。

一、沉降速度

悬浮液中固体颗粒沉降时,最初为加速运动,经过若干时间后,当固体颗粒与介质间的摩擦阻力等于颗粒本身的重力或离心力时,就成为等速运动。颗粒以某一固定的速度下降,这个速度为固体颗粒的沉降速度。

对于光滑的球形微粒,其重力沉降速度为:

$$u_t = \sqrt{\frac{4d_s(\rho_s-\rho)}{3\zeta\rho}g} \qquad \text{式(3-1)}$$

式中:u_t——重力沉降速度,m/s;

d_s——颗粒直径,m;

ρ_s——颗粒密度,kg/m^3;

ρ——液相介质密度,kg/m^3;

ζ——沉降阻力系数。

对于光滑的球形微粒,其离心沉降速度为:

$$u_r = \sqrt{\frac{4d_s(\rho_s-\rho)}{3\zeta\rho}\omega^2 r} \qquad \text{式(3-2)}$$

式中:u_r——离心沉降速度,m/s;

ω——颗粒在离心力场中的角速度,rad/s;

r——颗粒相对转轴中心的径向位置,m。

在重力沉降器中,重力加速度与颗粒的位置无关,因而颗粒的重力沉降速度不变,而在离心沉降机中,离心加速度($\alpha=\omega^2 r$)却随颗粒的旋转半径不同而不同(若角速度为一常数),同时由于离心力线互不平行,各个颗粒所受离心力作用的方向也不同。

知识链接

沉降阻力系数 ζ 的确定

在沉降过程中，颗粒与流体间发生了相对运动，其阻力系数 ζ 的大小与雷诺数 R_{et} 有关。重力沉降时 $R_{et}=d_s u_t \rho/\mu$，离心沉降时 $R_{et}=d_s u_r \rho/\mu$。对于球形颗粒，沉降阻力系数 ζ 与 R_{et} 的函数关系可分别表示为：

层流区 $\zeta=\dfrac{24}{R_{et}}$，$10^{-4}<R_{et}<1$

过渡区 $\zeta=\dfrac{18.5}{R_{et}^{0.6}}$，$1<R_{et}<10^3$

湍流区 $\zeta=0.44$，$10^3<R_{et}<2\times10^5$

由上可见，悬浮液中固体颗粒的沉降速度与颗粒大小、颗粒的密度及液体密度和黏度有关。在一般情况下，悬浮液中颗粒的大小并不一致，即使在粗悬浮液中，颗粒沉降时也可能有 $R_{et}<1$ 的情况。因此，如若欲将所有微粒全部下沉以获得澄清的液体，必须按照最小的沉降速度计算。

在悬浮液中，只有当每个微粒独立沉降而不互相干扰时，按式(3-1)、式(3-2)计算出的沉降速度与实际情况相接近。此种情况下的沉降为自由沉降。在较浓的悬浮液中，微粒相距很近，沉降时互相发生干扰。此种情况下的沉降称为干扰沉降。

在干扰沉降的情况下，众多的极细微粒由于迟迟得不到沉降，悬浮于液体中形成一种混浊液，故其中较大的颗粒沉降时，实际上须穿过此混浊液。如将混浊液的密度和黏度代替沉降速度计算公式中纯液体的密度和黏度，则公式仍可近似地代表干扰沉降的过程。

沉降时，若悬浮液的颗粒较粗，则颗粒较快地沉于器底，形成致密的沉淀层，沉淀层与澄清液体间有清晰的界限，沉淀层中的液体含量较小。若悬浮液的微粒很细，则沉降时悬浮液的浓度自上而下地逐渐增高，沉淀层与澄清液体间并无清晰的界限，而器底沉淀层中的液体含量也很大。若悬浮液中所含颗粒大小不一，则在自由沉降中，可实现若干层的沉淀；最下为由粗颗粒所形成的稠密沉淀层，其上为细颗粒沉淀层，最上为由悬浮液微细粒子所形成的混浊液。倘若各层分别倾去，可实现大小颗粒间的部分分离。

二、沉降工艺及控制

1. 沉降工艺过程　为了提高分离设备的生产能力，降低分离操作的成本，沉降前常对细小颗粒的悬浮液进行预处理，然后再进行沉降。悬浮液预处理的方法很多，目前常用凝聚和絮凝技术。凝聚和絮凝处理是向悬浮液中添加电解质或表面活性剂，使固体粒子聚集增大，便于沉降分离。此外，根据物系性质和工艺过程要求，还有适用于特定条件下的加热处理法、调节表面张力法、冷冻和融化法、超声波和机械振动处理等悬浮液预处理方法。

2. 影响沉降的主要因素　影响悬浮液中颗粒沉降行为的主要因素有颗粒和液体的性质、悬浮液的固-液比、沉降容器的性质及搅拌情况等。

（1）颗粒的性质：对于同一种固体物质，球形或近似球形的颗粒或聚集体，比同样体积的非球形颗粒（片状、针状或尖锐棱角的颗粒）的沉降速度快得多。对于同样形状的颗粒，体积愈大，密度愈大，其沉降速度愈大。

为了改变颗粒的性质，常向悬浮液中加入电解质或絮凝剂，可使微小颗粒聚集，形成密实的球形絮团，大大提高沉降速度。

（2）液体的性质：从沉降速度的表达式可以看出，对于一定的固体物质，液体的密度和黏度对沉降速度的影响是显而易见的。两种物质的密度差越大，液体的黏度越小，可获得比较大的沉降速度。液体的黏度一般随温度有显著变化，因此可通过调节操作温度改变沉降速度。

（3）悬浮液的固-液比：增加液体中均匀分布颗粒的数目，会降低每个颗粒的沉降速度。当流体中颗粒浓度较大时，颗粒沉降时彼此影响，引起干扰沉降，其沉降的速度比自由沉降要小。

（4）容器的性质：沉降颗粒附近的静止器壁影响颗粒周围流体的正常流型，因而影响颗粒的沉降速度。若容器直径 D 对颗粒直径 d 之比>100，则器壁对颗粒沉降速度的影响可以忽略。只要容器器壁竖直、横截面积不随高度变化，容器形状对沉降速度的影响就很小。当横截面积或器壁倾斜度有变化时，容器形状对沉降过程有明显影响。单位时间内获得澄清液的量差不多与容器的断面积成正比。

（5）搅拌的影响：重力沉降器中缓慢移动的搅拌耙，对沉降过程有一定的作用。搅拌耙对于最初沉积物的影响，一方面是将槽底的沉渣刮向槽中心的排出口，另一方面还有利于槽底沉积物的进一步压缩。若悬浮液符合非牛顿型流体的性质，其中黏度为剪切力的函数，则轻微搅拌能加速沉降。

三、沉降设备及操作

（一）重力沉降设备——沉降槽

沉降槽，也称增浓器或澄清器，用于提高悬浮液浓度并同时得到澄清液。沉降槽适用于处理量大而固体含量不高、颗粒不太细微的悬浮液。由沉降槽得到的沉渣中还含有约50%的液体，必要时再用过滤机等作进一步处理。沉降槽可间歇操作或连续操作。生产中常用的连续操作沉降槽如图3-1所示，为一连续式沉降槽。它是一个带锥形底的圆池，悬浮液由位于中央的进料口加至液面以下，经水平挡板折流后沿径向扩展，随着颗粒的沉降，液体缓慢向上流动，经溢流堰流出得到清液，颗粒则下沉至底部形成沉淀层，由缓慢转动的耙将沉渣移至中心，从底部出口排出。间歇沉降槽的操作过程是将装入的料浆静止足够时间后，上部清液使用虹吸管或泵抽出，下部沉渣从低口排出。

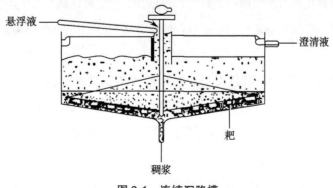

图 3-1　连续沉降槽

沉降槽有澄清液体和增稠悬浮液的双重作用功能。沉降槽的生产能力与高度无关,只与底面积及颗粒的沉降速度有关,故沉降槽一般均制造成大截面、低高度。大的沉降槽直径可达 10~100m,深 2.5~4m。它一般用于大流量、低浓度悬浮液的处理。

重力沉降设备有笨重、占地大等缺点,而且重力沉降速度小,限制了设备生产能力。因此,为提高其生产能力可使用离心沉降设备。离心力比重力大得多,改用离心沉降则可大大提高沉降速度,设备尺寸也可缩小很多。

(二) 离心沉降设备

1. 旋液分离器　旋液分离器上部为一圆筒部分,下部为一较长的圆锥部分,如图 3-2。悬浮液从位于圆筒部分的切向进料管引入,料液进入后同时进行旋转运动和向下运动,形成类似螺旋的运动轨迹。

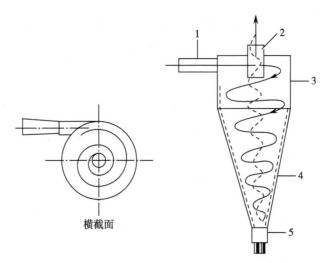

横截面

图 3-2　旋液分离器
1. 进料管;2. 溢流管;3. 圆管;4. 锥管;5. 底流管

在圆筒顶部中央,插入一个溢流管。悬浮液在旋转运动过程中,所含固体颗粒在离心力作用下被抛向器壁,进行沉降分离。沉降的粒子沿着器壁下降到出口处,与一部分液体形成浓稠的底流,从底部底流管排出。澄清后的液体在底部中心处折而向上流动,由顶部溢流管流出器外,称为溢流。由于离心力作用,在内层旋流中心形成负压气柱,气柱有利于提高操作效果。气柱中的气体可能是料浆中释放出来的,也可能是由于溢流管口暴露在大气中而吸入的空气。

旋液分离器的底部出口有控制阀门,通过调节出口的开度,可以调节底流与溢流的流量比例,从而使全部或仅部分固体颗粒从底流中送出。利用旋液分离器,可以有效地从液流中分出几微米的微细颗粒。

用旋液分离器进行固-液分离,其优点是结构简单、没有运动部件、体积小、生产能力大、能处理腐蚀性悬浮液、在分级方面有显著的优越性;缺点是液流中产生的剪切力可能破坏附聚物,对固-液分离不利,另外最大问题是磨损严重。为了延长使用期限,可采用钢、尼龙、陶瓷、聚氨酯等作结构材料,也可采用橡胶、锰、铜等作内衬。

2. 三足式沉降离心机　三足式沉降离心机的转鼓壁上不开孔。物料进入高速转动的转鼓底部,在离心力作用下,固体颗粒沉降至转鼓壁,澄清的液体沿转鼓向上流动,经拦液板连续溢流排出。当沉渣达到一定厚度时停止进料。澄清液先用撇液管撇出机外,剩下较干的沉渣可根据物料性质,采用不同的方式卸除。软的和可塑性大的沉渣用撇液管在全速下撇除;粗粒状和纤维状较干的沉渣用刮刀在低速下刮料,经转鼓底的卸渣口排出;或者停车用人工从上部卸料;也可以用特殊喷嘴加入的液体重新制浆,然后将浆液排出机外。

三足式沉降离心机的优点是结构简单、价格低、适应性强、操作方便。常用于中小规模的生产,例如要求不高的料浆脱水、液体净化,从废液中回收有用的固体颗粒等。缺点是分离效率较低,一般只适宜处理较易分离的物料;因是间歇式操作,为避免频繁的卸料、清洗,处理的物料一般含固量都不高(3%~5%)。

如图 3-3 所示为三转鼓沉降三足式离心机,在结构上有重大改进,即在主轴上同轴心安装 3 个不同直径的转鼓,悬浮液通过 3 根单独进料管分别加入不同的转鼓。这样可有效利用转鼓内的空间,增加液体在转鼓内的停留时间,并能在较低的转速下获得相同的分离效率。

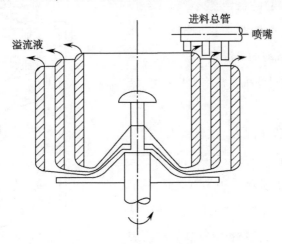

图 3-3　三转鼓沉降三足式离心机

3. 螺旋卸料沉降离心机　螺旋卸料沉降离心机是在全速下同时连续完成进料、分离、排液、排渣的离心机。

(1)卧式螺旋卸料沉降离心机:简称卧螺离心机,其工作原理如图 3-4 所示。转鼓和螺旋输送器同轴心安装在主轴承上,螺旋叶片外缘与转鼓内壁之间有微小间隙,由于差速器的差动作用,使螺旋和转鼓有一转速差。被分离的悬浮液从中心加料管进入螺旋输送器内筒,然后再进入转鼓内。固体粒子在离心力的作用下沉降到转鼓内表面上,由螺旋推送到小端排出转鼓。分离液由转鼓大端的溢流孔排出。

调节转鼓的转速、转鼓与螺旋的转速差、进料量、溢流孔径尺寸等参数,可以改变分离液的含固量和沉渣的含湿量。

卧式螺旋卸料沉降离心机主要优点有:①操作自动连续,分离效果好,能长期运行,维护方便;②对物料的适应性强,能分离的固相粒度范围和浓度变化范围大;③结构紧凑,能够进行密闭操作,可在加压和低温下分离易燃、易爆、有毒的物料;④分离因数较高,单机生产能力大(悬浮液生产能

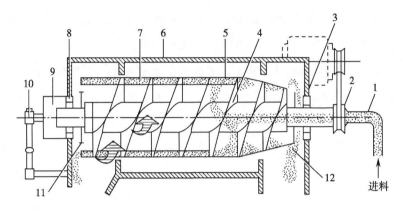

图3-4　卧式螺旋卸料沉降离心机
1. 进料管；2. V型带轮；3, 8. 轴承；4. 输料螺旋；5. 进料孔；6. 机壳；
7. 转鼓；9. 行星差速器；10. 过载保护装置；11. 溢流孔；12. 排渣口

力可达200m³/h）；⑤应用范围广，能完成固相脱水（特别是含有可压缩性颗粒的悬浮液）、细粒级悬浮液的液相澄清、粒度分级和液-液-固三相分离等分离过程。主要缺点是固相沉渣的含湿量一般比过滤离心机高（大致接近于真空过滤机），洗涤效果不好，结构较复杂，价格较高。

（2）立式螺旋卸料沉降离心机：该机型的工作原理与卧螺离心机基本相同，主要是转鼓的位置布置和支撑方式不同，如图3-5所示。被分离的物料从下部的中心进料管经螺旋输送器内筒的加料室进入转鼓内，在离心力的作用下固相颗粒沉降到鼓壁内表面，由螺旋输送器向下推至转鼓小端的排渣口排出，液相则沿螺旋通道向上流动，澄清液由分离液出口排出。立式螺旋卸料沉降离心机采用悬吊支撑结构，整个回转体都由上端的轴承悬吊支撑在机座上，轴承座与机座之间有特殊设计的橡胶隔振器，可减小传递给基础的动载荷。

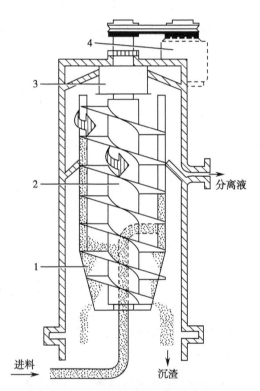

图3-5　立式螺旋卸料沉降离心机
1. 转鼓；2. 输料螺旋；3. 差速器；4. 电动机

由于采用上悬吊支撑结构，只需在上端轴颈和机壳之间安装一个动密封装置就可以与外界隔离，密封结构简化、可靠，可以完全避免密封液向机内泄漏而污染产品，密封液也可选用价廉的水或油。该机可直接安装在钢架结构上，安装与维护方便。

近几年还出现了高速沉降式螺旋卸料机，其转速在3000~6000r/min，分离因素为3000~4000g，是一种连续操作的固-液分离设备，是一种效率高、适应性强及应用范围广的离心分离机，最适宜处理难分离的黏性大物料，在医药、食品、化工及发酵工业中已广泛应用。

点滴积累 ∨

1. 影响沉降的主要因素　颗粒的性质、液体的性质、悬浮液的固-液化、容器的性质、搅拌的影响。

2. 沉降设备　包括沉降槽、旋液分离器、三足式沉降离心机、螺旋卸料沉降离心机。

第二节　过滤技术

过滤是以某种多孔物质为介质,在外力作用下,使悬浮液中的液体通过介质的孔道,而固体颗粒被截留在介质上,从而实现固-液分离的操作。在过滤操作中,通常称原有的悬浮液为滤浆,滤浆中的固体颗粒为滤渣,称多孔介质为过滤介质,积聚在介质上的沉淀层为滤饼,其通过滤饼层及介质的澄清液为滤液。

过滤操作是分离悬浮液中固体颗粒的行之有效的方法,它在制药生产中得到了广泛的应用。例如抗生素生产中从发酵液中分离出固体;原料药生产中结晶产品的分离。在工业规模的过滤操作中,为了使液体通过过滤介质和滤饼层有较高速率,常需要增大过滤介质两侧压差,或增加过滤面积。工业上用真空泵使介质一侧的压强低于大气压以提高压力差,称为真空过滤;另一种方法是在悬浮液一侧加压,同样也能增大压力差,借以提高过滤速率,称为加压过滤;也有将两者结合起来操作,称为真空加压过滤;利用液体在旋转时产生离心力作为过滤推动力,称为离心过滤。

用沉降法处理悬浮液往往需要较长的时间,而且沉渣中液体含量较多,过滤操作可使悬浮液得到迅速的分离,滤渣中的液体含量也较低。当被处理的悬浮液含固体颗粒较少时,应先在增稠器中进行沉降,然后再将沉渣送至过滤机。因而在某些场合,过滤是沉降的后续操作。

一、基本原理

1. **过滤推动力与阻力**　过滤是以某种多孔物质作为介质来处理悬浮液的单元操作。在外力的作用下,悬浮液中的液体通过介质的孔道而固体颗粒被截留下来,从而实现固-液分离。促使液体通过过滤介质的外力称为过滤推动力,它可以分为重力、离心力和压力差(真空或加压)。过滤设备中常采用离心力和压力差作为过滤操作的推动力。过滤阻力是指在过滤过程中,滤液流过过滤介质和滤饼层(固体颗粒层)的阻力之和。在液体过滤的初始阶段,液体主要流过过滤介质,这时的过滤阻力是由过滤介质造成的,随滤饼层的逐渐形成,滤液还需克服滤饼本身的阻力,因此真正的过滤层包括滤饼与过滤介质。

2. **过滤方式**　工业上的过滤操作主要分为饼层过滤和深层过滤。

(1)饼层过滤:如图3-6所示,过滤时滤浆置于过滤介质的一侧,固体颗粒在介质表面堆积、架桥而形成滤饼层。滤饼层是有效过滤层,随着操作的进行其厚度逐渐增加。由于滤饼层截留的固体颗粒粒径小于介质孔径,因此饼层形成前得到的初滤液是混浊的,待滤饼形成后应返回滤浆槽重新过滤,饼层形成后收集的续滤液为符合要求的澄清滤液。饼层过滤适用于处理固体含量较高的混悬液。

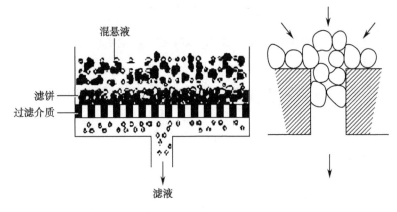

图 3-6　饼层过滤示意图

（2）深层过滤：如图 3-7 所示，过滤介质是较厚的粒状介质的床层，过滤介质的网孔数目大于固体颗粒的直径，固体颗粒进入过滤介质孔道后被介质表面所吸附，颗粒间由于惯性碰撞、重力、扩散等作用而迅速发生"桥架现象"，而被截留在滤材内部深层，从而达到分离的作用。深层过滤适用于生产量大而悬浮颗粒粒径小或是黏软的絮状物。如自来水厂饮水的过滤净化、中药生产中药液的澄清过滤等，均采用这种过滤方式。

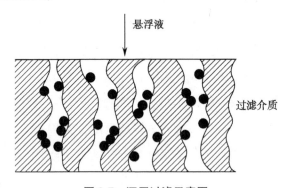

图 3-7　深层过滤示意图

除以上两种过滤方式外，还有以压力差为推动力、用人工合成的多孔膜作为过滤介质的膜过滤，它可分离<1μm 的细小颗粒。由于膜过滤有不同的操作机制，详见第六章。

3. 过滤介质　过滤过程所用的多孔性介质称为过滤介质，过滤介质应具有多孔性、孔径大小适宜、耐腐蚀、耐热，并具有足够的机械强度等特性。工业常用的过滤介质主要有织物介质、粒状介质、多孔固体介质和微孔滤膜等。

（1）织物介质：饼层过滤采用的主要滤材，又称滤布，包括由棉、麻、丝、毛、合成纤维织成的滤布、滤纸、滤棉饼，以及由玻璃丝、金属丝编织的滤网。一般可截留粒径 5μm 以上的固体微粒。

（2）粒状介质：由砂、木炭等堆积成较厚的床层作为过滤介质，常用的有活性炭粒状介质床层，适用于深层过滤。如制剂用水的预处理。

（3）多孔固体介质：是由陶瓷、玻璃、金属、高分子材料等烧结制成的多孔固体过滤介质。可根据需要制成管状或板状，适用于含黏软性絮状悬浮颗粒或腐蚀性混悬液的过滤，一般可截留粒径 1～3μm 的微细粒子。

（4）微孔滤膜：广泛使用的是由高分子材料制成的薄膜状多孔介质，适用于精滤，可截留粒径0.01μm以上的微粒，尤其适用于滤除0.02~10μm的混悬微粒。微孔滤膜具有孔径均匀，孔隙率高，过滤阻力小，过滤时无介质脱落，没有杂质溶出，滤液质量高等优点；但膜孔易堵塞，料液需先经预过滤处理。

▶▶ 课堂活动

举例说出生活和实训中用过哪些过滤介质，分析该类过滤介质的特点和适用范围。

4. 滤饼的压缩性和助滤剂

（1）滤饼的压缩性：若构成滤饼的颗粒是不易变形的坚硬固体颗粒，则当滤饼两侧压力差增大时，颗粒形状和颗粒间空隙不发生明显变化，这类滤饼称为不可压缩滤饼；有的悬浮颗粒比较软，所形成的滤饼受压容易变形，当滤饼两侧压力差增大时，颗粒的形状和颗粒间的空隙有明显改变，这类滤饼称为可压缩滤饼。滤饼的压缩性对过滤效率及滤材的可使用时间影响很大，是设计过滤工艺和选择过滤介质的依据。

（2）助滤剂：为了减小可压缩滤饼的过滤阻力，常加入助滤剂改变滤饼结构，以提高滤饼的刚性和孔隙率。助滤剂是有一定刚性的粒状或纤维状固体，常用的有硅藻土、活性炭、纤维粉、珍珠岩粉等。助滤剂应具有化学稳定性，不与混悬液发生化学反应，不溶于液相中，在过滤操作的压力差范围内具有不可压缩的性质。

助滤剂的使用方法有两种。一种是把助滤剂按一定比例直接分散在待过滤的混悬液中，过滤时助滤剂在滤饼中形成支撑骨架，可大大减小滤饼的压缩程度，减小可压缩滤饼的滤过阻力。另一种是把助滤剂单独配成混悬液先行过滤，在过滤介质表面形成助滤剂预涂层，然后再过滤滤浆；助滤剂预涂层能承受一定压力而不变形，既可防止过滤介质因堵塞而增加阻力，又可延长过滤介质的使用寿命。

由于助滤剂混在滤饼中不易分离，所以当滤饼是产品时一般不使用助滤剂。

二、过滤工艺及控制

（一）过滤工艺过程

一般过滤操作包括悬浮液的预处理、过滤、滤饼的洗涤、卸渣等操作。先进行过滤，待过滤终了时，由于滤渣中多少总残存一定量的液体，需要用另一种液体进行洗涤，洗涤完毕，最后是卸下滤渣。有的过滤操作还有滤渣干燥这一步骤，即进一步减少滤渣中液体的含量。

（二）影响过滤速率的主要因素

1. 滤浆的性质 滤浆的黏度，固体颗粒的大小及滤饼的压缩性均影响过滤速率。提高滤浆的温度可以降低液体的黏度，减少过滤阻力，从而提高生产能力。对于结晶过程，适当提高温度还可降低过饱和度，有利于获得粗大的结晶，从而亦可提高过滤速率。当然温度也不能太高，否则顾此失彼，反而有害。最适宜的温度须由工艺条件决定。

滤浆中固体粒子的大小以及滤饼的压缩性，也直接影响到过滤速率。对颗粒大、压缩性小的固体粒子，则所形成的滤饼阻力小，过滤速率大。对颗粒细、压缩性大的固体粒子，或易将滤布孔道堵塞，使过滤阻力增加，过滤速率必然降低。

2. 滤饼厚度　滤饼厚度越大,阻力越大,过滤速度越小。当厚度达到一定程度会使过滤终止。

3. 过滤操作压强　操作压强愈大,过滤推动力就愈大。对一定厚度的滤饼来说,推动力愈大,过滤速率就愈高。但对于可压缩性滤饼,推动力增加,滤饼被压缩,内部结构发生变化,引起滤饼阻力增大,当滤饼阻力增加的影响大于推动力增大的影响时,过滤速率就会下降。

4. 过滤机转速　对连续式过滤机来说,转速愈高,则滤饼厚度愈薄;在同一真空度下,滤饼愈薄,则过滤阻力愈小,过滤时间愈短,过滤速率愈大。但转速过快会影响到滤饼的洗涤效果,并可使滤饼严重带液,为工艺上所不取。故必须要有一适宜的转速和适宜的滤饼厚度。连续式过滤机出厂时均备有几档转速,供生产上选用。

5. 过滤介质　过滤介质是影响过滤速率的因素之一,合理地选用过滤介质,不仅可保证在较高的过滤速率下达到生产上所要求的滤液澄清度,还可减少固体粒子的跑料损耗,同时过滤介质本身也可得到较好的再生效果,延长其使用寿命。

案例分析

案例:

某微细晶体药品的结晶过程可选用两种溶剂进行,当获得同样质量和数量的微细晶体时,一种溶剂用量是另一种溶剂用量的 3 倍,试问各采用哪种固-液分离方法? 为什么?

分析:

对于获得同样质量和数量的微细晶体的结晶过程,当溶剂用量少时,结晶液中固体含量多,可直接采用过滤的方法进行分离;当溶剂用量多时,结晶液中固体含量少,若直接过滤,滤液量很大,能耗高,因此采用先沉降、再过滤的方法进行分离,可节约生产成本。 另外,由于是微细晶体,过滤时流体阻力较大,为提高生产效率,常采用真空过滤的方法进行晶体分离。

三、过滤设备及操作

(一) 加压过滤机

在滤室内施加高于常压的操作压力的过滤机称为加压过滤机,简称压滤机。压滤机的操作压力一般为 0.3~0.8MPa,个别可达 3.5MPa,适用于固-液密度差较小而难以沉降分离的悬浮液;或固体含量高和要求得到澄清滤液的分离过程;或要求固相回收率高、滤饼含湿量低的分离过程。压滤机具有过滤推动力大、过滤速率高、单位过滤面积占地少、对物料的适应性强、过滤面积的选择范围宽等特点,应用十分广泛。加压过滤机根据操作特点,可分为间歇式和连续式两大类。

1. 间歇式加压过滤机　间歇式加压过滤机的加料、过滤、洗涤、吹除、卸饼等操作过程是依次周期性间歇地进行的,其设备价格低、适应性强,结构形式多。最常用的有板框压滤机、厢式压滤机和加压叶滤机等。

(1)板框压滤机:为目前广泛使用的压滤式过滤机。由若干块滤板和滤框间隔排列,靠滤板和滤框两侧的支耳架在机架的横梁上,用一端的压紧装置压紧组装而成,如图 3-8 所示,板框压滤机的滤板和滤框是主要工作部件,滤板和滤框一般制成正方形,其结构如图3-9所示。板和框的角端均开有圆孔,装合、压紧后即构成供滤浆、滤液和洗涤液流动的通道。滤框两侧覆以滤布,空框和滤布围成了容纳滤浆及滤饼的空间。板又分为洗涤板和过滤板两种,为便于区别,常在板、框外侧铸有小钮或其他标志,通常,过滤板为一钮,框为二钮,洗涤板为三钮(图3-9)。装合时即按"钮数1-2-3-2-1-2-3-2-1…"的顺序排列板和框。压紧装置的驱动可用手动、电动或液压传动等方式。

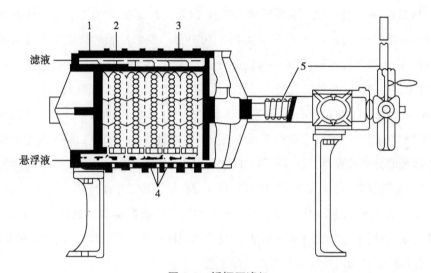

图 3-8　板框压滤机
1. 固定头;2. 滤板;3. 滤框;4. 滤布;5. 压紧装置

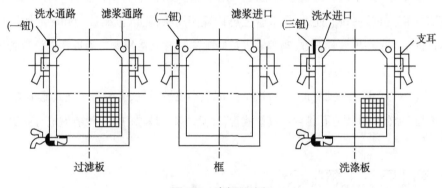

图 3-9　滤板和滤框

板框压滤机为间歇式操作,每个操作周期由装配、压紧、过滤、洗涤、拆开、卸料、处理等操作组成,板框装合完毕,开始过滤。过滤时,悬浮液在指定的压力下经滤浆通道由滤框角端的暗孔进入框内,滤液分别穿过两侧滤布,再经邻板板面流到滤液出口排走,固体则被截留于框内,待滤饼充满滤框后,即停止过滤。

若滤饼需要洗涤,可将洗水压入洗水通道,经洗涤板角端的暗孔进入板面与滤布之间。此时,应关闭洗涤板下部的滤液出口,洗水便在压力差推动下穿过一层滤布及整个厚度的滤饼,然后再横穿另一层滤布,最后由过滤板下部的滤液出口排出,这种操作方式称为横穿洗涤法,其作用在于提高洗涤效果。洗涤结束后,旋开压紧装置并将板框拉开,卸出滤饼,清洗滤布,重新组合,进入下一个操作循环。

板框压滤机的优点是构造简单、制造方便、价格低、过滤面积大,并可根据需要增减滤板以调节过滤能力;其推动力大,对物料的适应能力强,对颗粒细小而液体量较大的滤浆也能适用。缺点是间歇式操作,生产效率低,卸渣、清洗和组装需要时间、人力,劳动强度大,滤布损耗较快,滤框容积有限,不适合过滤固-液体积比大的混悬液,只适用于小规模生产。

近年出现了各种自动操作的板框压滤机,使劳动强度得到减轻。制药生产使用的板框压滤机为不锈钢材料制造。板框的个数由几个到几十个,可随生产量需要灵活组装。

(2)厢式压滤机:厢式压滤机与板框压滤机相似,但是只有滤板,没有滤框。每块滤板均有凸起的周边,代替滤框作用,故滤板表面呈凹形,如图 3-10 所示。两块滤板的凸缘对合构成滤室。厢式压滤机滤板的中央大多开有圆孔,作为料浆供料通道,滤液从各滤板边角处开孔引出。厢式压滤机与板框压滤机相比,其机件少,单位过滤面积的造价可降低 15% 左右;由于密封面减少,密封更可靠。但是滤布安装与清洗麻烦,滤布容易折损,操作成本较高。相比之下,大多用于大处理量的生产中。

(3)加压叶滤机:加压叶滤机主要用于悬浮液中固体含量较少(≤1%),需要液相而废弃固相的场合,如用于制药的分离过程等。与其他形式的加压过滤机相比,加压叶滤机具有以下特点:①滤叶等部件均采用不锈钢制造,在制药、啤酒、饮料等行业对机械设备卫生条件要求较高的生产过程中应用广泛;②槽体容易实现保温或加热,可用于过滤操作要求在较高温度下进行的场合;③密封性较好,操作比较安全,适用于易挥发液体的过滤;④滤布的损耗量低,对于要求滤液澄清度高的过滤,一般采用预敷层过滤,这是加压叶滤机常用的一种工艺。

图 3-11 所示为加压叶滤机的基本形式。图 3-11 中(a)为立式垂直滤叶加压叶滤机,滤叶通常为矩形,在下封头处与水平放置的集液管相连并密封,滤液由集液管引出机外。可在滤槽的上封头内装喷淋系统,用于卸除滤饼。此外,集液管上可设置振动机构,以机械振动卸除滤饼;也有将集液管设在顶部,滤叶悬吊在集液管下方,利用空气反吹除渣。有时在排渣口附近还专门设置清洗水管,以利于卸渣。

图 3-11 中(b)为立式水平滤叶加压叶滤机,适用于小规模、间歇性生产。立式滤槽与滤叶组间的间隙极小,密集组装的滤叶中心孔相叠而成集液管,过滤结束时滤槽中几乎没有残液,拆机方可卸饼。

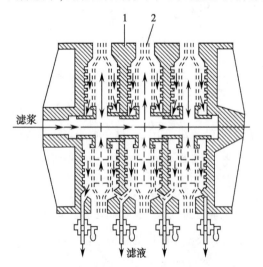

图 3-10 厢式压滤机过滤原理
1. 滤板;2. 滤布

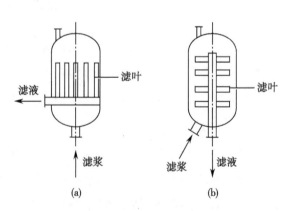

图 3-11 加压叶滤机的基本形式
(a)立式垂直滤叶;(b)立式水平滤叶

2. 连续式加压过滤机 连续式加压过滤机的加料、过滤、洗涤、吹除和卸饼等操作过程同时连续进行。与间歇式加压过滤相比,具有过滤速度高、含湿量低、环境洁净且更适于自动化控制操作等特点。

(1)转鼓加压过滤机:转鼓加压过滤机是在静止外筒内套装转鼓(图 3-12)。转鼓与外筒之间由隔板分隔成过滤、洗涤、干燥、卸饼及滤布清洗等若干区域。操作时,用泵向过滤区输送料浆进行过滤;当旋转至洗涤区时,用热水或溶剂洗涤滤饼;在转至干燥区则以过热蒸汽或压缩空气置换滤饼中的残液;继续旋转至卸饼区则有压缩空气自鼓内向外反吹使滤饼剥离,并用刮刀卸饼;卸饼后的滤布用洗水喷嘴清洗。

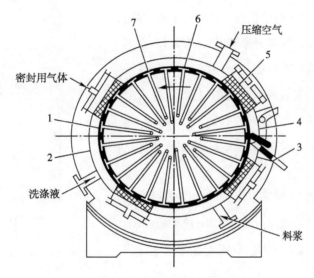

图 3-12 转鼓加压过滤机
1. 转鼓;2. 外筒;3. 滤布清洗喷嘴;4. 刮刀;5. 隔板;6. 滤液管;7. 滤板

转鼓加压过滤机的优点是操作连续、滤饼含湿量低、洗涤效果好、洗水耗量低,缺点是结构复杂、维修较困难、造价高。转鼓加压过滤机常在大规模生产中应用。

(2)卧式连续加压叶滤机:卧式连续加压叶滤机如图 3-13 所示,六组垂直圆盘形滤叶装在空心滤轴上,由齿轮箱拖动其既进行自转又进行公转。滤槽内保持一定的料浆高度,各组滤叶依次沉入料浆中完成过滤和成饼过程。当滤叶旋出液面后,密闭滤槽中的恒压气体进一步使滤饼脱水,然后

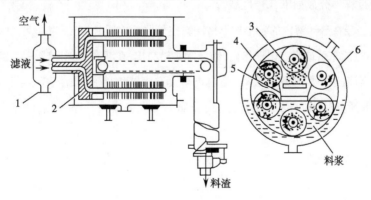

图 3-13 卧式连续加压叶滤机
1. 滤叶总管;2. 大转盘;3. 圆盘滤叶组;4. 空心滤轴;5. 滤饼槽;6. 滤槽

与过滤圆盘相连的排液阀关闭,此时有吹气阀与其相连,将滤饼吹落到输送带上。排渣管中的料位将控制排渣阀间歇打开,并将滤渣排出。这种机型结构复杂,适于大规模生产和自动化控制操作。

(二) 真空过滤机

真空过滤机是用抽真空的方法抽取滤室内的气体,使滤室与大气之间产生压差,迫使滤液穿过过滤介质,固体颗粒被过滤介质截留,以达到固-液分离的目的。真空过滤机制和加压过滤机制基本相同,所不同的是由于滤室内过滤介质的一侧压力低于大气压,推动力较小。真空过滤机主要有间歇式和连续式两类。

1. 真空抽滤器 如图 3-14 所示的抽滤器也称吸滤缸,是真空操作下最简单的过滤设备。通常为陶质制品、搪瓷制品或不锈钢制品。缸体是圆筒形,上部敞口,中部有一块过滤隔板,下部为滤液室,装有真空接口和放滤液口,在隔板上铺滤布,悬浮液从上部敞口放入,在真空抽滤下滤液通过滤布和过滤隔板的孔眼,进入滤液室,滤渣留在滤布上。过滤后滤渣可以洗涤,滤渣滤干后从敞口取出。

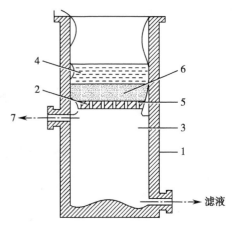

图 3-14 吸滤缸
1. 缸体;2. 隔板;3. 滤液室;4. 悬浮液;
5. 滤布;6. 滤渣层;7. 接真空

吸滤缸具有结构简单、使用可靠、价格低廉、耐腐蚀,滤渣可以洗涤等优点。缺点是过滤面积小、速度慢、人工间歇操作、滤渣中含液量也较多。适用于悬浮液中含固相量较少的场合。

2. 转筒真空过滤机 转筒真空过滤机是一种连续式的过滤机。其特点是把过滤、洗涤、吹干、卸渣和清洗滤布等几个阶段的操作在转筒的旋转过程中完成,转筒每旋转一周,过滤机完成一个循环周期。

转筒真空过滤机的主要部件是一个水平放置的回转圆筒,简称转筒,如图 3-15 所示。转筒上钻有许多小孔,外面包上金属网和滤布。转筒的内部用隔板分成若干个互不相通的扇形格,一端与分配头相接。

转筒在旋转过程中分成如下几个区域。

(1)过滤区:当浸在悬浮液内的各个扇形格同真空管路相接通时,格内为真空。由于转筒内外压力差的作用,滤液穿过滤布后被吸入扇形格内,经分配头被吸出,在滤布上则形成一层逐渐增厚的滤饼。

(2)吸干区:当扇形格离开悬浮液时,格内仍与真空管路相接通,滤渣在真空下被吸干。

(3)洗涤脱水区:洗涤水喷洒在滤渣上,经分配头与另一真空管路相接,洗涤液被吸出,使滤渣被洗涤并被吸干。

(4)吹松区:压缩空气经分配头与扇形格相通,从扇形格内部向外吹向滤渣,使其松动,以便卸料。

(5)滤布复原区:吹松的滤渣移近到刮刀时,滤渣就被刮落下来。滤渣被刮落后,可由扇形格内部通入压缩空气或蒸汽,将滤布吹洗干净,开始下一循环的操作。

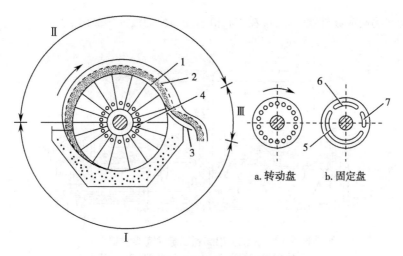

图 3-15　转筒真空过滤机
1. 转筒;2. 滤饼;3. 刮刀;4. 分配头;5. 吸走滤液的真空凹槽;6. 吸走洗
水的真空凹槽;7. 通入压缩空气的凹槽;
Ⅰ. 过滤区;Ⅱ. 洗涤脱水区;Ⅲ. 卸渣区

各操作区域之间都有不大的休止区域。这样,当扇形格从一个操作区域转向另一个操作区域时,各操作区域不致互相连通。

转筒真空过滤机的最大优点在于可实现操作自动化,单位过滤面积的生产能力大,只要改变过滤机的转速便可以调节滤饼的厚度。缺点是过滤面积远小于板框压滤机,设备结构比较复杂,滤渣的含湿量比较高,一般为 10%~30%,洗涤也不够彻底等。转筒真空过滤机适用于颗粒不太细,黏性不太大的悬浮液。不宜用于温度太高的悬浮液,以免滤液的蒸汽压过大而使真空失效。

(三) 过滤离心机

过滤离心机的离心过滤原理如图 3-16 所示。其转筒壁上开有许多孔,供排出滤液用。转筒内壁上铺设的过滤介质一般由金属丝底网和滤布组成。加入转筒内的悬浮液随转筒一同旋转,悬浮液中的固体颗粒在离心力作用下沿径向移动,被截留在过滤介质表面形成滤饼层,而液体在离心力作用下透过滤渣层、过滤介质和鼓壁上的孔被甩出转筒,实现固体颗粒与液体的分离。

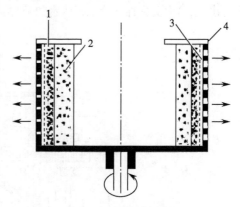

图 3-16　离心过滤原理
1. 滤饼;2. 悬浮液;3. 过滤介质;4. 转筒

1. 三足式离心机　三足式离心过滤机是制药厂应用较普遍的离心机。按卸料方式分为人工上部卸料和刮刀下部卸料两种形式。常用的是间歇式操作,上部卸料,其结构如图 3-17 所示,主要由柱脚、底盘、主轴、机壳及转筒等部件组成。整个底盘悬挂在三个支柱的球面支撑上,可沿水平方向自由摆动,有利于减缓由于物料分布不均所引起的振动。主轴短而粗,鼓底呈内凹形,使转筒质心靠近上轴承,这样可使整机高度降低,而且使转轴系统的临界转速远高于离心机的工作转速,减小了振动。还由于支撑摆杆的挠性较大,使得整个悬吊系统的固有频率远远低于离心机的工作频率,提高了减振效果。为使机器运转平稳,物料加入时应均匀分布,一般情况下,在离心机启动后再逐渐将悬浮液加入转筒;分离膏状物料或成件物品时,应在离心机启动前均匀放入转筒内。

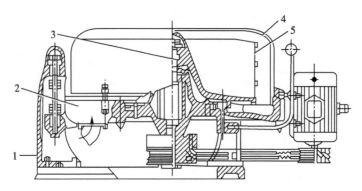

图 3-17 人工上部卸料三足式离心机结构
1. 柱脚;2. 底盘;3. 主轴;4. 机壳;5. 转筒

三足式离心机的优点是结构简单、操作平稳、占地面积小、过滤推动力大、过滤速度快、滤渣可洗涤、滤渣含液量低,适用于过滤周期长、处理量不大但要求滤渣含液量低的过滤分离。对粒状、结晶状或纤维状的物料脱水效果较好,晶体不易磨损。操作时间可根据滤渣中湿含量的要求灵活控制,故广泛用于小批量、多品种物料的分离。其缺点是需从转筒上部卸除滤饼,劳动强度大,传动机构和制动都在机身下部,易被腐蚀。

2. 活塞推料离心机 图 3-18 所示为单级活塞推料离心机,悬浮液通过进料管送到圆锥形加料斗中,在转筒内壁有滤网,在离心力的作用下,滤液沿加料斗内壁流动,穿过滤网,由滤液出口连续排出。积于滤网上的滤渣,在与加料斗一起做往复运动的活塞推进器的作用下,将转筒内的滤渣逐渐推至出口,途中受到冲洗管出来的水的喷洗,洗水由另一出口排出。

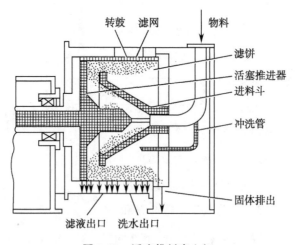

图 3-18 活塞推料离心机

过滤介质一般为板状或条形滤网,滤网间隙较大,适合过滤固相颗粒>0.1mm、固相浓度>30%的结晶颗粒或纤维状物料。

活塞推料离心机对悬浮液中固相浓度的波动很敏感。浓度过低,来不及分离的液体将会冲走滤网上已经形成的滤渣层,达不到过滤要求;浓度过高,由于料浆流动性差,使物料在滤网上局部堆积,引起振动。为此,悬浮液需经过预浓缩处理,以得到合适的进料浓度。另外,对于胶状悬浮物、无定形物料及摩擦系数大的物料,不宜选用活塞推料离心机。

活塞推料离心机具有分离效率高、生产能力大、操作连续、功耗均匀、滤渣湿含量低、颗粒破碎度小等优点,但只适宜用于中、粗颗粒及浓度较高的悬浮液的过滤脱水。

点滴积累 ∨

1. 一般过滤操作 过滤、洗涤、卸渣等过程组成一个操作循环。

2. 过滤的影响因素 滤浆的性质、滤饼厚度、过滤操作压强、过滤机转速、过滤介质。

3. 过滤设备 加压过滤机、真空过滤机、过滤离心机。

目标检测

一、选择题

(一) 单项选择题

1. 沉降槽的生产能力( )

    A. 只与沉降面积 F 和颗粒沉降速度 u_t 有关

    B. 与沉降面积 F、沉降速度 u_t 及沉降槽高度 H 有关

    C. 只与沉降面积 F 有关

    D. 只与沉降速度 u_t 及沉降槽高度 H 有关

    E. 只与沉降速度 u_t 有关

2. 在重力沉降过程中,颗粒的沉降速度( )

    A. 只与 ρ、ζ 有关   B. 只与 d_s、ρ_s、ρ、ζ 有关

    C. 只与 ω、R 有关   D. 只与 d_s、ρ_s、ρ、ζ、ω、R 有关

    E. 只与 d_s、ρ_s 有关

3. 属于连续式过滤机的是( )

    A. 加压叶滤机   B. 转筒真空过滤机   C. 真空抽滤器

    D. 板框压滤机   E. 板框压滤机

4. 板框压滤机中( )

    A. 框有两种不同的构造   B. 板有两种不同的构造

    C. 框和板均有两种不同的构造   D. 板和框均只有一种构造

    E. 框有两种、板有一种不同的构造

5. 过滤推动力是( )

    A. 密度差   B. 浓度差   C. 压力差

    D. 温度差   E. 容积差

6. 助滤剂应具有以下性质( )

    A. 颗粒均匀、柔软、可压缩   B. 颗粒均匀、坚硬、不可压缩

C. 粒度分布广、坚硬、不可压缩　　　　　D. 颗粒均匀、可压缩、易变形

E. 颗粒不均匀、坚硬、可压缩

7. 在外力的作用下,利用分散相和连续相之间密度的差异,使之发生相对运动而实现分离的操作,称为(　　)分离操作。

A. 过滤　　　　　　　　B. 沉降　　　　　　　　C. 静电

D. 湿洗　　　　　　　　E. 分散

8. 为使离心机有较大的分离因数和保证转鼓有关足够的机械强度,应采用(　　)的转鼓。

A. 高转速,大直径　　　　B. 高转速,小直径　　　　C. 低转速,大直径

D. 低转速,小直径　　　　E. 高转速

9. 板框压滤机组合时应将板框按(　　)顺序置于机架上。

A. 1-2-3-1-2-3-1-2-3…　　　B. 1-2-3-2-1-2-3-2-1…　　　C. 3-1-2-1-2-1-2…

D. 2-1-3-2-1-3-1…　　　　　E. 以上都不对

10. 其他条件均相同时,优先选用的固-液分离手段是(　　)

A. 离心分离　　　　　　　B. 过滤　　　　　　　　C. 沉降

D. 超滤　　　　　　　　　E. 蒸发

(二) 多项选择题

1. 固-液分离方法包括(　　)

A. 预处理　　　　　　　　B. 沉淀　　　　　　　　C. 沉降

D. 过滤　　　　　　　　　E. 结晶

2. 当固体颗粒的性质、大小一定时,影响其离心沉降速率的因素主要有(　　)

A. 液相介质的密度　　　　B. 颗粒的密度　　　　　　C. 颗粒旋转的半径

D. 颗粒旋转的角速度　　　E. 沉降阻力系数

3. 颗粒在流体中之所以能沉降,是由于(　　)

A. 颗粒密度大于流体密度　　　　　　B. 颗粒密度小于流体密度

C. 受到重力或离心力作用　　　　　　D. 受到流体浮力的作用

E. 受到过滤介质的阻隔

4. 过滤阻力包括(　　)

A. 颗粒运动阻力　　　　　B. 过滤介质阻力　　　　　C. 滤饼阻力

D. 传热阻力　　　　　　　E. 传质阻力

5. 影响过滤的主要因素有(　　)

A. 滤浆的性质　　　　　　B. 滤饼厚度　　　　　　　C. 操作压强

D. 过滤机转速　　　　　　E. 过滤介质

二、简答题

1. 操作温度变化时,悬浮液中颗粒的沉降速度有什么变化? 为什么?

2. 过滤速率与哪些因素有关？

3. 过滤时加入助滤剂的作用是什么？助滤剂的使用方法有哪些？

4. 简述真空过滤机的工作原理,转筒真空过滤机中各区域是如何工作的？

三、实例分析

某药厂现有一间空气沉降室,内有两层沉降板。因洁净空气的需求量增大,则要求提高空气沉降室的生产能力。试问采用何种方法可提高沉降室的生产能力？并从理论上分析该方法为什么能提高沉降室的生产能力。

（杜建红）

第四章

萃取技术

导学情景

情景描述：

　　某市高职院校药学专业部分同学，利用专业所学知识，集合当地地方特色农产品——花椒，进行大学生创新创业项目——"花椒香皂的制作"，利用花椒油的除湿止痛，杀虫解毒，止痒解腥之功效，将其添加到日化香皂中。该项目不仅提升了同学们的创新创业热情，同时为当地特色产品的深加工提供新思路，服务地方经济。

学前导语：

　　提取花椒油常采用水或有机溶剂对花椒进行浸取，即固-液萃取。本章我们将带领同学们学习常见萃取的基本知识和基本操作，可应用在医药、化工、食品等多个行业。

　　利用溶质在互不相溶的两相之间分配系数的不同而使溶质得到纯化或浓缩的方法称为萃取。萃取是有机化学实验室中用来提纯和纯化化合物的手段之一。通过萃取，能从固体或液体混合物中提取出所需要的化合物。

　　本章从萃取分离的基本概念和理论入手，介绍萃取技术的原理、特点、应用以及设备。并根据萃取剂种类和形式的不同，分别介绍液-液萃取、固-液萃取(浸取)、超临界流体萃取、双水相萃取。

第一节　液-液萃取技术

　　一种溶剂对不同物质具有不同的溶解度。应用这种性质，加入适当的溶剂于混合物中，使混合物中的组分得到完全或部分分离的过程，称为溶剂萃取。如果被处理的物料为液体混合物，则称为液-液萃取。在液-液萃取过程中，所选用的溶剂与被处理的液体互不相溶或仅部分互溶，而对被萃取的溶质却具有显著的溶解能力，因而溶质可从被萃取的溶液中经过液-液两相界面扩散到所加入的溶剂中。如在酸性条件下，以乙酸正丁酯为溶剂对发酵液中的青霉素进行萃取，以三氯甲烷为溶剂对溶液中的咖啡因进行提纯等。

　　如图 4-1 所示，液-液萃取操作是将一种溶剂加入到与之不相溶或部分互溶的料液中，使溶剂与料液充分混合，利用溶液中各组分在溶剂中溶解度不同的特性，溶解度较大的组分转移到溶剂中，由于溶剂与料液间不相溶或部分互溶，通过分层、分离，从而达到组分间分离的目的。所选用的溶剂称为萃取剂(S),混合液中被分离出的组分称为溶质(A),原混合液中与萃取剂不互溶或仅部分互溶的组分称为原溶剂(B)。操作完成后所获得的以萃取剂为主的溶液称为萃取相(E),以原溶剂为主的溶液称为萃余相(R)。除去萃取相中的萃取剂后得到的液体称为萃取液(E'),除去萃余相中的萃取剂后得到的液体称为萃余液(R')。

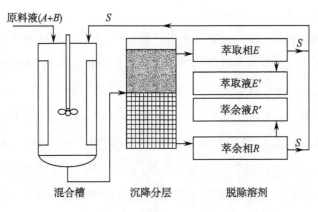

图 4-1 萃取操作示意图

可见,萃取操作包括下列步骤:①原料液($A+B$)与萃取剂 S 的混合接触;②萃取相 E 与萃余相 R 的分离;③从两相中分别回收萃取剂而得到产品 E' 和 R'。

液-液萃取的特点:①操作可连续化,速度快,生产周期短;②对热敏物质破坏少;③采用多级萃取时,溶质浓缩倍数大、纯化度高;④溶剂耗量大,对设备和安全要求高,需要各项防火防爆等措施。

一、液-液萃取基本知识

(一)液-液平衡关系

液-液萃取至少涉及 3 种物质,即原料液中的溶质(A)、原溶剂(B)和萃取剂(S)。加入的萃取剂(S)与原料液($A+B$)形成的三组分物系有 3 种类型:①溶质(A)完全溶于原溶剂(B)及萃取剂(S)中,但萃取剂(S)与原溶剂(B)完全不互溶,形成一对完全不互溶的混合液;②萃取剂(S)与原溶剂(B)部分互溶,与溶质(A)完全互溶,形成一对部分互溶的混合液;③萃取剂(S)不仅与原溶剂(B)部分互溶,而且与溶质(A)也部分互溶,形成两对部分互溶的混合液。第一种情况较少见,第三种情况应尽量避免,生产中常遇到第二种情况。

1. 三组分系统组成的表示方法 液-液萃取过程也是以相际间平衡为极限的。三组分系统的相平衡关系常在三角形坐标图中表示,因等腰直角三角形坐标图可直接在普通直角坐标纸上绘制,因此萃取计算中常采用等腰直角三角形坐标图绘制萃取相平衡关系。在等腰直角三角形内或边上的任意一点,都可以表示混合物的组成。如图 4-2 所示。

(1)三角形 3 个顶点分别表示纯组分:习惯上以顶点 A 表示溶质,顶点 B 表示原溶剂,顶点 S 表示萃取剂。例如图中 A 点组成为 100%A,不含 B 和 C。

(2)三角形任何一边上的任一点代表一个二元混合物:如 AB 边上的 H 点代表由 A 和 B 两组分组成的混合液,其中 A 的质量分数为 0.7,B 的质量分数为 0.3。

（3）三角形内任一点代表一个三元混合物：如图中的 M 点，过 M 点分别作三边的平行线 ED、HG 与 KF，其中 A 的质量分数以线段 MF 表示，B 的质量分数以线段 MK 表示，S 的质量分数以线段 ME 表示。由图 4-2 可读得：$W_A = 0.4$，$W_B = 0.3$，$W_S = 0.3$。可见三个组分的质量分数之和等于 1。

当相平衡曲线密集、不便于绘制时，可根据需要将某直角边适当放大，使所标绘的曲线展开，以方便使用，即可采用不等腰直角三角形坐标图。

2. 溶解度曲线和联结线 在含有组分 A 和 B 的原料液中加入适量的萃取剂（S），经过充分的接触和静置后，形成两个互成平衡的液层，萃取相（E）及萃余相（R），这两个液层称为共轭相。若改变萃取剂（S）的用量，则得到新的共轭相。在三角形坐标图上，将代表各平衡液层的组成坐标点联结起来的曲线称为溶解度曲线，如图 4-3 所示。曲线以内为两相区，曲线以外为单相区。图中点 R 及 E 表示两平衡液层萃余相（R）及萃取相（E）的组成坐标，两点的连线称为联结线。各 R 点相连，各 E 点相连，两线交汇在点 P，P 点称为临界混溶点，又称褶点。P 点将溶解度曲线分为左、右两部分，一般由实验测得，通过这一点的联结线无限短，在此点处 E 和 R 两相组成完全相同，溶液变为均一相。互成平衡的 R 点与 E 点的组成，一般由实验测得。

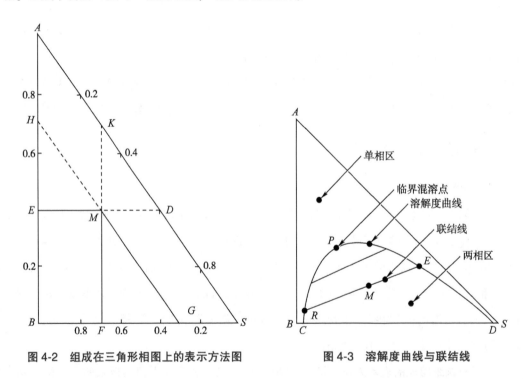

图 4-2　组成在三角形相图上的表示方法图　　　图 4-3　溶解度曲线与联结线

3. 辅助曲线 在一定温度下，任何物系的联结线有无穷多条，不能同时在图中绘出，因此常用一条辅助曲线间接表示互成平衡的两液层组成之间的关系。图 4-4 表示辅助曲线的绘制方法。已知 4 对相互平衡液层的坐标位置，即 R_1、E_1；R_2、E_2；R_3、E_3 及 R_4、E_4，从点 E_1 作 AB 边的平行线，从点 R_1 作 BS 边的平行线，两线相交于点 F。另三组的坐标点用同样的方法作图得交点 G、H 和 J，联结各交点 F、G、H、J 的曲线即为辅助曲线，又称共轭曲线。辅助曲线与溶解度曲线的交点 P 即为临界混溶点。借辅助曲线即可从某一液相（E 相或 R 相）的已知组成，用图解求出与此液相平衡的另一液相（R 相和 E 相）的组成。

4. 杠杆规则 如图4-5所示,分层区内任一点 M 所代表的混合液可以分为两个液层,即互成平衡的 E 相和 R 相。若将 E 相与 R 相混合,则总组成点也必为 M 点,M 与 E、R 处于同一直线上,M 点称为和点,而 E 点与 R 点称为差点。混合液 M 与两液层 E 与 R 之间的数量关系可用杠杆规则说明,即:E 相和 R 相的量与线段 MR 和 ME 的长度成比例,可表示为:

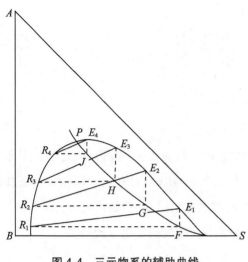

图4-4 三元物系的辅助曲线

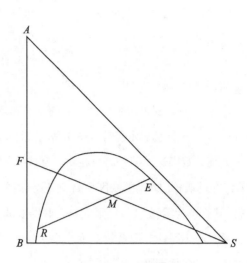

图4-5 杠杆规则的应用

$$\frac{E}{R}=\frac{\overline{MR}}{\overline{ME}}$$

式(4-1)

式(4-1)中:E、R 分别代表 E 相和 R 相的质量(kg);$\overline{MR}$、$\overline{ME}$分别代表线段$\overline{MR}$和$\overline{ME}$的长度(m)。若三元混合物 M 是由二元混合液 F 和纯组分 S 混合而成的,如图4-5所示,则 M 为 S 与 F 的和点,M 与 S、F 处于同一直线上。同样,可依杠杆规则得出如下关系:

$$\frac{S}{F}=\frac{\overline{MF}}{\overline{MS}}$$

式(4-2)

式(4-2)中:S、F 分别代表纯组分 S 和二元混合物 F 的质量(kg);

$\overline{MF}$、$\overline{MS}$分别代表线段$\overline{MF}$和$\overline{MS}$的长度(m)。

若向二元混合物 F 中逐渐加入 S,则其组成变化沿 FS 线由 F 向 S 逐渐移动,而其余两组分(A 与 B)的比例则保持不变(仍是原来在二元溶液 F 中的比例关系)。

根据质量守恒定律:F+S=M=E+R

难点释疑

杠杆规则

当杠杆处于平衡状态时,说明某一点所受的力(P_1)乘以力臂 L_1 等于另一点所受的力(P_2)乘以力臂 L_2,此规律称为杠杆规则。 即:$P_1L_1=P_2L_2$,在相图中的某一线段上,任意一点代表一定的组成。当线段为互成平衡的两相组成点的连线时,两相组成与两相质量之间的关系同样符合杠杆规则。

5. 分配系数 在一定温度下,达到平衡时溶质组分 A 在两个液层(E 相和 R 相)中的浓度之比称为分配系数,以 k_A 表示,即:

$$k_A = \frac{\text{组分 A 在 E 相中的浓度}}{\text{组分 A 在 R 相中的浓度}} = \frac{y_A}{x_A} \qquad \text{式(4-3)}$$

同样,对于组分 B 也可写出相应的分配系数表达式,即:

$$k_B = \frac{\text{组分 B 在 E 相中的浓度}}{\text{组分 B 在 R 相中的浓度}} = \frac{y_B}{x_B} \qquad \text{式(4-4)}$$

式(4-3)和式(4-4)中:

y_A、y_B——分别表示组分 A、B 在萃取相(E)中的质量分数;

x_A、x_B——分别表示组分 A、B 在萃余相(R)中的质量分数。

分配系数表达了某一组分在两个互成平衡液相中的浓度之间的关系。显然,k_A 值愈大,说明溶质(A)在萃取相(E)中的浓度愈高,萃取分离的效果愈好。当 $k_A = 1$ 时,则 $y_A = x_A$,联结线与底边 BS 平行,其斜率为零;如 $k_A > 1$,则 $y_A > x_A$,联结线的斜率>0;有时也有 $k_A < 1$ 的情况,则 $y_A < x_A$,斜率<0。不同物系具有不同的分配系数 k_A 值,同一物系 k_A 值随温度及溶质浓度而变化,在恒定温度下,k_A 值只随溶质 A 的组成而变。

(二) 萃取过程在三元相图上的表达

当进行萃取操作时,原料液 F 为二元混合物(含有 A 与 B 组分),F 点必在 AB 边上。若在原料液 F 中加入纯萃取剂 S,加入 S 以后的混合液组成点 M 必在 FS 直线上。S 与 F 的数量关系依杠杆规则由式(4-2)确定。

M 点位于两相区内,当 F 和 S 经充分混合后,分为两个互为平衡的液层 E 相与 R 相(图 4-6)。此两液层达到平衡时,其数量间的关系同样可依杠杆规则由式(4-1)确定。

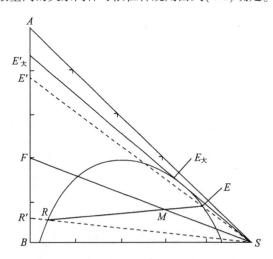

图 4-6 萃取过程在三角形相图上的表示

萃取操作之后,得到萃取相 E 与萃余相 R,因萃取相 E 中含有大量的萃取剂 S,为把所含的萃取剂 S 回收循环使用,同时为获得含溶质 A 浓度较高的产品,需要从萃取相 E 和萃余相 R 中完全脱除萃取剂 S,以得到萃取液 E' 和萃余液 R'。根据杠杆规则,延长 SE 和 SR 线,分别交 AB 边于点 E' 与点

R',即为脱出萃取剂 S 后的两液相组成的坐标位置。从图4-6中可看出,萃取液 E' 中溶质 A 的含量比原料液 F 中为高(F 中含 A 40%,而 E' 中含 A 65%)。萃余液 R' 中含原溶剂 B 的量比原料液 F 中为高(F 中含 B 60%,而 R' 中含 B 88%)。原料液 F 经过萃取并脱除萃取剂 S 以后,所含有的 A、B 组分获得部分分离的效果。E' 与 R' 间的数量关系仍可用杠杆规则来确定,即:

$$\frac{E'}{R'} = \frac{\overline{FR'}}{\overline{FE'}} \qquad\qquad 式(4-5)$$

若过 S 点作溶解度曲线的切线,切点为 $E_大$,延长此切线与 AB 边相交于 E' 大点,此 $E'_大$ 点即为在一定操作条件下,可能获得的含组分 A 最高的萃取液的组成点,即该条件下萃取液中组分 A 能达到的极限浓度。

(三)萃取剂的选择

选择适宜的萃取剂是提高萃取操作分离效果和经济性的关键。选择萃取剂时主要应考虑以下几方面。

1. 萃取剂的选择性及选择性系数 选择性是指萃取剂 S 对原料液中 A、B 两个组分溶解能力的差别。若萃取剂 S 对溶质 A 的溶解能力比对原溶剂 B 的溶解能力大得多,那么这种萃取剂的选择性就好。萃取剂的选择性可用选择性系数 β 来衡量,即:

$$\beta = \frac{y_A / x_A}{y_B / x_B} = \frac{k_A}{k_B} \qquad\qquad 式(4-6)$$

由式(4-6)可知,选择性系数 β 是溶质 A 和原溶剂 B 分别在萃取相 E 和萃余相 R 中的分配系数之比。β 与蒸馏中的相对挥发度 α 很相似,若 $\beta=1$,则 $k_A=k_B$,$y_A/x_A=y_B/x_B$,即 $y_A/y_B=x_A/x_B$,即萃取相和萃余相分别脱出萃取剂后,得到的萃取液 E' 与萃余液 R' 具有同样的组成,并与料液的组成一样,说明该混合液不能用萃取方法分离。若 $\beta>1$,则 $k_A>k_B$,萃取分离能够实现;β 越大,分离越易。由 β 值的大小可判断所选择的萃取剂是否适宜和萃取分离的难易。

萃取剂的选择性好,对一定的分离任务,可减少萃取剂用量,降低回收溶剂操作的能量消耗,并且可获得纯度较高的产品。

2. 萃取剂 S 与原溶剂 B 的互溶度 图4-7表示在相同温度下,同一种含 A、B 组分的原料液与不同性能的萃取剂 S_1、S_2 所构成的相平衡关系图。图4-7(a)表明 B 与 S_1 互溶度小,两相区面积大,萃取液中组分 A 的极限浓度 y'_{max} 较大;图4-7(b)表明 B 与 S_2 互溶度大,两相区面积小,其极限浓度 y'_{max} 较小。显然,萃取剂 S 与原溶剂 B 的互溶度越小,越有利于萃取分离。

3. 萃取剂回收的难易与经济性 萃取剂通常需要回收后循环使用,萃取剂回收的难易直接影响萃取的操作费用。回收萃取剂所用的方法主要是蒸馏。若被萃取的溶质是不挥发的,而物系中各组分的热稳定性又较好,可采用蒸发操作回收萃取剂。在一般萃取操作中,回收萃取剂往往是费用最高的环节,有时某种萃取剂具有许多良好的性能,仅由于回收困难而不能选用。

4. 萃取剂的物理性质

(1)密度:萃余相与萃取相之间应有一定的密度差,以利于两个液相在充分接触以后能较快地分层,提高设备的生产能力。

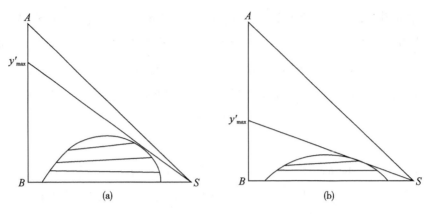

图 4-7 萃取剂与原溶剂的互溶度的影响

（2）界面张力：物系的界面张力较大时，细小的液滴比较容易聚结，使两相易于分层，但分散程度较差。界面张力过小时，易高度分散而产生乳化现象，使两相较难分层。在实际操作中，液滴的聚集更为重要，故一般多选用界面张力较大的萃取剂。有人建议，将萃取剂和原料液加入分液漏斗中，经充分激烈摇动后，以两液相在 5 分钟以内能够分层作为萃取剂界面张力适当与否的大致判别标准。

（3）其他：为了便于操作、输送及贮存，萃取剂的黏度与凝固点应较低，并应具有不易燃、毒性小等特点。此外，萃取剂还应具有化学稳定性、热稳定性以及抗氧化稳定性等，对设备的腐蚀性也应较小。

二、液-液萃取工艺与计算

工业上萃取工艺操作包括 3 个步骤：①将料液与萃取剂在混合设备中充分混合，使溶质自料液中转入萃取剂中，该过程称为混合操作；②将混合液通过离心分离设备或其他方法分成萃取相和萃余相，该过程称为分离操作；③溶剂回收操作。

根据混合分离次数，工业上的萃取工艺操作分为单级萃取和多级萃取，后者又可分为错流萃取和逆流萃取。由于萃取操作物系的平衡关系难以表示为简单的函数关系，因而常用三角形相图表示，基于杠杆规则的图解方法是进行萃取计算的常用方法。

（一）单级萃取工艺与计算

单级萃取工艺流程较简单，如图 4-8 所示，生产中大多采用间歇式操作方式。原料液 F 与萃取剂 S 借助于搅拌器的作用在萃取器内进行充分混合，然后将混合液引入分离器，分为萃取相与萃余相两层。最后将两相分别引入萃取剂回收设备以回收萃取剂。

图 4-9 所示为单级接触萃取操作在三角形相图上的表示，图中各点所用符号意义同前。在计算中，一般以生产任务所规定的原料液量 F 及其组成为根据，萃余相 R（或萃余液 R'）的组成大多为生产中所要控制的指标，也为已知值。通过图解计算可求出萃取剂 S 的需用量、萃取相 E 和萃余相 R 的量及组成。其步骤如下。

（1）设加入的萃取剂是纯态的，故 S 的组成位于三角形的右顶点。由已知原料液组成（假定其中只含有组分 A 和 B），在三角形的 AB 边上确定 F 点，连 SF 线，原料液与萃取剂混合后的组成点 M 必在 SF 连线上。

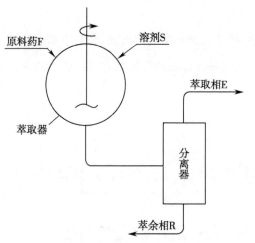

图 4-8 单级接触萃取流程示意图

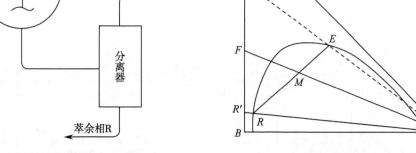

图 4-9 单级接触萃取操作图解法

（2）根据萃取系统的液-液相平衡数据,可作出辅助曲线(图中未画出,前已述及)。只要两平衡液层中,已知其中任一个液层的组成,则另一液层的组成可利用此辅助曲线求出。假若已知萃余液组成,先在 AB 边上确定 R',连 SR' 线,与溶解度曲线相交于 R 点,再由 R 点利用辅助曲线求出 E 点(图中未示出此步骤)。连 RE 直线, RE 线与 SF 线的交点即为混合液的组成点 M。按杠杆规则即可求出 S 的量为:

$$S = F \cdot \frac{\overline{MF}}{\overline{MS}} \qquad\qquad \text{式}(4\text{-}7)$$

（3）求 R、E 及 R'、E' 的量:萃取相与萃余相的量 E、R 可由杠杆规则求得:

$$E = M \cdot \frac{\overline{MR}}{\overline{ER}} \qquad\qquad \text{式}(4\text{-}8)$$

依总物料衡算: $F+S=R+E=M$,则 $R=M-E$,连 SE 线并延长与 AB 边相交于 E' 点,即为萃取液的组成点。从萃取相和萃余相中回收萃取剂后所得的萃取液 E' 和萃余液 R',其组成点均在三角形相图的 AB 边上(假定 R' 与 E' 中的萃取剂已脱净),故 R' 与 E' 的量也可依杠杆规则求得:

$$E' = F \cdot \frac{\overline{FR'}}{\overline{E'R'}} \qquad\qquad \text{式}(4\text{-}9)$$

$$R' = F - E' \qquad\qquad \text{式}(4\text{-}10)$$

（二）多级错流萃取工艺与计算

单级接触式萃取设备中所得到的萃余相中,往往还含有较多的溶质。为了将这些溶质进一步萃取出来,可采用多级错流萃取,即将若干个单级萃取设备串联使用,并在每一级中均加入新鲜萃取剂。如图 4-10 所示,原料液 F 从第 1 级中加入,各级中均加入新鲜萃取剂 S_1、S_2、$\cdots S_n$,由第 1 级中分出的萃余相 R_1 引入第 2 级,由第 2 级中分出的萃余相 R_2 再引入第 3 级……各级 R_i 依次送入 $i+1$ 级,最后一级的萃余相 R_n 进入萃取剂回收装置,得到萃余液 R'。各级分出的萃取相 E_1、E_2、E_3 汇集后送到萃取剂回收装置,得到萃取液 E'。回收的萃取剂循环使用。

多级错流萃取的总溶剂用量为各级溶剂用量之和,大量实践证明,当各级溶剂用量相等时,达到一定的分离程度所需的总溶剂用量最少,故在多级错流萃取操作中,一般采用各级溶剂用量相等的萃取操作。

多级错流萃取时,由于每一级都加入新鲜萃取剂,使萃取过程推动力增加,有利于萃取传质,并可降低最后萃余相中的溶质浓度。但萃取剂用量大,其回收和输送的能耗增加,使这一流程的应用受到一定限制。

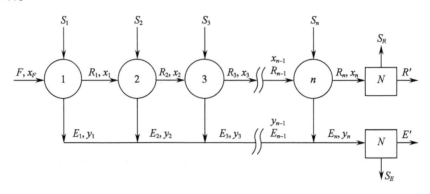

图 4-10 多级错流萃取流程示意图

图 4-11 所示为多级错流萃取过程在三角形相图上的表示。在计算中,一般已知操作条件下的相平衡数据,所需处理的原料液量 F 及组成 x_F,各级溶剂用量($S_1 = S_2 = S_3 = \cdots = S$)及组成 y_S,萃余相的组成 x_R,通常要求计算达到一定的分离要求所需的理论级数 N。其图解步骤如下。

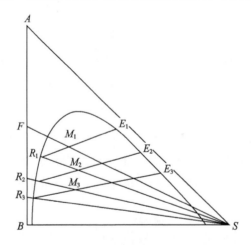

图 4-11 多级错流萃取图解计算

(1)由已知的平衡数据在等腰直角三角形坐标图中绘出溶解度曲线及辅助曲线,并在此相图上标出原料液组成点 F,如图 4-11 所示。

(2)联结点 F、S 得 FS 线,根据 F、S 的量并依杠杆规则,在 FS 线上确定混合液的总组成点 M_1。再利用辅助曲线,用图解试差法作出过点 M_1 的联结线 E_1R_1,联结线与相平衡曲线的交点即为萃取相 E_1 和萃余相 R_1 的组成点,也即为第一个理论级分离的结果。

(3)以 R_1 为原料液,加入新鲜萃取剂 S,按与(2)类似的方法可以得到混合液组成点 M_2,互成平衡的两相组成点 E_2 和 R_2,此即第二个理论级分离的结果。

(4)依此类推,直至某级萃余相中溶质的组成等于或小于分离任务要求的组成 x_R 为止,重复作出的联结线数目即为所需的理论级数 N。

上述图解过程表明,多级错流萃取的图解法是单级萃取图解的多次重复。

(三) 多级逆流萃取流程与计算

多级逆流萃取流程与上述多级错流萃取流程相比,所不同的是萃取剂 S 不是分别加入各级,而是在最后一级一次性加入,其萃取相 E_i 逐次通过各级,最终由第 1 级排出萃取相 E_1。如图 4-12 所示,原料液从第 1 级加入,其萃余相 R_i 逐次通过各级,末一级(图中第 N 级)排出萃余相 R_N。萃余相 R_N 与萃取相 E_1 可分别送入萃取剂回收设备,回收的萃取剂循环使用。这种流程与上述多级错流萃取流程相比,萃取剂耗用量可大大减少,因而在工业上应用广泛。

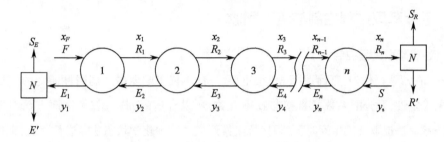

图 4-12　多级逆流萃取流程示意图

图 4-13 所示为多级逆流萃取的图解计算过程。在计算中,一般已知操作条件下的相平衡数据,所需处理的原料液量 F 及组成 x_F,溶剂用量 S 及组成 y_S,萃余相的组成 x_R,求达到一定分离要求所需的理论级数 N。其图解步骤如下。

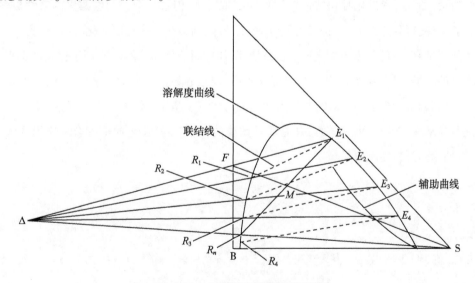

图 4-13　多级逆流萃取图解计算

(1)根据操作条件下的平衡数据,在三角形坐标图上绘出溶解度曲线和辅助曲线。

(2)根据原料液和萃取剂的组成,在图上定出点 F、S(图中采用纯溶剂),再依杠杆规则,确定 FS 连线上混合液组成点 M 的位置。

(3)由规定的最终萃余相组成在图上定出点 R_n,联结点 R_n、M 并延长 $R_n M$ 与溶解度曲线交于点 E_1,此点即为最终萃取相组成点。

根据杠杆规则,计算最终萃取相和萃余相的量,即:

$$E_1 = M \times \frac{\overline{MR_n}}{R_n E_1}$$ 式(4-11)

（4）应用相平衡关系与质量衡算，用图解法求理论级数。

首先作 F 与 E_1、R_n 与 S 的连线，并延长使其相交，交点即为点 Δ；然后由点 E_1 用辅助曲线确定点 R_1，作出联结线 $R_1 E_1$。作 R_1 与 Δ 的连线并延长使之与溶解度曲线交于点 E_2；再由点 E_2 确定点 R_2，作出联结线 $R_2 E_2$；同理依次作出 $R_3 E_3$、$R_4 E_4$ 直至萃余相的组成 R_n 小于或等于所要求的值为止。重复作出的联结线数目即为所求的理论级数 N。

三、液-液萃取过程控制与溶剂回收

（一）液-液萃取过程控制

1. pH 在萃取操作中，正确选择 pH 很重要。pH 不仅影响弱酸或弱碱性药物的分配系数，也影响药物的稳定性，而分配系数又直接与收率有关，所以合适的 pH 应权衡这两方面因素来决定。如利用溶剂萃取法提取某抗生素时，必须使抗生素形成某一种化学状态才能进行萃取，青霉素、新生霉素需形成游离酸，红霉素、林可霉素（洁霉素）则要形成游离碱，才能从水相转入有机相。与此相反，若将上述抗生素从有机相转入水相时，都必须以成盐的状态才能转移，碱性抗生素如红霉素在 pH 10~10.5、麦迪霉素在 pH 8.5~9.0、螺旋霉素在 pH 9.0 时，可以以游离碱的状态，从水相转入乙酸正丁酯中；成盐时又分别以 pH 5.0、pH 2.0~2.5 转入水相。碱化和酸化时的 pH，直接影响产品的收率和质量，如红霉素碱化时 pH 高些，固然对提取有利，但过高会引起红霉素的碱性破坏，还会造成严重乳化，使得分离困难，而 pH 过低又影响其收率，所以生产中控制碱化时的 pH 为 10，上下波动范围不要超过 ±0.5；红霉素的酸化过程也是如此，如控制酸化 pH 偏高，有利于提高红霉素的稳定性及萃取液的质量，但影响收率；若偏低可提高收率，但很容易发生酸性水解。因此，当红霉素转入水相后，要立刻调节 pH 至 7.0~8.0，并加入适当的乙酸正丁酯加以保护。因此，在溶剂萃取法中，无论萃取还是反萃取，选择一个最佳的 pH 是非常重要的，制定生产工艺时应综合考虑提取收率和产品质量，以期达到最佳提取效果。

案例分析

案例：

某大型制药厂生产青霉素，从发酵液中提取产物，产物为有机弱酸，其 pK_a 为 2.75，如何选择萃取液的 pH？

分析：

用乙酸正丁酯提取青霉素，在 0℃、pH=4.4 时，分配系数等于 1，即在此条件下，水相和乙酸正丁酯相平衡浓度相等。当 pH<4.4 时，易溶于乙酸正丁酯的青霉素（分子型）浓度超过了易溶于水溶液的青霉素（离子型）的浓度；当 pH>4.4 时，易溶于乙酸正丁酯相的青霉素（分子型）浓度低于易溶于水相的青霉素（离子型）的浓度。从理论上讲，pH 愈低，萃取效果愈好。但实际上青霉素在 pH<2.0 的条件下易发生降解反应，故生产上选择酸化 pH 为 2.0~2.2。

2. 萃取温度和时间　温度对药物萃取有很大影响。药物在高温条件下不稳定,故萃取一般应在低温下进行,且由于有机溶剂与水之间的互溶度随温度升高而增大,而使萃取效果降低。另外,温度对分配系数也有影响,如红霉素的分配系数随温度升高而升高,反萃取时的分配系数则相应降低。

萃取时间越长,萃取过程越接近平衡状态,萃取收率越高。但萃取时间也影响药物的稳定性,如在青霉素萃取中,pH、温度与时间三者对青霉素稳定性的影响要特别注意,因青霉素遇酸、碱或加热都易分解而失去活性,而且其分子很容易发生重排,在酸性水溶液中青霉素极不稳定,转入乙酸正丁酯中后稳定性略有提高,但随着时间的延长,效价会有所降低。因此,在青霉素萃取过程中,温度要低,时间要短,pH要严格控制。

3. 盐析作用　盐析剂(如氯化钠、氯化铵及硫酸铵)对萃取过程的影响有3方面:①由于盐析剂与水分子结合导致游离水分子减少,降低了药物在水中的溶解度,使其易转入有机相;②盐析剂能降低有机溶剂在水中的溶解度;③盐析剂使萃余相比重增大,有助于分离两相。但盐析剂的用量要适当,用量过多会使盐析剂以杂质的形式转入有机相,对后续分离过程造成影响。

4. 萃取溶剂种类、用量及萃取方式　不同溶剂对同一溶质有不同的分配系数,选择萃取溶剂应遵守萃取剂选择原则,根据具体情况权衡利弊选定。在选择用量时,既要考虑到浓缩的目的,又要考虑到收率和质量。一般情况下,分配系数不太大的溶剂,浓缩倍数(料液体积/萃取剂体积)应小一些,如青霉素酸化第一步提取时采取1.5~2倍,而第二步碱化提取时分配系数对水来说可达180,则浓缩倍数可以大一些,一般可浓缩4~5倍。萃取剂用量对单级萃取收率的影响较大,但同样的溶剂用量,对多级逆流萃取的收率影响要小得多,也优于错流提取,故一般多采用三级逆流萃取。萃取剂用量愈少,浓缩倍数愈大,收率愈低,而且由于溶剂用量少时易乳化,给分离造成困难。

乳化现象是萃取操作中,两个物相(一般是有机相和水相)混合形成乳浊液而分层不明显或不分层,影响分离,所以萃取过程中应避免猛烈振摇,以免发生乳化。若已形成乳化,可通过较长时间静置,或加入适量的盐类物质(如氯化钠)以增加水相的密度而达到破乳;此外,针对不同情况的乳化问题,可用加入其中一种溶剂改变萃取体系不同溶剂比例而破乳;如果上述方法仍然不能将乳化层破坏,可将乳化层分出,再用新的溶剂萃取,或将乳化层抽滤,或将乳化层稍微加热使其破坏。

(二) 萃取剂回收

在药物萃取分离过程中,溶剂消耗占生产成本的比例很大,应尽量对萃取剂加以回收,供生产循环套用。除一些质量好的母液溶剂和反萃取后的萃余液可在提取时直接套用外,其他溶剂的回收都需经过蒸馏来实现。蒸馏一般有简单蒸馏和精馏两种。在简单蒸馏过程中不进行回流,间歇式操作,适用于回收沸点相差很大的混合溶剂,需除去难挥发性杂质的溶剂,或对分离要求不高的粗分离。精馏适用于组分沸点比较接近的分离,通过多次部分汽化和多次部分冷凝,使混合液体分离为较纯的组分。对废液中溶剂浓度较低的回收,也需通过精馏来完成。回收方法和条件的选择,取决于待回收溶剂的组分和性质以及对回收溶剂的规格要求等具体情况,尽可能用简单的方法满足生产上的需要。一般可分为4种情况。

1. 单组分溶剂的回收　此类溶剂仅需除去其中不挥发性杂质(如色素等),所以可采用简单蒸馏的方法。如仅含少量水、有机酸和色素等杂质的废乙酸正丁酯(20℃时,水在乙酸正丁酯中的溶解度为 1.4%),由于乙酸正丁酯与水能形成二元恒沸混合物(恒沸点为 90.2℃,恒沸混合物组成为:乙酸正丁酯 71.3%,水 28.7%,),废乙酸正丁酯中水分很快随共沸物逸出,故蒸馏釜内温度可保持在乙酸正丁酯沸点(124℃)进行回收。

2. 低浓度溶剂的回收 如用乙酸正丁酯萃取青霉素和红霉素后的废水中含少量乙酸正丁酯(20℃,乙酸正丁酯在水中溶解度为 1%),回收时常采用精馏方法。由于废水组分位于恒沸混合物与水之间,所以塔底温度控制在水的沸点左右,塔顶温度控制在乙酸正丁酯-水的恒沸点(90℃)左右。由于红霉素、麦迪霉素等的萃取废水呈碱性,在精馏过程中,乙酸正丁酯在碱性条件下水解产生正丁醇,所以精馏的废水中存在乙酸正丁酯-水二元系统和乙酸正丁酯-正丁醇-水三元系统(恒沸点为 90.6℃,恒沸混合物组成为:乙酸正丁酯 35.5%,正丁醇 34.6%,水 29.9%)。两个系统的恒沸点非常接近,故精馏时塔顶温度应控制在 91℃左右。塔顶蒸馏物为恒沸混合物,其含水量为 28%~29.9%,大大超过水在乙酸正丁酯中的溶解度(20℃,1.4%),故冷凝后分层,下层为乙酸正丁酯所饱和的水层,可将其返回塔内作回流;上层为水所饱和的乙酸正丁酯,由于色泽不合要求,往往还需再进行一次简单蒸馏。

3. 与水部分互溶并形成恒沸混合物的溶剂回收 这类溶剂回收可采用简单蒸馏和精馏。如对四环素碱和盐酸盐结晶母液中所含丁醇的回收,当采用简单蒸馏时,开始蒸出来的是丁醇-水恒沸混合物(丁醇 57.5%,水 42.5%,恒沸点 92.6℃),经冷凝后即分层,分去水层,上层为丁醇层(丁醇 79.9%,水 20.1%),丁醇层并入下批回收溶剂反复蒸馏,直至蒸完,蒸出来的丁醇含水量在 3%以下,可供四环素碱结晶用。将含 3%水分的丁醇再蒸馏一次,收集 118℃以上的馏分,得到的丁醇含水量在 0.5%以下,可供四环素盐酸盐结晶使用。

4. 完全互溶但并不形成恒沸物的溶剂回收 如丙酮-丁醇混合溶剂,由于其沸点相差较大(丙酮沸点为 56.1℃,丁醇沸点为 117.4℃),采用精馏方法很容易得到纯组分,即丙酮和丁醇。如果混合溶剂要反复使用,则不需要将它们分成纯组分,只需经过蒸馏方式除去不挥发物质,然后测定混合溶剂的比例,再添加不足的溶剂使达到要求,即可作为萃取剂重新用于生产。例如普卡霉素(光神霉素)采用乙酸乙酯-丁醇(4:1)混合溶剂萃取,将萃取后的废溶剂经过简单蒸馏,然后取少量试样,利用气相色谱测定乙酸乙酯与丁醇的含量,添加不足的溶剂后再用于生产。

了解溶剂的性能及毒性并制定安全制度,是保证溶剂回收过程安全的重要手段。由于大多数溶剂具有毒性、易燃性、易爆性,在回收中要特别注意防止火灾发生,保证人身安全。

▶ 边学边练

进行药物液-液萃取及萃取率计算,请见实训项目三 红霉素有机溶剂萃取。

四、液-液萃取设备及操作

液-液萃取设备应包括 3 部分:混合设备、分离设备和溶剂回收设备。混合设备是进行传质的设备,它要求料液与萃取剂混合要充分,以提高溶质自料液转入萃取剂中的速率;分离设备是将萃取后形成的萃取相和萃余相进行快速、有效分离的设备;溶剂回收设备是把萃取相和萃余相中的萃取溶剂回收分离,从而获得产品的设备。

（一）混合设备

在萃取操作中,混合过程通常在搅拌罐中进行,也可将料液与萃取剂在管路内以很高速度混合,称管路萃取,也有利用喷射泵进行涡流混合,称喷射萃取。典型的混合设备有混合罐、混合管、喷射式混合器及泵等。

1. **混合罐** 结构类似于带机械搅拌的密闭式反应罐,如图 4-14 所示,采用螺旋桨式搅拌器,转速 400~1000r/min;若用涡轮式搅拌器,转速为 300~600r/min。液体在罐内平均混合停留时间为 1~2 分钟。

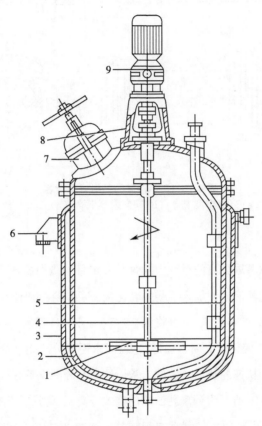

图 4-14 混合罐总体结构
1. 搅拌罐;2. 罐体;3. 胶套;4. 搅拌轴;5. 压出管;
6. 支座;7. 入孔;8. 轴封;9. 传动装置

2. **混合管** 通常采用 S 形长管,萃取剂及料液等经泵在管的一端导入,混合后的乳浊液在另一端导出。为了保证较高的萃取效果,料液在管路内应维持足够的停留时间,并使流动呈完全湍流状态,强迫料液充分混合。一般要求 $R_e = (5~10) \times 10^4$,流体在管内平均停留时间为 10~20 秒。混合管的萃取效果高于混合罐,且为连续操作。

3. **喷射式混合器** 喷射式混合器是一种体积小、效率高的混合装置,特别适用于两液相的黏度和界面张力都很小,即容易分散的情况。图 4-15 所示为 3 种常见的喷射式混合器示意图。图 4-15(a)所示为交错喷嘴混合过程,即萃取剂及料液由各自导管进入器内进行混合;图 4-15(b)、图 4-15(c)则为两液相已在器外汇合,然后进入器内经喷嘴或孔板后,增强了湍流程度,从而提高了萃取效率。这种设备投资小,但需要料液在较高的压力下进入混合器。另外,当两液相容易混合时,也可直接利用离心泵在循环输送过程中进行混合。

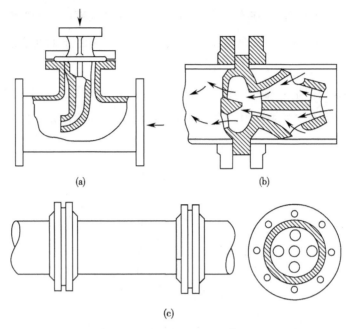

图4-15　3种常见的喷射式混合器
(a)交错喷嘴混合;(b)同向射流混合;(c)孔板混合

(二) 离心分离设备

在制药过程中,由于欲萃取分离的料液中常含有一定量的蛋白质等表面活性物质,致使混合后形成稳定的乳浊液,这种乳浊液即使加入某些去乳化剂,也很难在短时间内靠重力进行分离,因此分离过程多采用分离因数较高的离心机,也可将混合过程与分离过程同时在一个设备内完成,称萃取机。大多数药物成分在pH变化较大时不稳定,这就要求混合分离能够快速进行,因此,药品生产中的萃取设备必须具有高效、快速的特点。生产中常用的离心分离设备有碟式分离机和管式分离机。

1. 碟式分离机　图4-16所示为分离乳浊液的碟式分离机,碟片上开有小孔,乳浊液通过小孔流到碟片间隙。在离心力作用下,重液倾斜沉向于转鼓的器壁,由重液排出口流出。轻液则沿斜面向上移动,汇集后由轻液排出口流出。

2. 管式分离机　适用于轻液相与重液相密度差小、分散性很高的乳浊液及液-液-固三相混合物的分离。管式分离机的结构简单,体积小,运转可靠,操作维修方便,但是单机生产能力较小,需停车清除转鼓内的沉渣。

管式分离机结构如图4-17所示。管状转鼓通过挠性主轴悬挂支撑在皮带轮的缓冲橡胶块上,电动机通过平皮带带动主轴与转鼓高速旋转,工作转速远高于回转系统的第一临界转速,转鼓质心远离上部支点,高速旋转时能自动对中,运转平稳。在转鼓下部设有振幅限制装置,把转鼓的振幅限制在允许值的范围内,以确保安全运转。转鼓内沿轴向装有与转鼓同步旋转的三叶板,使进入转鼓内的物料很快与转鼓同速旋转。转鼓底盖上的空心轴插入机壳下部的轴承中,轴承外侧装有减振器,限制转鼓的径向运动。转鼓上端附近有液体收集器,收集从转鼓上部排出的液体。

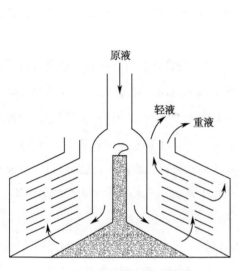

图 4-16　碟式分离机

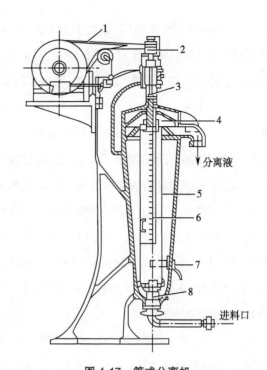

图 4-17　管式分离机
1. 平皮带;2. 皮带轮;3. 主轴;4. 液体收集器;5. 转鼓;
6. 三叶板;7. 制动器;8. 转鼓下轴承

管式分离机转鼓有澄清型和分离型两种。分离型用于乳浊液或含少量固体粒子的分离,乳浊液在离心力的作用下,在转鼓内分为轻液层和重液层,分界面位置可以通过改变重液出口半径来调节,以适应不同的乳浊液和不同的分离要求。其液体收集器有轻液和重液两个出口。澄清型用于含少量高分散固体粒子的悬浮液澄清,澄清型只有一个液体出口。

(三) 离心萃取设备

有时也可将混合过程与分离过程同时在一个设备内完成,称萃取机。大多数药物成分在 pH 变化较大时不稳定,这就要求混合分离能够快速进行,因此,药品生产中的萃取设备必须具有高效、快速的特点。这类萃取机主要有以下两种。

1. 多级离心萃取机　多级离心萃取机是在一台设备中装有两级或三级混合及分离装置的逆流萃取设备。图 4-18 所示为芦威式三级逆流离心萃取机结构示意图,其主体是固定在壳体上并随之作高速旋转的环形盘,壳体中央有固定不动的垂直空心轴,轴上也装有圆形盘,盘上开有若干个喷出孔。

萃取操作时,原料液与萃取剂均由空心轴的顶部加入。重液沿空心轴的通道下流至萃取器的底部而进入第三级的外壳内,轻液由空心轴的通道流入第一级。在空心轴内,轻液与来自下一级的重液相

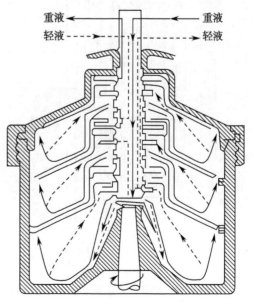

图 4-18　芦威式离心萃取机

77

混合,再经空心轴上的喷嘴沿转盘与上方固定盘之间的通道被甩至外壳的四周。重液由外部沿转盘与下方固定盘之间的通道而进入轴的中心,并由顶部排出,其流向为由第三级经第二级再到第一级,然后进入空心轴的排出通道(如图 4-18 中实线所示);轻液则由第一级经第二级再到第三级,然后进入空心轴的排出通道(如图 4-18 中虚线所示),两相均由萃取器顶部排出。该类萃取器处理能力为 $7\sim49m^3/h$,在一定条件下,级效率可接近 100%。

2. 立式连续逆流离心萃取机 立式连续逆流离心萃取机是将萃取剂与料液在逆流情况下进行多次逆流接触和多次分离的萃取设备。图 4-19 所示为 α-Laval ABE-216 型离心萃取机的结构示意图。其主要部件为由 11 个不同直径的同心圆筒组成的转鼓,每个圆筒上均在一端开孔,作为料液和萃取剂流动的通道,由于相邻筒之间开孔位置上下错开,使液体上下曲折流动。从中心向外数第 4~11 筒的外壁上均焊有螺旋形导流板,这样就使两个液相的流动路程大为加长,从而延长了两液相的混合与分离时间;在螺旋形导流板上又开设大小不同的缺口,使螺旋形长通道中形成很多短路,增加了两液相之间的接触机会。

操作时,重液相(料液)由底部轴周围的套管进入转鼓后,沿螺旋形通道由内向外顺次流经各筒,最后由外筒经溢流环到向心泵室被排出。轻液(萃取剂)则由底部的中心管进入转鼓,流入第 10 圆筒,从下端进入螺旋形通道,由外向内顺次流过各筒,最后从第一筒经出口排出。图 4-20 所示为 ABE-216 型离心萃取机液体流向示意图。

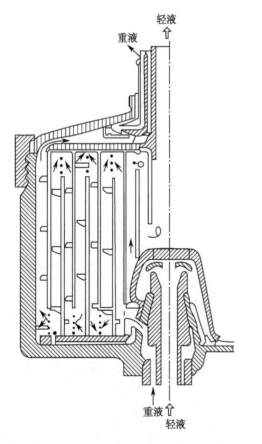

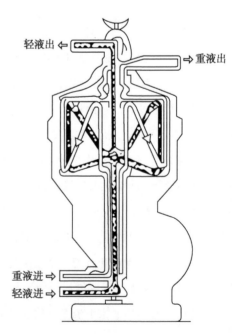

图 4-19　ABE-216 型离心萃取机结构图　　图 4-20　ABE-216 型离心萃取机液体流向示意图

点滴积累 ∨

1. 萃取是利用化合物在两种互不相溶（或微溶）的溶剂中溶解度或分配系数的不同，使化合物从一种溶剂内转移到另外一种溶剂中，将绝大部分的化合物提取出来的方法。

2. 分配系数表达了某一组分在两个平衡液相中的分配关系。分配系数越大，萃取分离的效果越好。

3. 在萃取操作中，溶剂选用的必要条件是选择性系数 $\beta > 1$。

4. 液-液萃取影响因素 pH、温度、时间和溶剂。

第二节　固-液萃取技术

固-液萃取(浸取)是指用溶剂将固体物中的某些可溶组分提取出来,使之与固体的不溶部分(或称惰性物)分离的过程。被萃取物质在原固体中,可能以固体形式或液体形式(如挥发物或植物油)存在。固-液萃取在制药工业中广泛应用,尤其是从中草药等植物中提取有效成分,或从生物细胞内提取特定成分。如用石油醚萃取青蒿中的青蒿素就是典型的固-液萃取实例。

物质的溶解能力是由构成物质分子的极性和溶剂分子的极性决定的,遵守"相似相溶"的原则,即分子极性大的物质溶于极性溶剂,分子极性小的物质溶解于弱极性或非极性溶剂中。例如,还原糖、蛋白质、氨基酸、B族维生素等物质,其分子极性大,可溶于极性溶剂水中,而不溶解于非极性溶剂石油醚中。又如大多数萜类化合物的分子极性小,易溶于石油醚和三氯甲烷等极性小的溶剂中,但不溶于水等极性强的溶剂。因此,同一种化合物在不同的溶剂中有不同的溶解能力。当一种溶质处于极性大小不相当的溶剂中时,其溶解能力小,有转移到极性相当的溶剂中去的趋势,假设这种极性相当的溶剂与原来的溶剂互不相溶,则绝大部分溶质就会从原来的相态扩散到新的溶剂中,形成新的溶液体系,即形成萃取液。

在萃取过程时,溶质转移到萃取剂中的程度遵守分配定律。在其他条件不变的情况下,萃取过程达到平衡后,萃取液中溶质浓度与萃余液中溶质浓度的比值是常数,这个规律叫分配定律,常数 k_0 叫分配系数。如图 4-21 所示,在进行第一次萃取时,设原料液中溶质的摩尔浓度为 C,萃取相中溶质的摩尔浓度为 X,萃余相中溶质的摩尔浓度为 Y,则:

$$k_0 = \frac{萃取相}{萃余相} = \frac{X}{Y} \qquad\qquad 式(4\text{-}12)$$

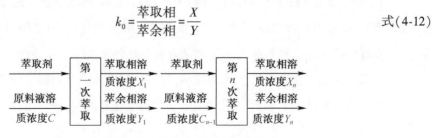

图 4-21　萃取过程中溶质在两相中的分配

假设进行多次萃取才能将目的产物提取完,则进行第 n 次萃取时,原料液中的溶质浓度为 C_n,萃取相中溶质的浓度为 X_n,萃余相中的浓度为 Y_n,根据分配定律应有:

$$k_n = \frac{X_n}{Y_n} \qquad\qquad 式(4\text{-}13)$$

因此 $\qquad\qquad k_0 = k_1 = k_2 = \frac{X}{Y} = \cdots = k_n = \frac{X_n}{Y_n} \qquad\qquad 式(4\text{-}14)$

由此看到:$Y_n \neq 0$,故随着萃取次数的增加,残留在原料体系中的溶质越来越少,但无论进行多少次萃取,都不可能完全将溶质从原料体系中萃取出来。因此在实际生产过程中,往往要综合考虑萃取操作生产成本,只进行有限次的萃取操作。如在中药提取生产时,一般对中药材进行 3 次萃取后,有效成分基本上被最大限度地萃取,同时经济上也达到最好的效益。

溶剂从固体颗粒中浸取可溶性物质,其过程一般包括:①溶剂浸润固体颗粒表面;②溶剂扩散、渗透到固体内部微孔或细胞壁内;③溶质解吸后,溶解进入溶剂;④溶质经扩散至固体表面;⑤溶质从固体表面,扩散进入溶剂主体。

一、固-液萃取

(一) 常用溶剂

1. 溶剂性质 因为提取的植物产品绝大多数用作医学、食品方面,所以提取用的溶剂必须是"安全"的,即对有效成分是化学惰性的,对人无毒理反应,能最大限度地浸出目的产物而最小程度地浸出非目的产物,另外,在经济上是廉价的。事实上,同时满足上述条件的溶剂几乎没有。在实际生产过程中,往往是多种溶剂按一定比例混合使用,以达到生产要求。

常见溶剂的极性由大到小排列顺序为:水→乙醇→丙酮→乙酸乙酯→乙醚→三氯甲烷→甲苯→石油醚。

(1)水:极性大,溶解范围广,价格便宜。植物中多种成分如生物碱盐类、苦味物质、有机酸、蛋白质、单糖和低聚糖、淀粉、菊糖、树脂、果胶、黏液质、色素、维生素、酶和少量挥发油等都能被水溶解浸出。其缺点是选择性差,非目的产物被浸出量大,给纯化操作带来困难。

(2)乙醇:中强极性,能与水以任意比例相混,乙醇浓度越高则溶液极性越低。各种目的产物在乙醇中的溶解度随乙醇浓度的变化而变化。90%的乙醇用来浸取挥发油、有机酸、树脂、叶绿素等,50%~70%的乙醇用来浸提生物碱、苷类等,50%以下的乙醇用来浸取苦味物质、蒽醌类化合物。

(3)乙醚:乙醚是非极性溶剂,微溶于水(1∶12),可与乙醇及其他有机溶剂任意混溶。选择性强,能溶解生物碱、树脂、挥发油、某些苷类。大部分溶解于水的成分在乙醚中不溶解。缺点是易燃,价格高,有副作用,常用于精制提纯,最后要从溶液中完全除去。

(4)三氯甲烷:是非极性溶剂,在水中微溶,与乙醇、乙醚能任意混溶。可溶解生物碱、苷类、挥发油、树脂等,不能溶解蛋白质、鞣质等极性物质。三氯甲烷有强烈的药理作用,应在浸出液中尽量除去。

除此之外,丙酮和石油醚也是常用溶剂,可以用于脱水、脱脂和浸取,但有较强的挥发性和易燃性,且具有一定的毒性,故应从最后制剂中除去。

2. 辅助剂 为提高浸提效果,增加目的产物的溶解度,增加制剂的稳定性,以及除去或减少某些物质,常在浸提溶剂中加入辅助剂。常用辅助剂有酸、碱和表面活性剂。

加入硫酸、盐酸、乙酸、酒石酸、枸橼酸等,可促进生物碱溶解,提高部分生物碱的稳定性,同时可使有机酸游离而易被溶剂萃取。

加入氨水、碳酸钙、碳酸钠、碳酸氢钠等,可增加皂苷、有机酸、黄酮、蒽醌和某些酚性成分的溶解度和稳定性。在含生物碱的浸取液中加碱可使生物碱游离,便于后续萃取。

加入表面活性剂可强化润湿增溶,降低植物材料与溶剂间的界面张力,使润湿角变小,促使溶剂和材料之间的润湿渗透。常用表面活性剂有非离子型、阴离子型、阳离子型,根据植物材料和溶剂确定使用型号。

(二) 固-液萃取过程

固-液萃取就是利用适当的溶剂和方式把植物等固体物中的有效成分分离出来的操作过程,又称为浸取,也称为提取。提取所得到的液体称为浸出液,浓缩干燥后称为浸膏。植物浸取操作属于固-液萃取。

当固体与溶剂经过长时间接触后,溶质溶解过程结束,此时固体内空隙中液体的浓度与固体周围液体的浓度相等,液体的组成不再随时间而改变,即固-液体系达到平衡状态,这就是一个完整的浸取过程。

完整的浸取过程有以下几个阶段。

(1)浸润渗透:溶剂被吸附在植物材料表面,由于液体静压力和植物材料毛细作用,被吸附的溶剂渗透到植物细胞组织内部的过程。溶剂渗透到植物细胞组织中后使干皱的细胞膨胀,恢复细胞壁的通透性,形成通道,能够让目的产物从细胞内扩散出来。

(2)解吸与溶解:由于目的产物各成分在细胞内相互之间有吸附作用,需要破坏吸附力才能溶解。因此,溶剂在溶解溶质之前首先要解除吸附作用,即解吸。解吸后溶质进入溶剂即溶解。

(3)扩散:随着细胞内溶质进入溶剂而浓度增大,在细胞内外产生了溶质浓度差,从而产生了渗透压,溶质将进入低浓度溶液中,溶剂将要进入高浓度溶液中,引起溶质从高浓度部位向低浓度部位的扩散过程。扩散可分为内扩散和外扩散两个阶段。内扩散就是细胞内已经进入溶剂中的溶质,随溶剂通过细胞壁转移到细胞外的过程;外扩散就是植物材料和溶剂边界层的溶质传递到溶剂主体中去的过程。

研究表明,在通常浸取条件下,溶剂进入细胞后,溶质的溶解速度很大,但溶质的内扩散速度和外扩散速度较低。提高扩散速度的途径有两条,其一是通过搅拌产生湍流,提高外扩散速度;其二是不断用溶剂置换出固-液界面上的浓溶液,始终保持细胞内外高浓度差,促使溶质不断扩散出细胞壁,强化浸取操作。

(三) 固-液萃取的影响因素

在植物浸取过程中,有多种因素对浸取过程产生重要的影响,影响浸取回收率的高低。这些因素包括温度、压力、酸碱性、颗粒直径、浸取时间、溶剂用量、浸取次数、浓度梯度等。为达到浸取成本低、回收率高的浸取效果,必须通过查阅文献资料和做现场试验,求出这些因素的最佳参数,作为生产操作时的控制依据。在工程上习惯地把这些参数称为工艺条件。

1. **浸出温度** 一般来讲,温度升高能使植物组织软化并促进膨胀,增加了可溶性成分的溶解和扩散速度,所以浸取温度越高,浸出速度越快。但温度升高后,某些目的产物不稳定,溶液发生分解变质,同时使挥发性目的产物挥发散失。因此,要把浸取温度控制在适当的范围。中药提取时,根据处方情况可把浸取温度控制在100℃以下。

2. 药材粒度 粒度适当细,可增大扩散面,有利于浸出;但不能过细,原因在于:①过细的粉末吸附作用增强,使扩散速度受到影响。因此,药材的粒度要视所采用的溶剂和药材性质而有所区别。如以水为溶剂时,药材易膨胀,浸出时药材可粉碎得粗一些,或者切成薄片或小段;若用乙醇为溶剂时,因乙醇对药材的膨胀作用小,可粉碎成粗末(通过一号筛或二号筛)。药材不同,要求的粒度也不同,通常叶、花、草等疏松药材宜粉碎得粗一些,甚至可以不粉碎;坚硬的根、茎、皮类等药材,宜用薄片。②粉碎过细,使大量细胞破裂,致使细胞内大量高分子物质(如树脂、黏液质等)胶溶进入浸出液中,而使药材外部溶液的黏度增大,扩散系数降低,浸出杂质增加。③过细的粉末给浸提操作带来不便。如浸提液滤过困难,产品易混浊;若用渗漉法浸提时,由于粉末之间的空隙太小,溶剂流动阻力增大,容易造成堵塞,使渗漉不完全或渗漉发生困难。

3. 浓度梯度 因在浸取过程中控制速度的关键步骤是扩散阶段,浓度梯度是细胞内、外浓度相平衡过程,是扩散作用的主要动力,因此可以通过产生错流或湍流,不断地将植物材料表面高浓度的溶液与低浓度的溶液混合而使溶质被扩散,保持细胞内外高渗透压,提高扩散速度。通过搅拌或者用离心泵强制溶剂流动可达到提高扩散速度的目的。

4. 浸取时间 浸取过程是一个溶剂进入细胞内溶解目的产物并向外扩散的过程,浸取所需时间长短视植物材料本身结构和溶剂性质而定。如果原材料的组织结构细密,溶质扩散速度慢,所需时间就长;如果所用植物材料的组织疏松,则所需时间就短。溶剂穿透力强且对目的产物溶解性好则所需时间短,反之则长。浸取所用时间的长短要通过中试实验来确定,一般每批中药材提取的时间为2~4小时。

5. 操作压力 植物提取一般是在常压沸点下进行,但对于溶剂较难渗透到植物组织内部的浸出操作,提高压力有利于浸出过程,因为在较高压力下植物组织内部细胞被破坏,加速了润湿渗透过程,使组织内部毛细孔更快地充满溶剂,有利于溶质扩散。超临界萃取就属于加压浸取。对于组织疏松的材料可不用加压操作,因影响浸出速度的主要因素是扩散过程,加大压力对提高浸出速度无显著效果。

6. 溶剂 pH 在目的产物浸出过程中,溶剂的 pH 对浸出速度有影响。某些目的产物可溶解于酸性溶剂,则要使用酸性溶剂浸提;有些目的产物易溶解于碱性溶液,因而要选择碱性溶剂提取。根据目的产物的酸碱性质可确定提取过程中溶剂 pH 的范围。

7. 溶剂用量 可用萃取公式进行理论计算,再经过实验校验后即可得到溶剂的用量。在工业生产中,经验公式和经验值是技术操作的参数依据,一般溶剂用量是原材料的2~5倍,经过3次浸取即可认为提取完成。

8. 预浸泡 植物材料多是处于干燥状态,在正式浸取前需要预浸泡,使植物组织软化和细胞壁被浸润而膨胀,便于浸取时溶质的加速溶解和扩散。

▶▶ 课堂活动

分析液-液萃取与浸取(固-液萃取)的异同点。

二、固-液萃取操作方法

(一) 煎煮提取工艺

将植物用水加热煮沸一定时间以提取目的产物的方法称为煎煮法。这是一种传统方法,可分为常压煎煮法、加压煎煮法和减压煎煮法。常压煎煮法是应用最广泛的方法。煎煮法适合于目的产物可溶于水,且对加热不敏感的植物材料。

1. 工艺操作过程 煎煮提取工艺操作过程是:将已预处理过的植物材料装入煎煮容器中,用水浸没原材料,待植物材料软化润胀后,用直接蒸汽加热至沸腾,然后改用间接蒸汽加热,保持微沸状态,经过一定时间后将浸取液通过筛网过滤装入贮液罐,用新鲜水重复 3 次,合并浸提液,静置过夜,沉淀过滤,所得滤液即浸提液经浓缩干燥后,即得提取物。

2. 煎煮设备 煎煮设备可分为传统煎煮器、密闭煎煮器、强制循环煎煮器、多功能提取罐等 4 种类型。

在植物提取生产中现已经不再使用传统煎煮器,广泛使用的是多功能提取罐。多功能提取罐可以进行多种方法的浸取操作。

(二) 浸渍提取工艺

浸渍法属于静态提取方法,是将已预处理过的植物材料装入密闭容器,在常温或加热条件下进行浸取目的产物的操作过程。浸渍提取流程如图 4-22 所示,通过浸渍法所得的浸取液在不低于浸渍温度下能较好地保持其澄清度,操作简单易行,其缺点是时间长,溶剂用量大,浸出效率低。

浸渍法工艺流程如下。

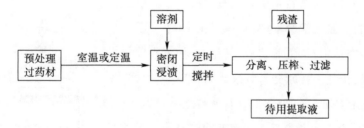

图 4-22 浸渍提取流程

1. 操作过程 按照操作温度不同,浸渍法可分为冷浸法和热浸法。

(1)冷浸法:在室温或更低温度下进行的浸渍操作。一般是将植物材料装入密闭浸渍器中,加入溶剂后密闭,于室温下浸泡 3~5 日或更长的时间,适当振动或搅拌。到规定时间后过滤浸出液,压榨残渣,使残液析出,将压榨液与滤液合并,静置 1 天后再过滤,得浸出液待用。

(2)热浸法:热浸法与冷浸法相比,只是当植物材料被装入密闭容器后需通蒸汽加热,其他操作相似。在热浸法中如使用乙醇作溶剂,浸渍温度应控制在 40~60℃ 的范围内,如果是用水作溶剂,浸渍温度可以控制在 60~80℃ 的范围。热浸法可大幅度缩短时间,提高了浸取效率,但提取出的杂质较多,浸取液澄清度差,冷却后有沉淀析出,需要精制。

2. 浸渍设备 浸渍法所使用的设备主要是浸渍器和压榨器。各种多功能提取罐都可以作浸渍器使用。

(三) 渗漉提取工艺

将植物材料粉碎后,装入上大下小的渗漉筒或渗漉罐中,用溶剂边浸泡边流出的连续浸取过程称为渗漉。在渗漉过程中,溶剂从上方加入,连续流过植物材料而不断溶出溶质,溶剂中溶质浓度从小增大,到最后以高浓度溶液流出。

渗漉法提取过程类似多次浸出过程,浸出液可以达到较高的浓度,浸出效果好。同时,渗漉法不需加热,溶剂用量少,过滤要求低,适用于热敏性、易挥发和剧毒物质的提取。使用渗漉法可以进行含量低但要求有较高提取浓度的植物提取,但不适用于黏度高、流动性差的物料提取。

现将有关渗漉法的操作工艺流程和操作方法介绍如下。

1. 单级渗漉工艺 流程如图 4-23 所示。

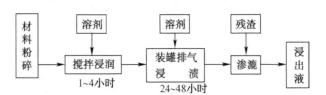

图 4-23 单级渗漉工艺流程图

2. 操作过程 首先将植物材料净选后进行前处理,并粉碎成要求的规格。颗粒规格一般是中粗级,对于切片要求厚度为 0.5mm。原材料颗粒太细,溶剂难以通过而影响浸取速度。其次用 0.7~1 倍量的溶剂浸润原材料 4 小时左右,待原材料组织润胀后将其装入渗漉罐中,将料层压平均匀,用滤纸或纱布盖料,再覆盖盖板,以免原材料浮起。再次浸渍排气。将原材料装入罐后,打开底部阀门,从罐上方加入溶剂,将原材料颗粒之间的空气向下排出,待空气排完后关闭底部阀门,继续加溶剂至超过液面 5~8cm,加盖放置 24~48 小时。最后将溶剂从罐上方连续加入罐中,打开底部阀门,调整流速,进行渗漉浸取。渗漉罐和连续渗漉工艺流程见图 4-24。

3. 常见渗漉设备 渗漉设备常用渗漉筒或渗漉罐,现在也有厂家采用多功能提取罐进行渗漉浸取。

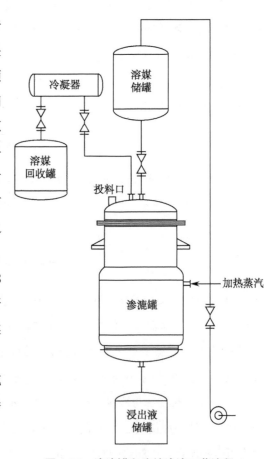

图 4-24 渗漉罐和连续渗漉工艺流程

浸渍法与渗漉法

两者的主要区别在于：①浸渍法为静态提取，溶剂利用率低，有效成分浸出不完全；渗漉法为动态提取，溶剂利用率高，有效成分浸出完全。②浸渍法适用于黏性药物，无组织结构的药材，新鲜及易于膨胀的药材，价格低廉的芳香性药材；渗漉法适用于贵重药材，毒性药材，有效成分含量低的药材。③浸渍法不能直接制得高浓度制剂；渗漉法可直接制得高浓度制剂。④浸渍法需经滤过才能得到澄清液；渗漉法不经滤过可直接得到澄清的渗漉液。⑤渗漉法与浸渍法不宜用水做浸出溶剂。通常用不同浓度的乙醇或白酒，故应防止溶剂的挥发损失。

（四）回流提取工艺

回流法是用乙醇等易挥发的有机溶剂进行加热浸取的方法。当有机溶剂在提取罐中受热后蒸发，其蒸汽被引入到冷凝器中再次冷凝成液体，并回流到提取罐中继续进行浸取操作，直至目的产物被提取完成为止。

回流提取法本质上是浸渍法，可分为热回流提取和循环提取，其工艺特点是溶剂循环使用，浸取更加完全。缺点是由于加热时间长，故不适用于热敏性物料和挥发性物料的提取。

进行回流提取的装置是多功能提取罐，图 4-25 是多功能中药提取罐回流提取工艺流程示意图。

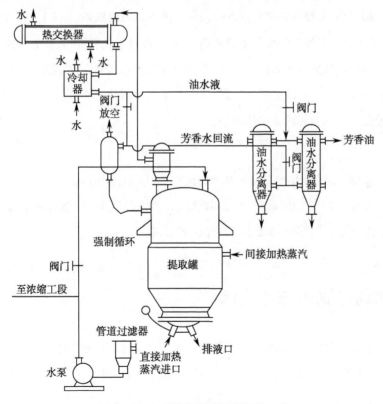

图 4-25　多功能提取罐及其提取工艺

(五)压榨提取工艺

用机械加压的方法使液-固组织发生体积变化而使组织破碎,并使液体与固体组织分离的过程,称为压榨提取法。压榨提取法是古老的植物提取法。现在制糖、榨油、果汁、香油、食用色素提取等行业仍然广泛地使用。

压榨提取法的优点是不破坏目的产物的组成和结构,能保持目的产物本来的组成成分物理化学性质不改变,因而主要用于热敏性物质、水溶性氨基酸、蛋白质、酶、食用风味物质、食用色素、植物油等目的产物的提取。

1. 水溶性物质的榨取方法 本法榨取的是氨基酸、酶、蛋白质、多糖、色素、果汁等。所用植物原材料是新鲜材料,采用干压榨或湿压榨法榨取。干压榨法是在榨取过程中不加水洗涤原材料,施加压力直至无液体流出为止。干压榨法提取率不高,正逐渐被淘汰。现广泛使用的是湿压榨法,即在压榨过程中不断加水洗涤原材料,直到把目的产物全部榨取出来为止。

在进行湿压榨法前要把原材料洗涤干净、无杂质,并用粉碎机粉碎成浆状,然后装筐或装袋进行压榨。

压榨提取法使用的机械设备分为间歇式和连续式两种。间歇式压榨机有水平向挤压机和竖直向压榨机,连续式压榨机主要有螺旋压榨机,水平带式压榨机。在植物提取中使用较多的是螺旋压榨机。

2. 脂溶性物质的榨取法 本法榨取的是油脂、挥发油、油溶性成分。所使用的植物原材料一般是种子、果实、皮等。榨取前原材料要经过剥壳、蒸炒,使组织细胞破坏,将原材料装袋或装筐后上机压榨。在压榨过程中原材料发生的变化主要是物理变化,经过了物料变形、油脂分离、摩擦发热和水分蒸发等过程。压榨时,料胚在压力作用下,组织的内部表面相互挤压,使油脂不断从料胚孔中被挤压出来,同时原材料在高压下形成坚硬的油饼,物料粒子表面渐趋挤紧,直到挤压表面留下单分子层形成表面油膜,致使饼中残油无法被挤压出来。

点滴积累 V

1. 固-液萃取就是用溶剂将固体物中的某些可溶性成分提取出来。
2. 固-液萃取的影响因素有固体物料颗粒度、溶剂、浸出时间、温度和压力。
3. 固-液萃取的方法有浸渍法、煎煮法和渗漉法。

第三节 超临界流体萃取技术

超临界萃取技术是近年来新出现的一门分离技术。由于它具有能耗低、无污染和适合处理易受热分解的高沸点物质等特性,使其应用越来越广泛,在化学工业、能源、食品和医药等领域都有应用。

超临界萃取技术是利用超临界流体,从固体或液体中萃取出来某种高沸点或热敏性组分,以达到分离或提纯的目的。超临界流体是指温度和压力均在本身临界点以上的高密度流体,具有与液体同样的流体性质、溶解能力,其扩散系数又接近于气体,是液体的近百倍,因此,超临界流体萃取速度快、传质效果好。当超临界流体的温度与压力连续变化时,对物质的萃取能力也发生相应的变化,即超临界流体具有一定的选择性,且萃取后药物组分的分离也比较容易,因此是一种十分理想的萃取剂。

一、超临界流体的性质

纯物质在单相区分别以气、液、固的形态存在;在三相点,气、液、固三态处于平衡共存状态。在临界温度以上,则无论施加多大压力,气体也不会液化。在临界温度和临界压力以上,气液界面消失,体系性质均一,不再分为气体和液体,即以超临界流体状态存在。在超临界纯物质的三相图状态(图4-26)下,流体的密度会随温度、压力的变化而变化。此时的物质既不是气体也不是液体,但始终保持为流体。

纯物质在超临界状态下,与气体、液体在密度、黏度以及扩散系数等方面均有所不同,从表4-1中的数据可看出,超临界流体具有以下特性。

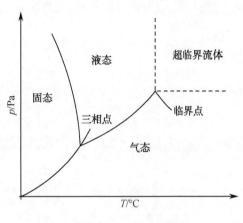

图 4-26 纯物质的相图

(1)溶解性能强:超临界流体的密度接近于液体,由于物质的溶解度与溶剂的密度成正比,因此超临界流体萃取能力强。

(2)扩散性能好:超临界流体的扩散系数介于气体和液体之间,且黏度比液体要小2个数量级,因此超临界流体具有气体易于扩散的特性,传质速率高。

(3)可控性好:超临界流体的溶解能力取决于它的温度和压力,通常和流体的密度呈正相关,随流体的密度增加而增加。在临界点附近,压力、温度的微小变化会引起流体密度及其对物质溶解能力较为显著的变化。这一特性可以使在生产中通过压力、温度的变化来调整超临界流体的萃取能力,同时实现萃取与分离的操作。

表 4-1 超临界流体与气体、液体的性能比较

项目	气体 (常温,常压)	超临界流体		液体 (常温,常压)
		(T_c, p_c)	(T_c, $4p_c$)	
密度(g/cm^3)	0.002~0.006	0.2~0.5	0.4~0.9	0.6~1.6
黏度[$10^5 kg/(m \cdot s)$]	1~3	1~3	3~9	20~300
自扩散系数($10^4 m^2/s$)	0.1~0.4	0.7×10^{-3}	0.2×10^{-3}	$(0.2~2) \times 10^{-5}$

二、超临界流体的选择

不同物质都有其相应的临界点,即临界参数不同,在生产中的应用也有所不同。常用超临界流体的临界参数数据见表4-2。

表4-2 常用超临界流体的临界参数

化合物	临界参数		
	临界温度（T_c），℃	临界压力（p_c），MPa	d_c，g/cm³
二氧化碳	31.3	7.15	0.448
乙烷	32.3	4.88	0.203
氨	132.3	11.27	0.240
水	374.4	22.20	0.334
甲醇	240.5	8.10	0.272
乙醇	243.4	6.20	0.276
异丙醇	235.5	4.60	0.273
丙烷	96.8	4.12	0.220
正丁烷	152.0	3.68	0.228
正戊烷	196.6	3.27	0.232
正己烷	234	2.90	0.234
苯	288.9	4.89	0.302
乙醚	193.6	3.56	0.267

各种萃取剂其临界性能不同,在考虑萃取能力与传质能力的同时,作为萃取剂的超临界流体还必须具备以下条件:①化学稳定性好,对设备腐蚀性小,不易与被萃取物或其他物质发生化学反应;②临界温度不能太低或太高,最好在室温附近;③操作温度应低于被萃取溶质的分解温度;④临界压力比较容易达到,降低动力费用;⑤选择性能好,分离效果好,比较容易得到高纯度制品;⑥价格便宜,容易获得。

从表4-2中可看出,二氧化碳是首选的萃取剂。这是因为二氧化碳的临界条件（$T_c = 31.3$℃,$p_c = 7.15$MPa）易达到,而且无毒、无味、不燃、价廉、易得。虽然乙烷的临界条件比二氧化碳优越,但其毒性及易燃易爆性,使其使用受到限制。

三、二氧化碳超临界流体萃取的机制

CO_2 超临界流体的萃取能力与其密度相关,而超临界流体的密度又决定于温度、压力。图4-27为纯二氧化碳的密度与温度、压力的关系。图中对比压力 p_r 为纵坐标,对比密度 ρ_r 为横坐标,对比温度 T_r 为参数。从图中可以得出,当二氧化碳的对比温度为1.10时,若将对比压力从3.0降至1.5(即二氧化碳压力从22.1MPa降至11.0MPa),其对比密度将从1.72降至0.85(二氧化碳密度从806kg/m³降至398kg/m³)。如维持二氧化碳的对比压力2.0不变,若将对比温度从1.03升高至1.10(即从313K升高至335K),其相应的密度变化为从839kg/m³降至604kg/m³。

由于操作时控制超临界流体压力降低或温度升高,则流体密度降低,引起超临界流体对溶质的溶解能力降低,使溶质从超临界流体中重新析出,这就是超临界流体萃取的基本机制。超临界流体的溶剂强度取决于萃取操作的温度和压力。利用这种特性,只需改变操作的压力和温度,就可以把

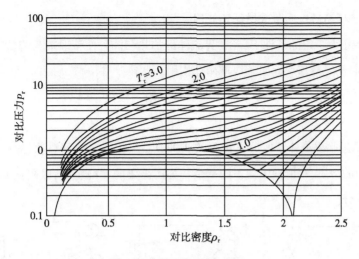

图 4-27 纯 CO_2 的 p_r-T_r-ρ_r

样品中的不同组分按在流体中溶解度的大小依次萃取出来。在较低的压力下,弱极性的物质先萃取;随着压力的增加,极性较大和大分子量的物质也被萃取。所以通过操作压力的控制,不仅可以萃取不同组分,同时还可以达到分离多个组分的目的。

CO_2 超临界流体在萃取极性较强的物质时,溶解能力明显不足,萃取效率较差。而加入少量的第二溶剂,可大大提高其萃取能力,这种物质称为夹带剂。按其极性的不同,可分为极性夹带剂与非极性夹带剂。

夹带剂影响萃取能力的机制尚不明确,一般认为可能是夹带剂与溶质间的分子缔合有关。夹带剂与溶质分子之间的范德华力、氢键等影响超临界流体的溶解能力。从经验上来看,加入极性的夹带剂,可以提高超临界流体对极性成分的溶解度,但对非极性溶质作用不大;非极性夹带剂对极性及非极性溶质都有较好的增溶作用。

四、超临界流体萃取过程

超临界流体萃取过程是由萃取段与分离段组成的,如图 4-28 所示。固体原料经粉碎细化,液体原料则直接进入萃取设备,在超临界状态下进行萃取操作;萃取后进行萃取残质 B 与萃取液的分离;然后萃取液(溶剂与萃取质 A)一起进入到分离装置中进行分离,分离后的萃取剂经加压、降温后循环使用,从而获得较纯净的萃取质 A,完成超临界萃取过程。超临界流体萃取的操作方式,一般可分为 3 种。

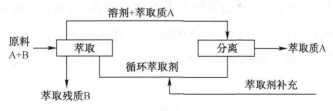

图 4-28 超临界流体萃取基本过程

(1)等温法:在温度一定的条件下,超临界流体减压、膨胀,使溶质与萃取剂分离,溶质从分离槽下部取出,萃取剂经压缩后返回萃取槽循环使用。

(2)等压法:在压力一定的条件下,超临界流体经加热、升温,使萃取剂与溶质分离,从分离槽下部取出萃取质,萃取剂经冷却后返回萃取槽循环使用。

(3)吸附法:在分离槽中,萃取液中的萃取质被吸附剂吸附,萃取剂经加压后返回萃取槽循环使用。

图4-29给出了超临界流体萃取分离过程的3种典型流程。其中等温法、等压法两种流程主要用于提取萃取相中的溶质,萃取槽中留下的萃余物为所需要的提纯组分;吸附法则适用于萃取质为需要除去的有害成分。

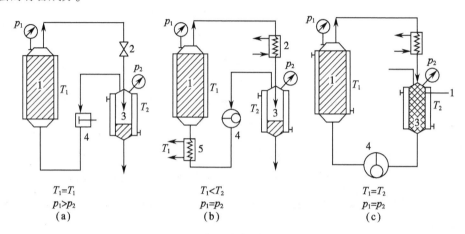

图4-29 超临界萃取典型流程

(a)1. 萃取槽;2. 膨胀阀;3. 分离槽;4. 压缩机(等温法)
(b)1. 萃取槽;2. 加热器;3. 分离槽;4. 泵;5. 冷却器(等压法)
(c)1. 萃取槽;2. 吸收剂,吸附剂;3. 分离槽;4. 泵(吸附法)

五、影响超临界流体萃取的因素

1. 萃取压力的影响 萃取压力是超临界流体萃取过程中最重要的参数之一。超临界流体的溶解能力一般与密度呈正比,当萃取温度一定时,压力增加,流体的密度增大,尤其是在临界压力附近,压力的微小变化会引起密度的急剧改变,而密度的增加将提高溶解度。

对于不同的物质,其萃取压力有很大的不同。例如,对于碳氢化合物和酯等弱极性物质,萃取可在较低压力下进行,一般压力为7~10MPa;对于含有—OH,—COOH这类强极性基团的物质以及苯环直接与—OH,—COOH基团相连的物质,萃取压力要求高一些;而对于强极性的苷以及氨基酸类物质,萃取压力一般在50MPa以上才能萃取出来。有人在研究乳香萃取物时,萃取温度保持在50℃,压力为6MPa时,乳香萃取物中的主要成分是乙酸辛酯和辛醇,高相对分子质量化合物和乙酸乳香醇酯所占比例很小,当压力升至20MPa时,产物的主要成分是乳香醇和乙酸乳香醇酯,乙酸辛酯仅占3%左右。

2. 温度的影响 萃取温度是超临界流体萃取的另一个重要影响参数。温度对超临界流体溶解能力的影响比较复杂,主要有两方面。一方面,在一定的压力下,升高温度,物质的蒸汽压增大,提取成分的挥发性增加,扩散速度也提高,从而有利于成分的萃取。但另一方面,温度升高,超临界流体的密度减小,从而导致流体溶解能力的降低,对萃取不利。因此,萃取温度对萃取效率的影响常常有一个最佳值。在实际操作过程中应通过不同温度条件下萃取效果的详细考察,尽可能地找到最佳萃取温度。

3. 萃取剂流量、萃取时间的影响 在萃取过程中,萃取剂流量一定时,萃取时间越长,收率越高。而萃取收率一定时,流量越大,溶剂、溶质间的传质阻力越小,则萃取的速度越快,所需要的萃取时间越短,但萃取剂回收负荷大。所以超临界萃取要综合考虑选择适宜的萃取时间和流量。

4. 物料性质的影响 物料的粒度影响萃取效果,一般情况下,粒度越小,扩散时间越短,越有利于萃取的进行。但粉碎过细会增加流动阻力,反而不利于萃取。

物料含水量是影响萃取效率的重要因素,当物料中含水量较高时,水分在物料表面形成单分子水膜,阻碍了传质的进行,增加了超临界相流动的阻力。而当含水量较低时,水分子主要以非连续的单分子存在,不能形成薄膜,对萃取过程没有明显影响。可见,破坏超临界流体与被萃取物之间界面的连续水膜,使溶质与溶剂之间进行有效的接触,可有效提高传质能力,使萃取速率提高。

被萃取物质的极性强弱,影响其在萃取剂中的溶解性。在弱极性的溶剂中,强极性物质的溶解度远小于非极性物质,萃取质的溶解性随极性增加而降低。如超临界 CO_2 是一种非极性溶剂,适合弱极性物质的萃取。为使萃取范围扩大,可通过加入极性夹带剂来增大 CO_2 对极性物质的溶解能力。

5. 夹带剂的选择 超临界流体萃取的溶剂大多是非极性或弱极性,对亲脂类物质的溶解度较大,对较大极性的物质溶解度较小。针对这一问题,在纯的超临界 CO_2 流体中加入一定量的极性溶剂,可显著改善超临界 CO_2 流体的极性,拓宽其使用范围,这种溶剂便称为夹带剂,或称为提携剂、共溶剂、修饰剂。夹带剂的加入对超临界 CO_2 流体的影响主要有:①增加溶解度,相应地可能降低萃取过程的操作压力;②通过选择适当的夹带剂,有可能增加萃取过程的分离因素;③加入夹带剂后,有可能单独通过改变温度达到分离解析的目的,而不必应用一般的降压流程。

夹带剂一般选用挥发度介于超临界溶剂和被萃取物质之间的溶剂,以液体的形式少量加入到超临界溶剂之中。

一般而言,具有较好溶解性能的溶剂可以作为较理想的夹带剂,如甲醇、乙醇、丙酮、乙酸乙酯、乙腈等。需要指出的是,由于中草药成分较复杂,共存的某些成分之间有可能互为夹带剂。因此,设法让多组分同时提取出来,比分步出来会更加容易。

从经验规律来看,加入极性夹带剂对提高极性成分的溶解度有帮助,但夹带剂的作用机制尚不清楚。实验表明,极性夹带剂可显著增加极性溶质的溶解度,但对非极性溶质的作用不大;相反,非极性夹带剂若分子量相近,对极性和非极性溶质都有增加溶解度的效能。如胡萝卜素和罗汉果苷在超临界 CO_2 流体萃取的过程中,不使用夹带剂,在各种条件下(40~45℃,25MPa)胡萝卜素溶解度都很低,而罗汉果苷也不能萃取出来。使用丙酮、乙醇等夹带剂后,溶解度明显提高。

6. 萃取时间 长期以来,对萃取时间的影响考察比较简单,文献中往往只提供有关萃取完全的时间方面的信息。长时间的萃取,在增加操作成本的同时,可能会使其他本来溶解度较小的杂质也随之被萃取出来。许多研究已表明,增加萃取强度,用尽量短的时间,更有利于整个萃取效率的提高。因此,在研究过程中,不应很简单地确定或把萃取时间不作为影响因素而忽略。

▶ 课堂活动

在运用SFE-CO$_2$技术提取川芎中有效成分的研究时,以提取液中阿魏酸含量为考察指标,对影响阿魏酸提取效果的四个因素:萃取压力、萃取温度、CO$_2$流量以及萃取时间进行考察,请设计L$_9$(3^4)正交试验表,进行工艺参数优选。

7. 药材粉碎度　对大多数中药,必须有一定的粉碎度才能得到较好的萃取效率,特别是种子类药材。理论上,同其他提取方法类似,原料的粒度越小,萃取速度越快,萃取越完全。但粒度过小,易堵塞气路,甚至无法再进行操作;而且还会造成原料结块,出现所谓的沟流。沟流的出现,一方面使原料的局部受热不均匀;另一方面在沟流处流体的线速度增大,摩擦发热,严重时还会使某些生物活性成分遭受破坏。

对于中草药来说,由于其生物多样性,不同的中药质地有很大的差别,应根据具体品种确定是否需要粉碎及粉碎度。

▶ 边学边练

进行天然药物超临界流体萃取请见实训项目四　超临界二氧化碳流体萃取植物油。

点滴积累 ∨

1. 超临界流体性质及萃取机制。
2. 超临界CO$_2$流体萃取技术的工艺影响因素有压力、温度、CO$_2$流量、时间、物料性质、夹带剂及萃取时间。

第四节　双水相萃取技术

液-液萃取技术是化学工业中普遍采用的分离技术之一,在生物化工、基因工程中也有其广泛的应用。然而,大部分生物制品的原液是低浓度和有生物活性的,需要在低温或室温条件下进行富集、分离,因而常规的萃取技术在这些领域中的应用受到限制。双水相体系就是考虑到这种现状,基于液-液萃取理论,同时考虑保持生物活性所开发的一种新型的液-液萃取分离技术。

▶ 课堂活动

传统的液-液萃取有什么缺点?　双水相萃取与传统液-液萃取相比有何优势?

一、双水相理论

1. 双水相的形成　当两种聚合物溶液混合时,是否分相取决于熵的增加和分子间作用力两种因素。熵的增加与分子数目有关,而与分子的大小无关,所以小分子间与大分子间混合熵的增加是相同的;而分子间的作用力可看作分子间各基团相互作用力之和,因此分子越大,作用力越强。对于大分子间的混合而言,两种因素相比,分子间作用力占主导地位,决定了混合的效果。如果两种被混合分子间存在空间排斥力,它们的线团结构无法互相渗透,具有强烈的相分离倾向,达到平衡后就有可能分成两相,两种聚合物分别进入其中一相,形成双水相。典型的双水相系统列于表4-3。

表 4-3 典型的双水相系统

类型	形成上相的聚合物	形成下相的聚合物
非离子型聚合物/非离子型聚合物	聚乙二醇(PEG)	葡聚糖(Dex),聚乙烯醇
	聚丙二醇	聚乙二醇,聚乙烯吡咯烷酮
高分子电解质/非离子型聚合物	羧甲基纤维素钠	聚乙二醇
高分子电解质/高分子电解质	葡聚糖硫酸钠	羧甲基纤维素钠
聚合物/低分子量化合物	葡聚糖	丙醇
聚合物/无机盐	聚乙二醇	磷酸钾,硫酸铵
有机溶剂/无机盐	乙醇,丙醇等	磷酸盐,硫酸盐

在生化中,常用的双水相系统有聚乙二醇/葡聚糖,聚乙二醇/盐体系。所选择的双水相系统除了必须有利于目的物的分离之外,还要兼顾聚合物的物理性质。例如 PEG 和 Dex,无毒且可调性好,所以在双水相萃取中得到了广泛的应用。与一些传统的分离方法相比,双水相萃取技术具有其独有的特点:①作用条件温和;②产品活性损失小;③无有机溶剂残留;④各种参数可以按照比例放大而不降低产物收率;⑤处理量大;⑥分离步骤少,操作简单,可持续操作;⑦设备投资少。

2. **相图** 水溶性两相的形成条件和定量关系常用三角形相图或直角坐标相图表示。图4-30是典型的高聚物-高聚物双水相体系的直角坐标相图。两种聚合物 A、B 以适当的比例溶于水,就会形成有不同组成、密度的两相。上相组成用 T 点表示,下相组成用 B 点表示。由图4-30可知,上、下相所含高聚物有所偏重,上相主要含 T,下相主要含 B。C 点为临界点。曲线 TCB 称为双节线,直线 TMB 称为系线。双节线上方为两相区,下方为单相区。系线上的点 M,对应上、下相的组成分别为 T 和 B。T、B 代表的量服从杠杆规则,即 T 和 B 质量之比等于系线上 MB 与 MT 的线段长度之比。又由于两相密度相差很小(双水相体系上下相密度常在 $1.0 \sim 1.1 kg/dm^3$),故上、下相体积之比也近似

等于系线上线段 MB 与 MT 长度之比。当点 M 向下移动时,系线长度缩短,两相的差别减小,当达到系统的临界点 C 时,两相差别消失,成为一相。

双节线的位置与形状同聚合物的相对分子质量有关。聚合物的相对分子质量越大,相分离所需的浓度就越低;两种聚合物的相对分子量相差越大,双节线的形状就越不对称。

3. **双水相萃取理论** 双水相萃取与水-有机相萃取的原理相似,都是依据物质在两相间的选择性

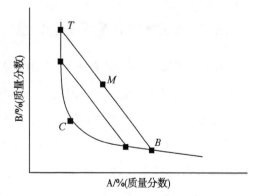

图 4-30 A-B 双水相系统

分配而达到萃取分离的目的。当萃取体系的性质不同时,物质进入双水相系统后,由于表面性质、电荷作用和各种力(如憎水键、氢键和离子键等)的存在和环境因素的影响,使其在上、下相中的浓度不同。分配系数 K 等于物质在两相的浓度比,由于各种物质的 K 值不同,所以可利用双水相萃取体系对物质进行分离。物质在两相中的分配系数主要有两个影响因素:表面自由能和表面电荷。溶质在溶液中分配时,总是选择进入两相中互相作用最充分或系统能量达到最低的那一相。其分配规律服从 Nernst 分配定律,即分配系数 K 的表达式为:

$$K = \frac{c_t}{c_h} \qquad\qquad 式(4\text{-}15)$$

在式(4-15)中,c_t、c_h 分别代表上相、下相中溶质(分子或粒子)的浓度。研究表明,在相体系固定时,预分离物质在相当大的浓度范围内,分配系数 K 为常数,与溶质的浓度无关,只取决于被分离物质本身的性质和特定的双水相体系的性质。根据两相平衡时化学位相等的原则,求得分配系数 K,即:

$$\ln K = \frac{M\lambda}{kT} \qquad\qquad 式(4\text{-}16)$$

其中,M 为物质的相对分子质量;λ 表示系统的表面特性系数;k 为波尔兹曼常数;T 为系统温度(单位:K)。

表面电荷对分配系数也有影响。带有电荷的粒子在两相中分配的量不相等时,就会产生相间电位。也就是说,如果一种盐的正、负离子对两相的亲和力不同,则在相间产生电位差。正、负离子价之和越大,电位差越小。因此,两相系统中如果有盐存在,会对大分子物质产生盐效应,影响其在两相中的分配。综合考虑影响分配系数的两个因素,结果可用 Gerson 公式表示:

$$-\lg K = \alpha\Delta\gamma + \delta\Delta\varphi + \beta \qquad\qquad 式(4\text{-}17)$$

其中,α 为分子表面积;$\Delta\gamma$ 为两相表面自由能之差;δ 为电荷数;$\Delta\varphi$ 为电位差;β 表示由标准化学位和活度系数等组成的常数。

由式(4-17)可以看出,分配系数与表面自由能和电位差呈指数关系。由于分配系数的影响因素很多,目前还无法定量地将蛋白质的分子性质与分配系数关联起来,所以,最佳的双水相操作条件需通过实验来确定。

二、影响双水相分配平衡的因素

在双水相萃取操作中,影响分配平衡的因素很多,主要有成相聚合物的分子量和浓度、盐的种类和浓度、体系的 pH 和温度、菌体或细胞的种类和浓度等。

1. 成相聚合物　成相聚合物的相对分子质量和浓度都会影响分配平衡。如果聚合物的相对分子质量减小,则蛋白质就易分配于富含该聚合物的相中。这是因为成相聚合物的疏水性对酶等亲水性物质的分配会产生较大的影响,其疏水性随相对分子质量的增大而增加。在质量浓度不变的情况下,当 PEG 的相对分子质量增大时,其两端的羟基数减小,疏水性就增加,亲水性蛋白不再向富含PEG 的相中聚集而转向另一相。因此,在 PEG/Dex 双水相系统中,当 PEG 的相对分子质量降低时,蛋白质在两相中的分配系数会明显增大。

当成相系统的总浓度增大时,系统远离临界点,两相的性质(如疏水性)差别相应地增加,蛋白质的分配系数将偏离临界点值($m=1$),即>1或<1。此时,系统的表面张力加大,可能会发生溶质在界面上吸附的现象。因此,成相物质的总浓度越高,系线越长,蛋白质越容易分配于其中的某一相。这种情况在处理含细胞和固体颗粒的料液时比较常见。细胞或固体颗粒在界面上集中,给萃取带来困难。而可溶性蛋白的界面吸附少,影响不大。

2. 盐的种类和浓度　盐的种类和浓度主要通过影响相间电位和蛋白质的疏水性来影响分配系数。不同电解质的正、负离子分配系数不同,当双水相系统中含有这些电解质时,两相要保持电中性,就产生了不同的相间电位。所以,盐的种类会影响蛋白质等生物大分子的分配系数。

由于各种盐的盐析效果不同,所以当盐的浓度很大时,盐析作用强烈,蛋白质的溶解度很大,表观分配系数增加。这时,分配系数与蛋白质的浓度有关。盐的浓度(离子强度)不仅影响蛋白质的表面疏水性,还会改变两相中成相物质的组成和相体积比。不同的蛋白质受离子强度的影响程度不同,因此,调节系统中盐的浓度,可以有效地萃取分离不同的蛋白质。NaCl 对蛋白质分配系数的影响如图 4-31 所示,KCl 对分配系数的影响与 NaCl 类似。

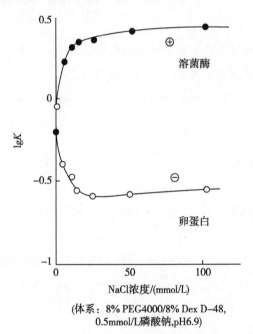

(体系: 8% PEG4000/8% Dex D–48,
0.5mmol/L磷酸钠,pH6.9)

图 4-31　NaCl 对蛋白质分配系数的影响

3. pH　pH 会影响蛋白质的解离度,改变蛋白质的表面电荷数,从而改变分配系数。此外,pH 还会影响系统中缓冲物质磷酸盐的解离程度,使 $H_2PO_4^-$ 和 HPO_4^{2-} 之间的比例改变,影响相间电位差,从而影响分配系数。对于某些蛋白质,pH 的微小变化会使分配系数改变 2~3 个数量级。理论上,在相间电位为零的双水相系统中,蛋白质的分配系数不受 pH 的影响,而实际上对于许多蛋白质而言,相间电位为零时的分配系数会随着 pH 的变化而增减,这表明,蛋白质的结构和性质(如疏水性)会随 pH 的变化而改变。不同盐系统中 pH 对各种蛋白质分配系数的影响及其交错分配情况如图 4-32 所示。

4. 温度　温度影响相图,同时影响分配系数和蛋白质的活性。一般在临界点附近,温度对分配

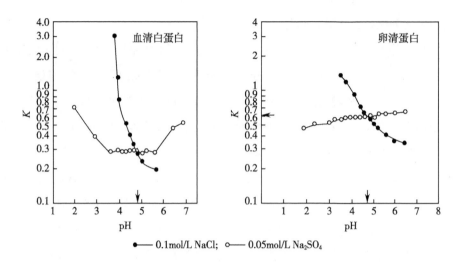

图 4-32 不同盐系统中 pH 对各种蛋白质分配系数的影响及其交错分配情况

系数的影响比较大,远离临界点时,影响较小。1~2℃的温度变化不会影响萃取分离的效果。

一般而言,大规模的双水相萃取操作不需要冷却,在室温下即可进行,这样可以节约操作成本。此外,由于 PEG 对蛋白质有稳定作用,因此常温下蛋白质不会失活变性;而且,相对于冷却状态下而言,常温下液体黏度较低,相分离容易进行。

5. 细胞 细胞破碎的程度以及细胞壁和细胞膜不同的化学结构会导致双水相体系上、下相比例的改变,影响蛋白质的分配系数。在细胞浓度>3%时,双水相体系中上、下相体积的比例基本不变,但是随着细胞浓度的增加,细胞破碎后释放的内含物分配系数会迅速下降。

点滴积累 ∨

1. 双水相系统是指某些高聚物之间或者高聚物与无机盐之间在水中以适当的浓度溶解,会形成互不相溶的两水相或多水相系统。

2. 双水相萃取原理是利用生物大分子在两水相之间的分配比不同而达到分离纯化生物大分子的目的。

3. 在双水相萃取操作中,影响分配平衡的因素很多,主要有成相聚合物的分子量和浓度、盐的种类和浓度、体系的 pH 和温度、菌体或细胞的种类和浓度。

目标检测

一、选择题

(一) 单项选择题

1. 进行萃取操作时应使溶质 A 的(　　)

   A. 分配系数大于 1　　　　　　　　B. 分配系数小于 1

   C. 选择性系数大于 1　　　　　　　D. 选择性系数小于 1

   E. 分配系数等于 1,选择性系数等于 1

2. 用纯溶剂 S 对 A、B 混合液进行单级(理论)萃取,当萃取剂用量增加时(进料量和组成均保

持不变),所获得的萃取液组成变化是(　　)

A. 增加 B. 减少 C. 不变

D. 变化趋势不确定 E. 先增加后减少

3. 单级(理论级)萃取操作中,在维持相同萃余相浓度下,用含有少量溶质的萃取剂代替纯溶剂,则萃取相量与萃余相量之比将(　　)

A. 增加 B. 不变 C. 降低

D. 不一定 E. 先增加后降低

4. 萃取剂加入量应使原料和萃取剂的和点 M 位于(　　)

A. 溶解度曲线之上方区 B. 溶解度曲线上 C. 溶解度曲线之下方区

D. 坐标线上 E. 不确定

5. 采用多级逆流萃取与单级萃取相比较,如果溶剂比、萃取相浓度一样,则多级逆流萃取可使萃余相分率(　　)

A. 增大 B. 减少 C. 基本不变

D. 增大、减少都有可能 E. 先增大后减少

6. 液-液萃取三元物系中,按其组分之间互溶性可区分为(　　)种情况

A. 两种 B. 三种 C. 四种

D. 五种 E. 多种

7. 萃取剂选择时,下列哪个物理性质是首要考虑的(　　)

A. 界面张力和黏度 B. 密度和黏度 C. 选择性和密度

D. 选择性和黏度 E. 界面张力和密度

8. 在萃取设备中,对腐蚀性流体体系,宜选用设备为(　　);对有固体悬浮物存在的体系,宜选用(　　)

A. 填料塔;转盘萃取塔 B. 转盘萃取塔;填料塔 C. 筛板塔;填料塔

D. 筛板塔;转盘萃取塔 E. 转盘萃取塔;筛板塔

9. 萃取选择溶剂不应考虑以下的原则是(　　)

A. 溶剂对溶质溶解度大 B. 不能与溶质起化学变化

C. 与溶质之间有足够小的沸点差 D. 溶质在溶剂的扩散阻力小

E. 溶剂易得且不易燃不易爆

10. 下列溶液不是双水相的是(　　)

A. PEG/Dextran B. PEG/磷酸盐 C. PEG/硫酸盐

D. PEG/聚乙烯醇 E. 葡萄糖/丙醇

11. 为增加溶剂萃取分层的效果,下列方法不正确的是(　　)

A. 离心分离 B. 增加两相的密度差 C. 减小相界面张力

D. 增大相界面张力 E. 萃取剂的黏度与凝固点应较低

12. 两相溶剂萃取法的原理为(　　)

A. 根据物质在两相溶剂中的分配系数不同

B. 根据物质的熔点不同

C. 根据物质的沸点不同

D. 根据物质的类型不同

E. 根据物质的燃点不同

13. 采用液-液萃取法分离化合物的原则是(　　)

　　A. 两相溶剂亲脂性有差异　　　　　　B. 两相溶剂极性不同

　　C. 两相溶剂极性相同　　　　　　　　D. 两相溶剂互不相溶

　　E. 两项溶剂密度不同

14. 影响浸出效果的最关键因素是(　　)

　　A. 颗粒粒度　　　　　　B. 浸取温度　　　　　　C. 浸取时间

　　D. 浓度梯度　　　　　　E. 溶剂用量

15. 下列关于浸出辅助剂的陈述中,错误的是(　　)

　　A. 加酸可使生物碱类成盐促进浸出　　B. 加甘油可增加鞣质稳定性与浸出

　　C. 加表面活性剂可促进药材的润湿　　D. 浸提辅助剂宜分次加入溶剂中

　　E. 浸提辅助剂可增加产物的溶解度

(二) 多项选择题

1. 超临界流体是一种(　　)

　　A. 高压液体　　　　　　　　　　　B. 高压气体

　　C. 体系性质均一　　　　　　　　　D. 气液界面消失的一种非气非液的流体

　　E. 溶解能力随压力而变化

2. 如果从水提取液中萃取亲脂性成分,常用的溶剂是(　　)

　　A. 苯　　　　　　　　　B. 三氯甲烷　　　　　　C. 乙醚

　　D. 正丁醇　　　　　　　E. 丙酮

3. 下列哪些不是超临界流体萃取法适用于提取的(　　)

　　A. 极性大的成分　　　　B. 极性小的成分　　　　C. 离子型化合物

　　D. 能汽化的成分　　　　E. 亲水性成分

4. 下列溶剂中属于极性大又能与水混溶的是(　　)

　　A. 甲醇　　　　　　　　B. 乙醇　　　　　　　　C. 正丁醇

　　D. 乙醚　　　　　　　　E. 叔丁醇

5. 双水相萃取法的优点有(　　)

　　A. 产品活性损失小　　　B. 处理量大　　　　　　C. 分离步骤多

　　D. 操作简单　　　　　　E. 受影响的因素多,可以采取多种手段提高选择性

二、问答题

1. 液-液萃取技术中,萃取剂的选择应满足哪些要求?

2. 固-液萃取一般经历哪三个阶段？

三、实例分析

挥发油传统上采用水蒸气蒸馏法进行提取,但该工艺收率较低,而且在提取过程中会导致芳香性成分大量损失及某些成分高温分解,故产品的品质较差,如何改进生产工艺？

实训项目三　红霉素有机溶剂萃取

【实训目的】

1. 通过实验,熟悉和掌握萃取操作技术。

2. 加深对分配系数的理解。

3. 了解红霉素化学效价的测定方法。

【实训原理】

由于红霉素在有机溶剂和水溶液中溶解度不同,因此,将乙酸正丁酯加到含有红霉素的水溶液后,通过混合、分离操作使红霉素从水相转移到有机相,从而达到分离和浓缩红霉素的目的。

【实训材料】

1. **实训器材**　721 型分光光度计,pH 计,温度计,分析天平,分液漏斗,烧杯,试管,吸管,吸耳球。

2. **实训试剂**　红霉素碱,乙酸正丁酯,pH 10 的碳酸盐缓冲溶液,0.1mol/L HCl 溶液,8mol/L H_2SO_4 溶液,乙醇,无水硫酸钠,红霉素发酵液,3.5g/L K_2CO_3 溶液。

【实训方法】

（一）红霉素的萃取

1. 准确称取 0.125g 红霉素碱 2 份,分别用少量无水乙醇溶解,然后其中一份用蒸馏水稀释至 30ml,另一份用 pH 10 的碳酸盐缓冲溶液稀释至 30ml,分别取样测定效价。

2. 分别取上述溶液 25ml 放入到 125ml 分液漏斗中,然后各加入 25ml 乙酸正丁酯,盖好塞子,振摇 15 分钟,静置分层,测定操作温度并做记录,然后排放下层水相为萃余相,取样分配残液效价并测量其 pH。

3. 用吸管吸取 10ml 上层乙酸正丁酯(萃取相)放入 60ml 分液漏斗中,然后放入等体积 HCl 溶液盖好塞子,振荡 0.5 分钟,静置分层,排放下层液(水相),并取样分配,溶液浓度换算成萃取相单位体积的浓度值。

（二）红霉素化学效价测定

吸取用缓冲溶液稀释的实验样品 5ml,加入 5ml 8mol/L H_2SO_4 溶液摇匀后,在(50±1)℃水浴中保温 30 分钟,取出冷却至室温。用 721 型分光光度计在 483nm 下比色,以蒸馏水为空白,记下吸光值,在标准曲线上查找相应浓度,乘以稀释倍数即得样品效价。

(三)标准曲线的绘制

准确称取 10~12mg 红霉素碱样品于称量皿中,加乙醇(10mg 样品加入 1ml 乙醇)后,加水稀释成 1000μg/ml,吸收 0.1ml、0.2ml、0.3ml、0.4ml、0.5ml,摇匀,再加入 8mol/L H_2SO_4,摇匀,于(50 ± 1)℃水浴中保温 30 分钟取出冷却,于 721 型分光光度计在 483nm 下比色,空白为蒸馏水,以光密度为纵坐标,相应含量为横坐标,作标准曲线。

(四)红霉素发酵液中红霉素的提取和效价的测定

发酵液经过过滤后,根据确定好的倍数,吸取一定量的溶液用 3.5g/L K_2CO_3 溶液稀释,取稀释液 20ml 于分液漏斗中,加入乙酸正丁酯(工业品需处理后使用)20ml 振荡 0.5 分钟,静置分层,排出下层液(水相)后,加入无水 Na_2SO_4 1g 左右于乙酸丁酯中,振荡 0.5 分钟(脱水完全),以液体透明为准。吸取此脱水液 10ml 于另一干燥分液漏斗中,准确加入 0.1mol/L HCl,振荡试管,加入 8mol/L H_2SO_4 溶液 5ml,摇匀,于(50 ± 1)℃水浴中,30 分钟后取出冷却至室温,于 721 型分光光度计在 483nm 下比色,空白为蒸馏水。

计算:

$$红霉素化学效价 = 发酵液稀释后体积 \times (稀释后体积/K_2CO_3 稀释体积) \times$$
$$(乙酸正丁酯体积/20) \times (HCl 体积/10)$$

【实训提示】

溶解过程中,尽量缩短溶解时间,溶解完后立刻进行萃取。

【实训思考】

1. 计算红霉素的萃取率。

2. 将所得数据整理成表,进行物料衡算和不同 pH 条件下分配系数数值的计算,说明溶液 pH 对分配系数的影响并分析其原因。

3. 计算红霉素萃取液的效价。

【实训报告】

包括实训目的、实训内容、实训步骤、实训问题处理、结果分析、改革成果及体会等。

【实训测试】

根据学生出勤、在实训过程中的表现、实训报告完成情况和实训测试成绩,综合评定学生的实训成绩。

实训项目四　超临界二氧化碳流体萃取植物油

【实训目的】

使学生了解超临界二氧化碳流体萃取植物油的基本原理和超临界二氧化碳流体萃取装置的操作技术。

【实训原理】

超临界萃取技术是现代化工分离中出现的最新学科,是目前国际上兴起的一种先进的分离工艺。所谓超临界流体是指热力学状态处于临界点 CP 之上的流体,临界点是气、液界面刚刚消失的状态点,超临界流体具有十分独特的物理化学性质,它的密度接近于液体,黏度接近于气体,而扩散系数大、黏度小、介电常数大等特点,使其分离效果较好,是很好的溶剂。超临界萃取即在高压下、合适温度下在萃取缸中溶剂与被萃取物接触,溶质扩散到溶剂中,再在分离器中改变操作条件,使溶解物质析出,以达到分离目的。

【实训材料】

1. **实训器材** 超临界二氧化碳流体萃取装置,天平,水浴锅,筛子,烘箱,粉碎机,索氏提取器,一次性塑料口杯,封口膜。

2. **实训试剂** 二氧化碳气体(纯度≥99.9%),核桃仁,正己烷,无水乙醇(分析纯),三氯甲烷(分析纯),硼酸(分析纯),氢氧化钠(分析纯),石油醚(分析纯),丁基羟基茴香醚,没食子酸丙酯,维生素 E,油酸,亚油酸,亚麻酸,硫酸钾,乙酸乙酯,氢氧化钾,β-环糊精,亚硝酸钠,钼酸铵,氨水,无水乙醚。

【实训方法】

1. **原料预处理** 取 700g 核桃仁用多功能粉碎机破碎成 4~10 瓣,利用木辊将预备好颗粒状料轧成薄片(0.5~1.0mm 厚)。在 105℃下分别加热 0、20、30、40 分钟,将其粉碎,过 20 目筛。

2. **萃取** 取过 20 目筛后的 600g 核桃仁进入萃取釜 E,CO_2 由高压泵 H 加压至 30MPa,经过换热器 R 加温至 35℃左右,使其成为既具有气体的扩散性而又有液体密度的超临界流体。该流体通过萃取釜萃取出植物油料后,进入第一级分离柱 S_1,经减压至 4~6MPa,升温至 45℃,由于压力降低,CO_2 流体密度减小,溶解能力降低,植物油便被分离出来。CO_2 流体在第二级分离釜 S_2 进一步经减压,植物油料中的水分、游离脂肪酸便全部析出,纯 CO_2 由冷凝器 K 冷凝,经储罐 M 后,再由高压泵加压,如此循环使用(图 4-33)。

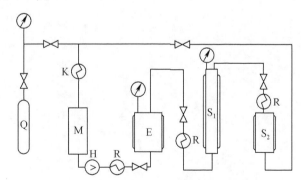

图 4-33 超临界 CO_2 萃取装置工艺流程图
Q(CO_2 钢瓶);M(储罐);S_1(第一级分离柱);S_2(第二级分离釜);
K(冷凝器);R(换热器);E(萃取釜);H(高压泵)

3. 每隔 30 分钟从分离器中取出萃取物,并称重。

4. **计算** ①出油率=萃取物重量/原料重量;②脂肪萃取率=(原料中的脂肪重量-萃取后残渣

的脂肪重量)/原料中的脂肪重量。

【实训提示】

测定超临界二氧化碳流体萃取植物油的理化指标:①米糠油相对密度(d_4^{20});②折射率(20℃);③酸价(KOH mg/g);④色泽。

【实训思考】

1. 采用超临界流体技术,为什么选择二氧化碳?

2. 分离室的操作参数根据什么确定?

【实训报告】

包括实训目的、实训内容、实训步骤、实训问题处理、结果分析、改革成果及体会等。

【实训测试】

根据学生出勤、在实训过程中的表现、实训报告完成情况和实训测试成绩,综合评定学生的实训成绩。

(梁大伟)

第五章

蒸馏技术

导学情景 ∨

情景描述：

　　夏天傍晚，小明和一群小伙伴玩得不亦乐乎。回家后，妈妈给小明冲澡时，发现小明胳膊上有好几个蚊子叮的红包，然后妈妈拿来风油精在红包处进行涂抹。小明感觉胳膊不痒不痛了。

学前导语：

　　风油精具有消肿、镇痛、清凉、止痒的功效，其主要成分含有薄荷脑。薄荷脑是常用的赋香剂，在医药上作用于皮肤或黏膜，有清凉止痒作用。薄荷脑可以从植物薄荷中用水蒸气蒸馏法获得。其实药用的很多挥发油都可蒸馏法获得。本章我们将带领同学们学习蒸馏的基本知识和基本操作，熟悉其原理和应用。

　　蒸馏过程主要是利用混合物中各组分的挥发程度不同而进行的分离技术。易挥发组分在气相中的相对含量比在液相中高，难挥发组分在液相的相对含量比气相中高，故借助多次的部分汽化、部分冷凝，达到轻、重组分分离的目的。例如在容器中将苯和甲苯的溶液加热使之部分汽化，形成气、液两相。当气、液两相趋于平衡时，由于苯的挥发性能比甲苯强（即苯的沸点较甲苯低），气相中苯的相对含量逐渐升高，将蒸气引出并冷凝后，即可得到含苯较高的液体。而残留在容器中的液体，甲苯的相对含量逐渐升高。这样，溶液就得到了初步的分离。多次进行上述分离过程，即可获得较纯的苯和甲苯。图5-1为蒸馏过程示意图。

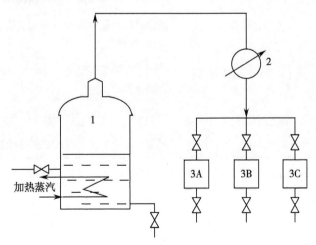

图5-1　蒸馏过程示意图
1. 蒸馏釜；2. 冷凝-冷却器；3. 容器

蒸馏分离的特点:①通过蒸馏分离可以直接获得所需要的产品,蒸馏操作流程通常较为简单。②蒸馏分离的适用范围广,不仅可以分离液体混合物,而且可用于气态或固态混合物的分离。③蒸馏过程适用于各种浓度混合物的分离,而吸收、萃取等操作,只有当被提取组分浓度较低时才比较经济。④蒸馏操作是通过对混合液加热建立气、液两相体系的,所得到的气相还需要再冷凝液化。因此,蒸馏操作耗能较大。蒸馏过程中的节能是个值得重视的问题。

蒸馏是一种经济、有效的分离方法,但以下几种情况不适宜使用:①组分之间挥发度差别极小;②进料中存在高沸点组分;③化合物热力学性质不稳定;④混合物腐蚀性强。

蒸馏是目前应用最广的一类液体混合物分离方法,可将药物原料、中间产物或粗产物进行分离,以获得符合工艺要求的产品或中间产品。广泛应用于生物药品的制备和医药生产中药物的分离和纯化。

蒸馏过程的分类:蒸馏操作可按表 5-1 所示分类。

表 5-1 蒸馏操作的分类

分类		特点及应用
按蒸馏操作方式	平衡蒸馏或简单蒸馏	为一般闪蒸过程,混合液体加热后,使部分液体汽化,达到初步分离的目的,多用于待分离混合物中各组分挥发度相差较大而对分离要求不高的场合,是最简单的蒸馏
	精馏	适用于待分离混合物中各组分挥发度相差较大而对分离要求较高的场合,应用最广泛
	特殊精馏	适用于普通精馏难以分离或无法分离的场合
按蒸馏操作流程	间歇蒸馏	是不稳定操作,主要应用于小规模、多品种或某些有特殊要求的场合
	连续蒸馏	是稳态操作,是工业生产中常用的蒸馏方式,适用于大规模生产的场合
按待分离混合物的组分	两组分精馏	被分离物系包含两种组分,该物系分离计算简单
	多组分精馏	被分离物系包含多种组分的混合物,在工业生产中最常见,过程更复杂
按操作压力	加压蒸馏	适用于常压下为气态(如空气)或常压下沸点接近室温的混合物
	常压蒸馏	适用于常压下沸点在150℃左右的混合物
	减压蒸馏	适用于常压下沸点较高或热敏性物质,可降低其沸点

平衡蒸馏与简单蒸馏

平衡蒸馏指原料液经泵加压后连续进入加热器,在加热至一定的温度后流经一节流阀减压至预定压力。由于压力的突然降低,液体处于过热状态,高于泡点的部分液体汽化。气液混合物在分离器中分开:顶部为气相产品,经冷凝后收集,底部为液相产品。简单蒸馏就是把一定量的原料液投入到蒸馏釜中,在恒定压力下加热汽化,陆续产生的蒸气进入冷凝器,经冷凝后的液体根据要求放入不同的产品罐中。两者都是利用组分挥发度差异而进行分离,都为无回流,比较难以实现高纯度分离。平衡蒸馏为连续定态,简单蒸馏为间歇非定态,简单蒸馏比平衡蒸馏分离效果好。

第一节 水蒸气蒸馏

水蒸气蒸馏是用于分离和提纯液态或固态有机化合物的一种方法,常用于下列几种情况:①某些沸点高的有机化合物,在常压下蒸馏虽可与副产品分离,但易被破坏,采用水蒸气蒸馏可在100℃以下蒸出;②混合物中含有大量树脂状杂质或不挥发性杂质,采用蒸馏、萃取等方法都难以分离;③从较多固体反应物中分离出被吸附的液体;④要求除去易挥发的有机物。

水蒸气蒸馏的发明和应用源于人类从植物提取精油,以用作香料。在远古时代,人类提取精油的初期方法仅利用了植物中的原有水分而把精油夹带出来。为了提高产品的产量和质量,后来采用了加水或水蒸气蒸馏方法。虽然有超临界萃取、分子蒸馏等现代方法,但往往限于少数稀贵物质的提取。从产品的产量、质量、经济效益等方面综合考虑,水蒸气蒸馏还是目前提取精油最实用的方法。

▶ 边学边练

从中草药中提取挥发油,请见实训项目五 从橙皮中提取橙油。

一、基本原理

根据道尔顿分压定律,当与水不相混溶的物质与水共存时,整个体系的蒸气压应为各组分蒸气压之和,即:

$$P = P_A + P_B \qquad \qquad 式(5\text{-}1)$$

其中P代表总的蒸气压,P_A为水的蒸气压,P_B为与水不相混溶物质的蒸气压。

当混合物中各组分蒸气压总和等于外界大气压时,此时的温度即为它们的沸点。此沸点比各组分的沸点都低。因此,在常压下应用水蒸气蒸馏,就能在低于100℃的情况下将高沸点组分与水一起蒸出来。因为总的蒸气压与混合物中两者间的相对量无关,直到其中一组分几乎完全移去,温度才上升至留在瓶中液体的沸点。混合物蒸气中各个气体分压(P_A, P_B)之比等于它们的物质的量

(n_A, n_B) 之比,即:

$$\frac{n_A}{n_B} = \frac{P_A}{P_B} \qquad \text{式}(5\text{-}2)$$

而 $n_A = m_A/M_A$；$n_B = m_B/M_B$。其中 m_A、m_B 为各物质在一定容积中蒸气的质量,M_A、M_B 为物质 A 和 B 的相对分子质量。因此:

$$\frac{m_A}{m_B} = \frac{M_A n_A}{M_B n_B} = \frac{M_A P_A}{M_B P_B} \qquad \text{式}(5\text{-}3)$$

可见,这两种物质在馏液中的相对质量(就是它们在蒸气中的相对质量)与它们的蒸气压和相对分子质量成正比。

以苯胺为例,其沸点为 184.4℃,且和水不相混溶。当和水一起加热至 98.4℃ 时,水的蒸气压为 95.4kPa,苯胺的蒸气压为 5.6kPa,它们的总压力接近大气压力,于是液体就开始沸腾,苯胺就随水蒸气一起被蒸馏出来,水和苯胺的相对分子质量分别为 18 和 93,代入式(5-3):

$$\frac{m_A}{m_B} = \frac{95.4 \times 18}{5.6 \times 93} = \frac{33}{10} \qquad \text{式}(5\text{-}4)$$

即蒸出 3.3g 水能够带出 1g 苯胺。苯胺在溶液中的组分占 23.3%。实验中蒸出的水量往往超过计算值,是因为苯胺微溶于水,实验中尚有一部分水蒸气来不及与苯胺充分接触便离开蒸馏烧瓶。

水蒸气蒸馏是基于不互溶液体的独立蒸气压原理。在被分离的混合物中直接通入水蒸气后,当混合物各组分的蒸气分压和水蒸气的分压之和等于操作压力时,系统便开始沸腾。水蒸气和被分离组分的蒸气一起被蒸出,在塔顶产品和水几乎不互溶的情况下,馏出液经过冷凝后可以分层,把水除掉即可得到产品。水蒸气蒸馏的主要优点就是能够降低蒸馏温度。

利用水蒸气蒸馏来分离提纯物质时,要求此物质在 100℃ 左右时的蒸气压至少在 1.33kPa 左右。如果蒸气压为 0.13~0.67kPa,则其在馏出液中的含量仅占 1%,甚至更低。为了使馏出液中的含量增高,就要想办法提高此物质的蒸气压,也就是说要提高温度,使蒸气的温度超过 100℃,即要用过热水蒸气蒸馏。例如苯甲醛(沸点 178℃),进行水蒸气蒸馏时,在 97.9℃ 沸腾,这时 $P_A = 93.8$kPa,$P_B = 7.5$kPa,则:

$$\frac{m_A}{m_B} = \frac{93.8 \times 18}{7.5 \times 106} = \frac{21.2}{10} \qquad \text{式}(5\text{-}5)$$

这时馏出液中苯甲醛占 32.1%。

假如导入 133℃ 过热水蒸气,苯甲醛的蒸气压可达 29.3kPa,因而只要有 72kPa 的水蒸气压,就可使体系沸腾,则:

$$\frac{m_A}{m_B} = \frac{72 \times 18}{29.3 \times 106} = \frac{4.17}{10} \qquad \text{式}(5\text{-}6)$$

这样馏出液中苯甲醛的含量就提高到 70.6%。

应用过热水蒸气还具有使水蒸气冷凝少的优点,为了防止过热水蒸气冷凝,可在蒸馏瓶下保温,甚至加热。

从上面的分析可以看出,使用水蒸气蒸馏这种分离方法是有条件限制的,被提纯物质必须具备以下几个条件:①不溶或难溶于水;②与沸水长时间共存而不发生化学反应;③在100℃左右必须具有一定的蒸气压(一般不小于1.33kPa)。

▶▶ 课堂活动

用水蒸气提纯的化合物应具备什么条件? 蒸馏过程中应注意哪些问题?

二、水蒸气蒸馏方法

水蒸气蒸馏方法分为直接法和间接法两种。

直接法常用于微量实验。操作时在盛有被蒸馏物的烧瓶中加入适量蒸馏水,加热至沸以便产生水蒸气,水蒸气与被蒸馏物一起蒸出。对于挥发性液体和数量较少的物料,此法非常适用。

间接法是常量实验中经常使用的方法。其操作相对比较复杂,需要安装水蒸气发生器,常用水蒸气蒸馏的简单装置如图5-2所示。图中A是水蒸气发生器,可使用三口瓶,也可使用金属制成的水蒸气发生器,通常盛水量以其容积的3/4为宜。如果太满,沸腾时水将冲至烧瓶。安全玻璃管B几乎插到发生器A的底部。当容器内气压太大时,水可沿着玻璃管上升,以调节内压。如果系统发生阻塞,水便会上升甚至从管的上口喷出,起到防止压力过高的作用。

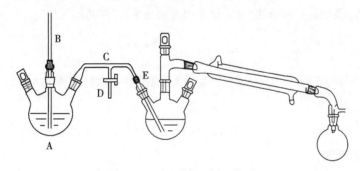

图5-2 水蒸气蒸馏装置示意图

蒸馏部分可用三口烧瓶,瓶内液体不宜超过其容积的1/3。水蒸气导入管E的末端正对瓶底中央并伸到接近瓶底2~3mm处。馏液通过接液管进入接收器,接收器外围可用冷水浴冷却。

水蒸气发生器与盛物的圆底烧瓶之间应装上一个T形管C。在T形管下端连一个带螺旋夹的胶管或两通活塞D,以便及时除去冷凝下来的水滴,应尽量缩短水蒸气发生器与圆底烧瓶之间的距离,以减少水蒸气的冷凝。

进行水蒸气蒸馏时,先将被蒸溶液置于三颈瓶中,加热水蒸气发生器A,直至接近沸腾后再关闭两通活塞,使水蒸气均匀地进入圆底烧瓶。为了使蒸气不致在D中冷凝而积聚过多,必要时可在D下置一石棉网,用小火加热。必须控制加热速度,使蒸气能全部在冷凝管中冷凝下来。如果随水蒸气挥发的物质具有较高的熔点,在冷凝后易析出固体,则应调小冷凝水的流速,使它冷凝后仍然保持液态。假如已有固体析出并且接近阻塞时,可暂时停止冷凝水或将冷凝水暂时放去,以使物质熔融后随水流入接收器中。当冷凝管夹套中要重新通入冷却水时,要小心而缓慢,以免冷凝管因骤冷而破裂。万一冷凝管已被阻塞,应立即停止蒸馏,并设法疏通(可用玻棒将阻塞的晶体捅出或用电吹风的热风吹化结晶,也可在冷凝管夹套中灌以热水使之熔化后流出来)。

> **案例分析**
>
> 　案例:
>
> 　异戊醇和水杨酸混合物的分离。
>
> 　分析:
>
> 　将 25ml 异戊醇和水杨酸的混合液倒入 100ml 圆底烧瓶中,仪器安装好后,先把 T 形管上的夹子打开,加热水蒸气发生器使水迅速沸腾,当有水蒸气从 T 形管的支管冲出时,再旋紧夹子,让水蒸气通入烧瓶中。 与此同时,接通冷却水,用 100ml 锥形瓶收集馏出物。 当馏出液澄清透明不再有油状物时,即可停止蒸馏。 旋开螺旋夹,然后才能停止加热气,把馏出液倒入分液漏斗中,静置分层,将水层弃去。

在蒸馏需要中断或蒸馏完毕后,一定要先打开螺旋夹使通大气,然后方可停止加热,否则蒸馏瓶中的液体将会倒吸到 A 中。在蒸馏过程中,如发现安全管 B 中的水位迅速上升,则表示系统中发生了堵塞。此时应立即打开活塞,然后移去热源。待排除了堵塞后再继续进行水蒸气蒸馏。

在 100℃左右,蒸气压较低的化合物可利用过热蒸气来进行蒸馏。例如可在 T 形管 C 和蒸馏瓶之间串联一段铜管(最好是螺旋形的)。铜管下用火焰加热,以提高蒸气的温度。

点滴积累　∨

1. 水蒸气蒸馏是将水蒸气通入不溶于水的有机物中或使有机物与水经过共沸而蒸出的操作过程。
2. 水蒸气蒸馏分为直接法和间接法两种。 前者常用于微量实验,适于挥发性液体和数量较少的物料。

第二节　精馏

精馏是多次简单蒸馏的组合,利用回流使液体混合物得到高纯度分离的蒸馏方法,是工业上应用最广的液体混合物分离操作。精馏操作按不同方法进行分类。根据操作方式,可分为连续精馏和间歇精馏;根据混合物的组分数,可分为二元精馏和多元精馏;根据是否在混合物中加入影响气液平衡的添加剂,可分为普通精馏和特殊精馏(包括萃取精馏、恒沸精馏、加盐精馏)。若精馏过程伴有化学反应,则称为反应精馏。

一、基本原理

双组分混合液的分离是最简单的精馏操作。典型的精馏设备是连续精馏装置(图 5-3),包括精馏塔、再沸器、冷凝器等。精馏塔供气、液两相接触,进行相际传质,位于塔顶的冷凝器使蒸气得到部分冷凝,部分冷凝液作为回流液返回塔顶,其余馏出液是塔顶产品。位于塔底的再沸器使液体部分汽化,蒸气沿塔上升,余下的液体作为塔底产品。进料加在塔的中部,进料中的液体和上塔段来的液体一起沿塔下降,进料中的蒸气和下塔段来的蒸气一起沿塔上升。

在整个精馏塔中,气、液两相逆流接触,进行相际传质。液相中的易挥发组分进入气相,气相中的难挥发组分转入液相。对不形成恒沸物的物系,只要设计和操作得当,馏出液将是高纯度的易挥发组分,塔底产物将是高纯度的难挥发组分。进料口以上的塔段,把上升蒸气中易挥发组分进一步提浓,称为精馏段;进料口以下的塔段,从下降液体中提取易挥发组分,称为提馏段。两段操作的结合,使液体混合物中的两种组分较完全地分离,生产出所需纯度的两种产品。当使 n 组分混合液较完全地分离而取得 n 个高纯度单组分产品时,须有 $(n-1)$ 个塔。

精馏之所以能使液体混合物得到较完全的分离,关键在于回流的应用。回流包括塔顶高浓度易挥发组分液体和塔底高浓度难挥发组分蒸气两者返回塔中。气液回流形成了逆流接触的气、液两相,从

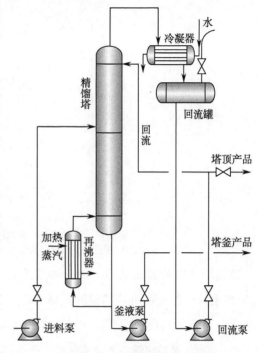

图 5-3　连续精馏装置示意图

而在塔的两端分别得到相当纯净的单组分产品。塔顶回流入塔的液体量与塔顶产品量之比,称为回流比,它是精馏操作的一个重要控制参数,它的变化影响精馏操作的分离效果和能耗。

(一) 双组分理想溶液的气液相平衡

根据溶液中同分子间与异分子间作用力的差异,溶液可分为理想溶液和非理想溶液。理想物系是指液相和气相应符合以下条件:①液相为理想溶液,遵循拉乌尔定律;②气相为理想气体,遵循道尔顿分压定律。理想溶液实际上并不存在,但是在低压下当组成溶液的物质分子结构及化学性质相近时,如苯-甲苯,甲醇-乙醇,正己烷-正庚烷以及石油化工中所处理的大部分烃类混合物等,可视为理想溶液。

溶液的气液相平衡是精馏操作分析和过程计算的重要依据。气液相平衡是指溶液与其上方蒸气达到平衡时气液两相间各组分组成之间的关系。

1. 双组分气液相平衡图　用相图来表达气液相平衡关系比较直观、清晰,而且影响精馏的因素可在相图上直接反映出来,对于双组分精馏过程的分析和计算非常方便。精馏中常用的相图有以下两种。

(1)沸点-组成图

1)结构:t-x-y 图数据通常由实验测得。以苯-甲苯混合液为例,在常压下,其 t-x-y 图如图 5-4 所示,以温度 t 为纵坐标,液相组成 x_A 和气相组成 y_A 为横坐标(x,y 均指易挥发组分的摩尔分数)。图中有两条曲线,下曲线表示平衡时液相组成与温度的关系,称为液相线,上曲线表示平衡时气相组成与温度的关系,称为气相线。两条曲线将整个 t-x-y 图分成 3 个区域,液相线以下代表尚未沸腾的液

体,称为液相区。气相线以上代表过热蒸气区。被两曲线包围的部分为气液共存区。

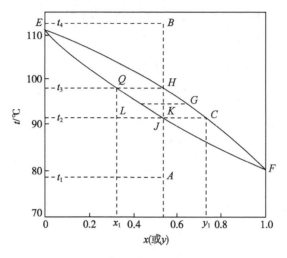

图 5-4　苯-甲苯物系的 *t-x-y* 图

2)应用:在恒定总压下,组成为 x、温度为 t_1(图中的点 A)的混合液升温至 t_2(点 J)时,溶液开始沸腾,产生第一个气泡,相应的温度 t_2 称为泡点,产生的第一个气泡组成为 y_1(点 C)。同样,组成为 y、温度为 t_4(点 B)的过热蒸气冷却至温度 t_3(点 H)时,混合气体开始冷凝产生第 1 滴液滴,相应的温度 t_3 称为露点,凝结出第一个液滴的组成为 x_1(点 Q)。F、E 两点为纯苯和纯甲苯的沸点。

应用 *t-x-y* 图,可以求取任一沸点的气液相平衡组成。当某混合物系的总组成与温度位于点 K 时,则此物系被分成互成平衡的气液两相,其液相和气相组成分别用 L、G 两点表示。两相的量由杠杆规则确定。

操作中,根据塔顶、塔底温度,确定产品的组成,判定是否合乎质量要求;反之,则可以根据塔顶、塔底产品的组成,判定温度是否合适。

(2)气液相平衡图:在两组分精馏的图解计算中,应用一定总压下的 *y-x* 图非常方便快捷(图5-5)。

y-x 图表示在恒定的外压下,蒸气组成 y 和与之相平衡的液相组成 x 之间的关系。图 5-5 是 101.3kPa 的总压下,苯-甲苯混合物系的 *y-x* 图,它表示不同温度下互成平衡的气液两相组成 y 与 x 的关系。图中任意点 D 表示组成为 x_1 的液相与组成为 y_1 的气相互相平衡。图中对角线 $y=x$ 为辅助线。两相达到平衡时,气相中

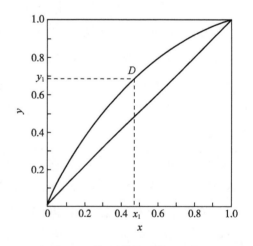

图 5-5　苯-甲苯物系的 *y-x* 图

易挥发组分的浓度大于液相中易挥发组分的浓度,即 $y>x$,故平衡线位于对角线的上方。平衡线离对角线越远,说明互成平衡的气液两相浓度差别越大,溶液就越容易分离。

2. 相对挥发度　溶液中两组分的挥发度之比称为两组分的相对挥发度,用 α 表示。例如,α_{AB} 表示溶液中组分 A 对组分 B 的相对挥发度,根据定义

$$\alpha_{AB} = \frac{\nu_A}{\nu_B} = \frac{p_A/x_A}{p_B/x_B} = \frac{p_A x_B}{p_B x_A} \qquad \text{式(5-7)}$$

若气体服从道尔顿压分压定律,则

$$\alpha_{AB} = \frac{p y_A x_B}{p y_B x_A} = \frac{y_A x_B}{y_B x_A} \qquad \text{式(5-8)}$$

对于理想溶液,因其服从拉乌尔定律,则

$$\alpha = \frac{p_A^\circ}{p_B^\circ} \qquad \text{式(5-9)}$$

式(5-9)说明理想溶液的相对挥发度等于同温度下纯组分 A 和纯组分 B 的饱和蒸气压之比。p_A°、p_B° 随温度而变化,但 p_A°/p_B° 随温度变化不大,故一般可将 α 视为常数,计算时可取其平均值。

(二) 精馏过程

平衡蒸馏仅通过一次部分汽化,只能部分地分离混合液中的组分,若进行多次部分汽化和部分冷凝,便可使混合液中各组分几乎完全分离,这就是精馏过程的基本原理。

1. **多次部分汽化和多次部分冷凝** 如图 5-6 所示,组成为 x_F 的原料液加热至泡点以上,如温度为 t_1,使其部分汽化,并将气相和液相分开,气相组成为 y_1,液相组成为 x_1,且必有 $y_1 > x_F > x_1$。若将组成为 y_1 的气相混合物进行部分冷凝,则可得到气相组成为 y_2 与液相组成为 x_2' 的平衡两相,且 $y_2 > y_1$;若将组成为 y_2 的气相混合物进行部分冷凝,则可得到气相组成为 y_3 与液相组成为 x_3' 的平衡两相,且 $y_3 > y_2 > y_1$;同理,若将组成为 x_1 的液体加热,使之部分汽化,可得到气相组成为 y_2' 与液相组成为 x_2 的平衡液两相,且 $x_2 < x_1$,若将组成为 x_2 的液体进行部分汽化,则可得到气相组成为 y_3' 与液相组成为 x_3 的平衡两相,且 $x_3 < x_2 < x_1$。

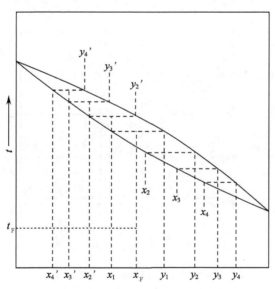

图 5-6 多次部分汽化和冷凝示意图

结论:气体混合物经多次部分冷凝,所得气相中易挥发组分含量就越高,最后可得到几乎纯态的易挥发组分。液体混合物经多次部分汽化,所得到液相中易挥发组分的含量就越低,最后可得到几乎纯态的难挥发组分。

存在问题:每一次部分汽化和部分冷凝都会产生部分中间产物,致使最终得到的纯产品量极少,而且设备庞杂,能量消耗大。为解决上述问题,工业生产中精馏操作采用精馏塔进行,同时并多次进行部分汽化和多次部分冷凝。

2. 塔板上气液两相的操作分析 图5-7为板式塔中任意第 n 块塔板的操作情况。如原料液为双组分混合物,下降液体来自第 $n-1$ 块板,其易挥发组分的浓度为 x_{n-1},温度为 t_{n-1}。上升蒸气来自第 $n+1$ 块板,其易挥发组分的浓度为 y_{n+1},温度为 t_{n+1}。当气液两相在第 n 块板上相遇时,$t_{n+1}>t_{n-1}$,因而上升蒸气与下降液体必然发生热量交换,蒸气放出热量,自身发生部分冷凝,而液体吸收热量,自身发生部分汽化。

由于上升蒸气与下降液体的浓度互相不平衡,如图5-8所示,液相部分汽化时易挥发组分向气相扩散,气相部分冷凝时难挥发组分向液相扩散。结果下降液体中易挥发组分浓度降低,难挥发组分浓度升高;上升蒸气中易挥发组分浓度升高,难挥发组分浓度下降。图中 BxA 线称为泡点曲线(又称液相线)。所谓泡点是指液体在恒定的外压下,加热至开始出现第一个气泡时的温度。泡点曲线上每一点相对应的纵坐标都代表混合液在某一组成下的泡点,其横坐标表示混合液在该泡

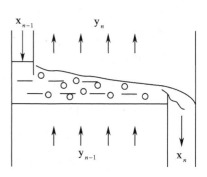

图 5-7 塔板上的传质分析示意图

点下的组成。ByA 曲线称为露点曲线(又称气相曲线)。露点是指气体冷却时,开始凝聚出第一个液滴时的温度,露点曲线上每一点相对应的纵坐标都表示一定蒸气组成的冷凝温度(即露点),其横坐标表示混合气体在该露点下的组成。A 点是纯易挥发组分(苯)的沸点,B 点是纯难挥发组分(甲苯)的沸点。图中泡点曲线以下为液相区;露点曲线以上为气相区,两曲线之间为气、液两相并存区。

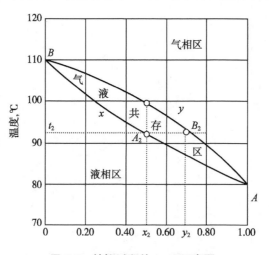

图 5-8 精馏过程的 t-x-y 示意图

若上升蒸气与下降液体在第 n 块板上接触时间足够长,两者温度将相等,都等于 t_n,气液两相组成 y_n 与 x_n 相互平衡,称此塔板为理论塔板。实际上,塔板上的气液两相接触时间有限,气液两相组成只能趋于平衡。

由以上分析可知,气液相通过1层塔板,同时发生一次部分汽化和一次部分冷凝。通过多层塔

板,即同时进行了多次部分汽化和多次部分冷凝,最后,在塔顶得到的气相为较纯的易挥发组分,在塔底得到的液相为较纯的难挥发组分,从而达到所要求的分离程度。

3. 精馏必要条件 为实现分离操作,除了需要有足够层数塔板的精馏塔之外,还必须从塔底引入上升蒸气流(气相回流)和从塔顶引入下降的液流(液相回流),以建立气液两相体系。塔底上升蒸气和塔顶液相回流是保证精馏操作过程连续稳定进行的必要条件。没有回流,塔板上就没有气液两相的接触,就没有质量交换和热量交换,也就没有轻、重组分的分离。

二、精馏设备

精馏是一种利用回流使混合液得到高纯度分离的蒸馏方法。典型的精馏设备是连续精馏装置,包括精馏塔、冷凝器、再沸器等。连续精馏操作中,原料液连续送入精馏塔内,同时从塔顶和塔底连续得到产品(馏出液、釜残液),所以是一种定态操作过程。

1. 精馏塔 多次部分汽化和冷凝过程是在精馏塔内进行的。在精馏塔内通常装有一些塔板或一定高度的填料,前者称为板式塔,后者则称为填料塔。板式塔的塔内沿塔高装有若干层塔板,相邻两板有一定的间隔距离。塔内气、液两相在塔板上互相接触,进行传热和传质,属于逐级接触式塔设备。填料塔的塔内装有填料,气、液两相在被润湿的填料表面进行传热和传质,属于连续接触式塔设备。精馏中常采用的是板式塔。

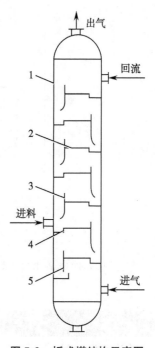

图5-9 板式塔结构示意图
1. 塔体;2. 塔板;3. 溢流堰;
4. 受液盘;5. 降液管

(1)板式塔的结构:板式塔结构如图5-9所示。它是由圆柱形壳体、塔板、气体和液体的进、出口等部件组成的。操作时,塔内液体依靠重力作用,自上而下流经各层塔板,并在每层塔板上保持一定的液层,最后由塔底排出。气体则在压力差的推动下,自下而上穿过各层塔板上的液层,在液层中气、液两相密切而充分地接触,进行传质传热,最后由塔顶排出。在塔中,使两相呈逆流流动,以提供最大的传质推动力。

塔板是板式塔的核心构件,其功能是提供气、液两相保持充分接触,进行传质和传热的场所。每一块塔板上气、液两相进行双向传质,只要有足够的塔板数,就可以将混合液分离成两个较纯净的组分。

(2)塔板的流型:塔板有错、逆流两种,见表5-2。

表5-2 塔板的分类

分类	结构	特点	应用
错流塔板	塔板间设有降液管。液体横向流过塔板,气体经过塔板上的孔道上升,在塔板上气、液两相呈错流接触,如图5-10(a)所示	适当安排降液管位置和溢流堰高度,可以控制板上液层厚度,从而获得较高的传质效率。但是降液管约占塔板面积的20%,影响了塔的生产能力,而且,液体横过塔板时要克服各种阻力,引起液面落差,液面落差大时,能引起板上气体分布不均匀,降低分离效率	应用广泛

续表

分类	结构	特点	应用
逆流塔板	塔板间无降液管,气、液同时由板上孔道逆向穿流而过,如图5-10(b)所示	结构简单、板面利用充分,无液面落差,气体分布均匀,但需要较高的气速才能维持板上液层,操作弹性小,效率低	应用不及错流塔板广泛

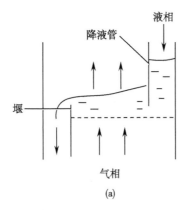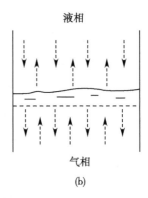

图 5-10 塔板分类示意图
(a)错流塔板;(b)逆流塔板

本章只介绍错流塔板。按照塔板上气液接触元件不同,可分为多种型式,见表5-3。

表 5-3 塔板的类型

分类	结构	特点
泡罩塔板	每层塔板上开有圆形孔,孔上焊有若干短管作为升气管。升气管高出液面,故板上液体不会从中漏下。升气管上盖有泡罩,泡罩分圆形和条形两种,多数选用圆形泡罩,其尺寸一般为 Φ80mm,100mm,150mm 三种直径,其下部周边开有许多齿缝,如图 5-11 所示	优点:低气速下操作不会发生严重漏液现象,有较好的操作弹性;塔板不易堵塞,对各种物料的适应性强。 缺点:塔板结构复杂,金属耗量大,造价高;板上液层厚,气体流径曲折,塔板压降大,生产能力及板效率低。 近年来已很少应用
筛板	在塔板上开有许多均匀分布的筛孔,其结构如图5-12所示,筛孔在塔板上作正三角形排列,孔径一般为3~8mm,孔心距与孔径之比常在2.5~4.0范围内。板上设置溢流堰,以使板上维持一定深度的液层	优点:结构简单,金属耗量小,造价低廉;气体压降小,板上液面落差也较小,其生产能力及板效率较高。 缺点:操作弹性范围较窄,小孔筛板容易堵塞,不宜处理易结焦、黏度大的物料。 近年来对大孔(直径 10mm 以上)筛板的研究和应用有所进展
浮阀塔板	阀片可随气速变化而升降。阀片上装有限位的三条腿,插入阀孔后将阀腿底脚旋转90°,限制操作时阀片在板上升起的最大高度,使阀片不被气体吹走。阀片周边冲出几个略向下弯的定距片。浮阀的类型很多,常用的有 F1 型、V-4 型及 T 型等,如图5-13所示	优点:结构简单,制造方便,造价低。塔板的开孔面积大,生产能力大。操作弹性大。塔板效率高。 缺点:不宜处理易结焦、黏度大的物料;操作中有时会发生阀片脱落或卡死等现象,使塔板效率和操作弹性下降。 应用广泛

分类		结构	特点
喷射型塔板	舌形塔板	在塔板上开出许多舌形孔,向塔板液流出口处张开,张角20°左右。舌片与板面成一定的角度,按一定规律排布,塔板出口不设溢流堰,降液管面积也比一般塔板大些,如图5-14所示	优点:开孔率较大,故可采用较大空速,生产能力大;传质效率高;塔板压降小。缺点:操作弹性小;板上液流易将气泡带到下层塔板,使板效率下降
	浮舌塔板	将固定舌片用可上下浮动的舌片替代,结构如图5-15所示	生产能力大,操作弹性大,压降小
	斜孔塔板	在塔板上冲有一定形状的斜孔,斜孔开口方向与液流方向垂直,相邻两排斜孔的开口方向相反,如图5-16所示	生产能力比浮阀塔大30%左右,结构简单,加工制造方便,是一种性能优良的塔板
	网孔塔板	在塔板上冲压出许多网状定向切口,网孔的开口方向与塔板水平夹角约为30°,有效张口高度为2~5mm,如图5-17所示	具有处理能力大、压力降低、塔板效率高等优点,特别适用于大型化生产

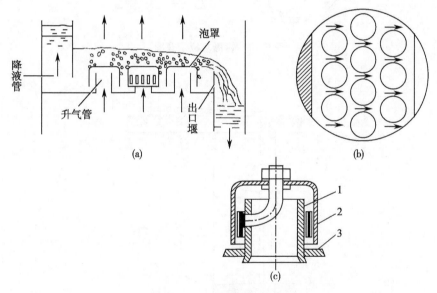

图5-11 泡罩塔板示意图
(a)操作状况;(b)板面布置;(c)圆形泡罩
1. 升气管;2. 泡罩;3. 塔板

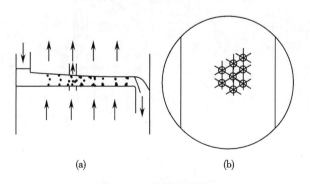

图5-12 筛板示意图
(a)筛板操作示意图;(b)筛孔布置图

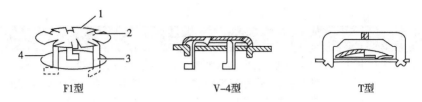

图 5-13　浮阀塔板示意图
1. 浮阀片；2. 凸缘；3. 浮阀"腿"；4. 塔板上的孔

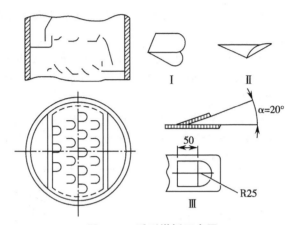

图 5-14　舌形塔板示意图

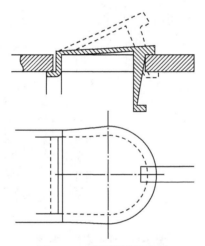

图 5-15　浮舌塔板示意图

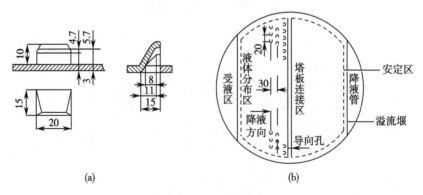

图 5-16　斜孔塔板示意图
（a）斜孔结构；（b）塔板布置

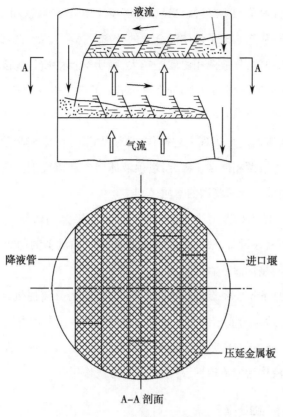

图 5-17 网孔塔板示意图

工业上常用的几种塔板的性能比较见表 5-4。

表 5-4 常见塔板的性能比较

塔板类型	相对生产能力	相对塔板效率	操作弹性	压力降	结构	相对成本
泡罩塔板	1.0	1.0	中	高	复杂	1.0
筛板	1.2~1.4	1.1	低	低	简单	0.4~0.5
浮阀塔板	1.2~1.3	1.1~1.2	大	中	一般	0.7~0.8
舌形塔板	1.3~1.5	1.1	小	低	简单	0.5~0.6
斜孔塔板	1.5~1.8	1.1	中	低	简单	0.5~0.6

现以板式塔为例,说明在塔内进行的精馏过程。在塔板上,设置升气道(筛孔、泡罩或浮阀等),由下层塔板($n+1$ 板)上升蒸气通过第 n 板的升气道;而上层塔板($n-1$ 板)上的液体通过降液管下降到第 n 板上,在该板上横向流动而流入下一层板。蒸气鼓泡穿过液层,与液相进行热量和质量的交换。设进入第 n 板的气相组成和温度分别为 y_{n+1} 和 t_{n+1},液相组成和温度分别为 x_{n-1} 和 t_{n-1},且 t_{n+1} 大于 t_{n-1},x_{n-1} 大于与 y_{n+1} 呈平衡的液相组成 x_{n+1}。由于存在温度差和浓度差,气相发生部分冷凝,因难挥发组分更易冷凝,故气相中部分难挥发组分冷凝后进入液相;同时液相发生部分汽化,因易挥发组分更易汽化,故液相中部分易挥发组分汽化后进入气相。其结果是离开第 n 板的气相中易挥发组分的组成较进入该板时增高,即 $y_n > y_{n+1}$,而离开该板的液相中易挥发组分的组成较进入该板时降低,即 $x_n < x_{n-1}$。由此可见,气体通过一层塔板,即进行了一次部分汽化和冷凝过程。当它们经过多层

塔板后,则进行了多次部分汽化和冷凝过程,最后在塔顶气相中获得较纯的易挥发组分,在塔底液相中获得较纯的难挥发组分,从而实现了液体混合物的分离。需要注意,在每层塔板上所进行的热量交换和质量交换是密切相关的,气液两相温度差越大,则所交换的质量越多。气液两相在塔板上接触后,气相温度降低,液相温度升高,液相部分汽化所需要的潜热恰好等于气相部分冷凝所放出的潜热,故每层塔板上不需设置加热器和冷凝器。另外,塔板是气液两相进行传热与传质的场所,每层塔板上必须有气相和液相的流过。为实现上述操作,必须从塔顶引入下降液流(即回流液)和从塔底产生上升蒸气流,以建立气液两相体系。因此,塔顶液体回流和塔底上升蒸气流是精馏过程连续进行的必要条件。回流是精馏与普通蒸馏的本质区别。

2. 再沸器 再沸器的作用是提供一定流量的上升蒸气流,从而将部分塔底的液体蒸发,以便进行精馏分离。再沸器是热交换设备,根据加热面安排的需要,再沸器的构造可以是夹套式、蛇管式或列管式;加热方式可以是间接加热或直接加热。

3. 冷凝器 冷凝器的任务是冷凝离开塔顶的蒸气,以便为分离提供足够的回流。其作用是提供塔顶液相产品并保证有适当的液相回流。回流主要补充塔板上易挥发组分的浓度,是精馏连续定态进行的必要条件。部分冷凝的优点是未凝的产品富集了轻组分,冷凝器为分离提供了一块理论板。当全凝时,部分冷凝液作为回流返回,冷凝器没有分离作用。

三、精馏操作的影响因素

影响精馏装置稳态、高效操作的主要因素包括物料平衡和稳定、塔顶回流、进料状况、塔釜温度和操作压力等。

1. 物料平衡和稳定 根据精馏塔的总物料衡算可知,对于一定的原料液流量 F 和组成 X_F,只要确定了分离程度 X_D 和 X_W,馏出液流量 D 和釜残液流量 W 也就被确定了。而 X_D 和 X_W 决定了气液平衡关系、X_F、q、R 和理论塔板数 N_T(适宜的进料位置),因此 D 和 W 或采出率 D/F 与 W/F 只能根据 X_D 和 X_W 确定,而不能任意增减,否则进、出塔的两个组分的量不平衡,必然导致塔内组成变化,操作波动,使操作不能达到预期的分离要求。

在精馏塔的操作中,需维持塔顶和塔底产品的稳定,保持精馏装置的物料平衡是精馏塔稳态操作的必要条件。通常由塔底液位来控制精馏塔的物料平衡。

2. 塔顶回流 回流比是影响精馏塔分离效果的主要因素,生产中经常用回流比来调节、控制产品的质量。例如当回流比增大时,精馏产品质量提高;反之,当回流比减小时,X_D 减小而 X_W 增大,使分离效果变差。

回流比增加,使塔内上升蒸气量及下降液体量均增加,若塔内气液负荷超过允许值,则可能引起塔板效率下降,此时应减小原料液流量。

调节回流比的方法可有如下几种:①减少塔顶采出量以增大回流比;②塔顶冷凝器为分凝器时,可增加塔顶冷剂的用量,以提高凝液量,增大回流比;③有回流液中间贮槽的强制回流,可暂时加大回流量,以提高回流比,但不得将回流贮槽抽空。

必须注意,在馏出液采出率 D/F 规定的条件下,借增加回流比 R 以提高 X_D 的方法并非总是有效。此外,加大操作回流比意味着加大蒸发量与冷凝量,这些数值还将受到塔釜及冷凝器传热面的限制。

3. 进料状况　当进料状况(X_F和q)发生变化时,应适当改变进料位置,并及时调节回流比R。一般精馏塔常设几个进料位置,以适应生产中进料状况,保证在精馏塔的适宜位置进料。如进料状况改变而进料位置不变,必然引起馏出液和釜残液组成的变化。

进料情况对精馏操作有着重要意义。常见的进料状况有5种,不同的进料状况都显著地直接影响提馏段的回流量和塔内的气液平衡。精馏塔较为理想的进料状况是泡点进料,它较为经济和最为常用。对特定的精馏塔,若X_F减小,则将使X_D和X_W均减小,欲保持X_D不变,则应增大回流比。

4. 塔釜温度　釜温是由釜压和物料组成决定的。在精馏过程中,只有保持规定的釜温,才能确保产品质量。因此,釜温是精馏操作中重要的控制指标之一。提高塔釜温度时,则使塔内液相中易挥发组分减少,并使上升蒸气的速度增大,有利于提高传质效率。如果由塔顶得到产品,则塔釜排出的难挥发物中,易挥发组分减少,损失减少;如果塔釜排出物为产品,则可提高产品质量,但塔顶排出的易挥发组分中夹带的难挥发组分增多,从而增大损失。因此,在提高温度时,既要考虑到产品的质量,又要考虑到工艺损失。一般情况下,操作习惯于用温度来提高产品质量,降低工艺损失。

当釜温变化时,通常是用改变蒸发釜的加热蒸气量,将釜温调节至正常。当釜温低于规定值时,应加大蒸气用量,以提高釜液的汽化量,使釜液中重组分的含量相对增加,泡点提高,釜温提高。当釜温高于规定值时,应减少蒸气用量,以减少釜液的汽化量,使釜液中轻组分的含量相对增加,泡点降低,釜温降低。此外,还有与液位串级调节的方法等。

5. 操作压力　塔的压力是精馏塔主要的控制指标之一。在精馏操作中,常常规定操作压力的调节范围。塔压波动过大,就会破坏全塔的气液平衡和物料平衡,使产品达不到所要求的质量。

提高操作压力,可以相应地提高塔的生产能力,使操作稳定。但在塔釜难挥发产品中,易挥发组分含量增加。如果从塔顶得到产品,则可提高产品的质量和易挥发组分的浓度。

点滴积累 ∨

1. 精馏是多次简单蒸馏的组合,利用回流使液体混合物得到高纯度分离。
2. 精馏使液体混合物得到较完全分离的关键在于回流,回流比是精馏操作的重要控制参数,影响精馏操作的分离效果和能耗。
3. 精馏的实质是多级蒸馏,即在一定压力下,利用互溶液体混合物各组分的沸点或饱和蒸气压不同,使轻组分汽化,经多次部分液相汽化和部分气相冷凝,使气相中的轻组分和液相中的重组分浓度逐渐升高,从而实现分离。

第三节　分子蒸馏

分子蒸馏是一项较新的尚未广泛应用于产业化生产的非常有效的液-液分离技术,是一种在极高真空下进行分离操作的非平衡蒸馏过程。它利用分子运动均匀自由程的差别,使液体在远低于其沸点的温度下将其分离,特别适用于高沸点、热敏性及易氧化物系的分离。分子蒸馏避免了分子间的相互碰撞,大大提高了分离效率,因此分子蒸馏也被称为短程蒸馏或无阻尼蒸馏。

在应用领域方面,国外已在数种产品中进行产业化生产。特别是近几年来在天然物质的提取方面应用较为突出,如:从鱼油中提取二十碳五烯酸(EPA)与二十二碳六烯酸(DHA)、从植物油中提取天然维生素 E 等。

一、基本原理

分子蒸馏是一种特殊的液-液分离技术,它不同于传统蒸馏依靠沸点差分离的原理,而是靠不同物质分子运动平均自由程的差别实现分离。这里,分子运动自由程(用 λ 表示)是指一个分子相邻两次碰撞之间所走的路程。

如图 5-18 所示,当液体混合物沿加热板流动并被加热,轻、重分子会逸出液面而进入气相,由于轻、重分子的自由程不同,因此,不同物质的分子从液面逸出后移动距离不同,若能恰当地设置一块冷凝板,则轻分子达到冷凝板被冷凝排出,而重分子达不到冷凝板而沿混合液排出,这样就达到物质分离的目的。

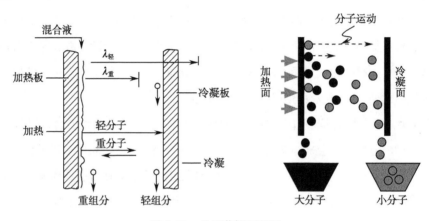

图 5-18　分子蒸馏原理图

(一) 分子蒸馏过程

从图 5-18 所示,也可以看出分子蒸馏的过程可以分为 5 个步骤:①液体混合物在加热面上的液膜形成:通过机械方式在蒸馏器加热面上产生快速移动、厚度均匀的薄膜;②分子在液膜表面上的自由蒸发:分子在高真空远低于沸点的温度下进行蒸发;③分子从加热面向冷凝面的运动:只要有高真空环境,蒸发分子的平均自由程大于或等于加热面和冷凝面之间的距离,就可以保证分子向冷凝面的运动和蒸发过程迅速进行;④分子在冷凝面上的捕获:只要加热面与冷凝面之间有足够的温度差,冷凝面的形状合理且光滑,轻组分就会在冷凝面进行冷凝,该过程可在瞬间发生;⑤馏出物和残留物的收集:因重力作用,馏出物在冷凝器底部收集。没有蒸发的重组分和返回到加热面上的极少轻组分残留物因重力作用或离心作用,滑落到加热器底部或转盘外缘。

(二) 分子蒸馏的特点

由分子蒸馏原理得知,分子蒸馏操作必须满足 3 个必要条件:①轻、重组分的分子运动平均自由程必须要有差别;②蒸发面与冷凝面间的距离要小于轻组分的分子运动平均自由程;③必须有极高真空度。

分子蒸馏技术作为一种与国际同步的高新分离技术,具有其他分离技术无法比拟的优点:①操作压力低:分子蒸馏设备简单,内部压降非常小,可以获得很高的真空度,有利于沸点温度降低。②操作温度低:分子蒸馏根据不同组分的分子逸出液面后的平均自由程差别进行分离,可以在远低于物料沸点的温度下进行操作,是一个没有沸腾的蒸发过程,特别适合于高沸点热敏性物质的分离。③停留时间短:物料一旦进入蒸发器,即以液膜的形式分布在加热表面上,传质和传热过程加快。蒸发面与冷凝面间距离非常短,蒸气分子几乎未经任何碰撞就到达冷凝面,物料受热时间一般只有几秒到几十秒,热分解概率大大降低。④分离效率高:分子蒸馏是一个非平衡、不可逆的蒸发过程,蒸气分子从蒸发面逸出后直接飞射到冷凝面上,破坏了蒸发平衡。

分子蒸馏与传统蒸馏的不同可由表 5-5 看出。

表 5-5 分子蒸馏与传统蒸馏的比较

序号	项目	传统蒸馏	分子蒸馏
1	原理	基于沸点差别	基于分子运动自由程差别
2	操作压强	常压或真空 (一般约几百 Pa)	高真空 (一般在 $10^{-3} \sim 10$ Pa)
3	操作温度	大于沸点	小于沸点(低 $50 \sim 100℃$)
4	受热时间	长	短(以秒或分钟计)
5	分离效率	低	高

由上述对比可以看出,分子蒸馏较传统蒸馏具有明显的技术及经济优势。

(1)产品质量高:由于分子蒸馏操作温度低、受热时间短,可以获得纯度高而且原有品质保持好的产品,对于天然物质尤其重要。

(2)产品成本低:由于分子蒸馏器独特的结构形式,其内部压强极低,内部阻力远比常规蒸馏小,分子蒸馏整个分离过程热损失少,因而可以大大节省能耗。由于分子蒸馏的分离效率高、产品得率高,从而可大大降低生产成本。

▶▶ 课堂活动

常规真空蒸馏也可采用较高的真空度,为什么操作温度要比分子蒸馏高得多?

二、分子蒸馏设备

对分子蒸馏的设备,目前在工业上应用较广的为离心薄膜式和转子刮膜式。这两种形式的分离装置针对不同的产品,其装置结构与配套设备要有不同的特点。

1. 离心式分子蒸馏设备 离心式分子蒸馏器内部有一个高速旋转的圆锥盘,物料在到达圆锥盘上时,靠离心力的作用旋转扩散成极薄的液膜,而且分布非常均匀,传质传热阻力都非常小,同时受热蒸发,并且受热的时间非常短,分离效果好,非常适用于难挥发物质和热敏性物料的分离。但其结构复杂,如图5-19所示。制造和操作难度都比较大。由于带有高速旋转的圆盘,真空密封技术要求更高。

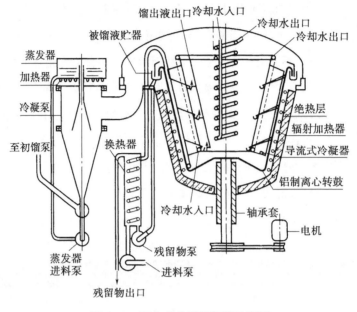

图5-19 离心式分子蒸馏器示意图

2. **刮膜式分子蒸馏设备** 刮膜式分子蒸馏器在其内部安装有一个旋转的刮膜转子,物料从顶部进料器进入分子蒸馏设备,在刮膜器高速旋转的作用下,物料在蒸发表面形成均匀的液膜,使单位体积流体具有足够大的蒸发面积,如图5-20所示。同时对蒸发液膜进行不断更新,液膜呈湍流流动,既可避免局部过热,又可强化其内部质量和热量传递过程。其优点是物料在加热面上的停留时间短,热分解的危险性小,蒸馏过程可连续进行,生产能力大。

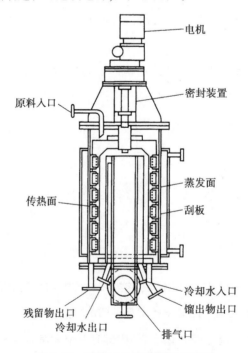

图5-20 刮膜式分子蒸馏器示意图

三、分子蒸馏的应用实例

1. **广藿香油的精制**　广藿香为常用中药,其主要成分为高沸点的广藿香醇和广藿香酮,采用三级分子蒸馏,在温度 40~60℃、压力为 8~10Pa 下,可使原油中有效部位的含量由 30% 提高到 80%,馏分中低沸点组分(单萜及倍半萜、烯类化合物)的相对含量明显下降,使广藿香油总高沸点的有效成分广藿香酮、广藿香醇与低沸点组分能得到较好的分离。

2. **从鱼油中提取二十碳五烯酸(EPA)和二十二碳六烯酸(DHA)**　EPA 和 DHA 是人体必需的活性物质,它们对脑细胞的形成和构造及防止心血管疾病,治疗和预防动脉硬化、老年性痴呆及抑制肿瘤等方面有着重要作用。鱼油中 DHA 含量只有 5%~36%、EPA 含量为 2%~16%,且由于 EPA 及 DHA 为含有不饱和双键的脂肪酸,性质极不稳定,在高温下容易聚合。采用多级分子蒸馏(一般为五级分子蒸馏),在温度 110~160℃,压力为 20~1.5Pa,可从鱼油中提取 EPA 和 DHA,其含量大于 80%,同时经多级分子蒸馏后,鱼油中低分子饱和脂肪酸和低分子易氧化成腥味的物质被有效除去,过氧化值由 7.2mmol/kg 降至 0.2mmol/kg,酸值由 6.7 降到 0.2。

3. **油脂加工的大豆脱臭物中提取天然维生素 E 和植物甾醇**　大豆油加工的脱臭馏出物中含有 3%~15% 天然维生素 E 和 5%~8% 植物甾醇,若采用二级分子蒸馏,可使维生素 E 浓度达到 40% 以上且回收率达到 50%,若用分子蒸馏与结晶相结合,可得到 90% 以上的植物甾醇。

4. **胡萝卜素的提取分离**　棕榈油中含有较高的 β-胡萝卜素,采用一级分子蒸馏提取后酯化,再用分子蒸馏脱脂肪酸酯,可得到含 30% 以上 β-胡萝卜素的浓缩液。

点滴积累　Ⅴ

　　1. 分子蒸馏是靠不同物质分子运动平均自由程的差别实现分离的。

　　2. 分子蒸馏不需要沸腾,可在远低于沸点的温度下进行操作,与常规蒸馏有本质区别。

目标检测

一、选择题

(一) 单项选择题

1. 蒸馏的传质过程是(　　)

　　A. 气相到液相传质　　　　　B. 液相到气相传质　　　　　C. 气-液和液-气同时存在

　　D. 液相到液相传质　　　　　E. 以上均不对

2. 在水蒸气蒸馏装置中,蒸馏烧瓶中通常盛水量是其容积的(　　)

　　A. 3/4　　　　　　　　　　B. 2/3　　　　　　　　　　C. 1/2

　　D. 1/3　　　　　　　　　　E. 1/4

3. 蒸馏操作是利用(　　)混合物中各组分挥发性的不同,使各组分得到分离的。

　　A. 非均相液体　　　　　　　B. 气体　　　　　　　　　　C. 均相液体

　　D. 固体　　　　　　　　　　E. 气体和固体

4. 实验表明:当由两个(　　)的挥发性组分所组成的理想溶液,其气液平衡关系服从拉乌尔定律。

    A. 部分互溶　　　　　　　　B. 完全互溶　　　　　　　　C. 不互溶

    D. 难溶　　　　　　　　　　E. 不能确定

5. 在水蒸气蒸馏装置中,水蒸气发生器通常盛水量是其容积的(　　)

    A. 3/4　　　　　　　　　　　B. 2/3　　　　　　　　　　　C. 1/2

    D. 1/4　　　　　　　　　　　E. 1/3

6. 使混合液在蒸馏釜中逐渐受热汽化,并将不断生成的蒸气引入冷凝器内冷凝,以达到混合液中各组分得以部分分离的方法,称为(　　)

    A. 精馏　　　　　　　　　　B. 特殊蒸馏　　　　　　　　C. 简单蒸馏

    D. 分子蒸馏　　　　　　　　E. 多级蒸馏

7. 生产中的精馏是在(　　)中多次而且同时进行部分汽化和部分冷凝,以得到接近纯的易挥发组分和接近纯的难挥发组分的操作。

    A. 两个设备　　　　　　　　B. 同一设备　　　　　　　　C. 多个设备

    D. 两个相同设备　　　　　　E. 不能确定

8. 若该溶液的相对挥发度 a 越大,则表示此溶液中组分越(　　)分离。

    A. 容易　　　　　　　　　　B. 不容易　　　　　　　　　C. 不能

    D. 难　　　　　　　　　　　E. 不能确定

9. 乙醇精馏塔顶产生的蒸气浓度为89%(摩尔浓度),在冷凝器内全部冷凝为液体时,则馏出液的浓度 x 应为(　　)

    A. 89%　　　　　　　　　　B. <89%　　　　　　　　　C. >89%

    D. 100%　　　　　　　　　　E. 不能确定

10. 全回流时, $y\text{-}x$ 图上精馏塔的操作线位置(　　)

    A. 在对角线与平衡线之间　　B. 与对角线重合　　　　　　C. 在对角线之下

    D. 在对角线之上　　　　　　E. 不能确定

(二) 多项选择题

1. 蒸馏按操作方式可分为(　　)

    A. 平衡蒸馏　　　　　　　　B. 简单蒸馏　　　　　　　　C. 精馏

    D. 特殊精馏　　　　　　　　E. 间歇蒸馏

2. 精馏装置一般包括(　　)等几部分

    A. 精馏塔　　　　　　　　　B. 分流器　　　　　　　　　C. 再沸器

    D. 冷凝器　　　　　　　　　E. 干燥器

3. 影响精馏操作的主要因素有(　　)

    A. 物料平衡　　　　　　　　B. 塔顶回流　　　　　　　　C. 进料

    D. 塔釜温度　　　　　　　　E. 操作压力

4. 增加回流比的方法有( )

    A. 减少塔顶采出量   B. 增加塔顶冷凝剂的量   C. 增加塔顶采出量

    D. 增加塔顶温度   E. 以上都对

5. 分子蒸馏中冷凝面可得到( )

    A. 重组分   B. 轻组分   C. 大分子

    D. 小分子   E. 离子

二、简答题

1. 何为精馏？精馏的原理是什么？

2. 连续精馏为什么必须有回流？回流比的改变对精馏操作有何影响？

3. 说明精馏塔的精馏段和提馏段的作用,塔顶冷凝器与塔底再沸器的作用。

4. 简述分子蒸馏技术的蒸馏过程和特点。

5. 分子蒸馏技术有哪些应用？

三、实例分析

1. 试解析精馏过程中回流比大小对操作费与设备费的影响,并说明适宜回流比如何确定。

2. 精馏塔在一定条件下操作,试问:回流液由饱和液体改为冷液时,塔顶产品组成有何变化？为什么？

ER-05章习题

实训项目五　从橙皮中提取橙油

【实训目的】

1. 学习从橙皮中提取橙油的原理和方法。

2. 了解并掌握水蒸气蒸馏的原理及基本操作。

3. 巩固分液漏斗的使用方法。

【实训原理】

精油是植物组织经水蒸气得到的挥发性成分的总称。大部分具有令人愉快的香味,主要组成为单萜类化合物。在工业上经常用水蒸气蒸馏方法来收集精油。橙油是一种常见的天然香精油,主要存在于柠檬、橙子和柚子等水果的果皮中。橙油中含有多种分子式为 $C_{10}H_{16}$ 的物质,它们均为无色液体,沸点、折光率都很相近,多具有旋光性,不溶于水,溶于乙醇和冰醋酸。橙油的主要成分(90%以上)是柠檬烯,它是一环状单萜类化合物,其结构式见实训项目五　图一。

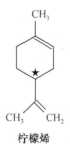

柠檬烯

实训项目五 图一 柠檬烯结构式

分子中有一手性碳原子,故存在光学异构体。存在于水果果皮中的天然柠檬烯是以(+)或 d-的形式出现,通常称为 d-柠檬烯,它的绝对构型是 R 型。

在本实训中,我们将从橙皮提取以柠檬烯为主的橙油。首先将橙皮进行水蒸气蒸馏,再用二氯甲烷萃取馏出液,然后蒸去二氯甲烷,留下的残液即为橙油,其主要成分是柠檬烯。分离得到的产品可以通过测定折射率、旋光度和红外、磁共振谱进行鉴定(实训项目五 图二)。

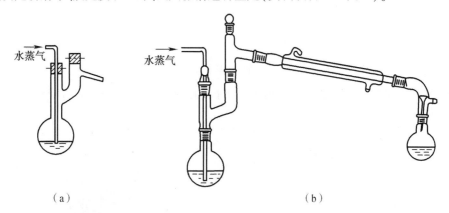

实训项目五 图二 用克氏蒸馏瓶(头)进行少量物质的水蒸气蒸馏

【实训材料】

1. **实训器材** 水蒸气发生器,直形冷凝管,接引管,圆底烧瓶,分液漏斗,蒸馏头,锥形瓶。

2. **实训试剂** 新鲜橙子皮,二氯甲烷,无水硫酸钠。

【实训方法】

1. 将 2~4 个橙皮磨碎,称重后置于 500ml 圆底烧瓶中,加入 250ml 热水。安装水蒸气蒸馏装置,进行水蒸气蒸馏。控制馏出速度为每秒 1 滴,收集馏出液 100~150ml。

2. 将馏出液移至分液漏斗中,用 10ml 二氯甲烷萃取 2~3 次,弃去水层,合并萃取液,然后用 1g 无水硫酸钠进行干燥。

3. 滤弃干燥剂,在水浴上蒸出大部分溶剂,将剩余液体移至一支试管(预先进行称重)中,继续在水浴上小心加热,浓缩至完全除净溶剂为止。揩干试管外壁,称重。以所用橙皮的重量为基准,计算橙皮油的回收重量百分率。

4. 纯柠檬烯的沸点为 176℃,折射率 1.4727,+125.6°。

【实训提示】

1. 橙子皮要新鲜,剪成小碎片。

2. 可以使用食品绞碎机将鲜橙皮绞碎,之后再称重,以备水蒸气蒸馏使用。

3. 产品中二氯甲烷一定要除净,否则会影响产品的纯度。

【实训思考】

1. 能用水蒸气蒸馏提纯的物质应具备什么条件?

2. 在水蒸气蒸馏过程中,出现安全管的水柱迅速上升,并从管上口喷出来等现象,这表明蒸馏体系中发生了什么故障?

3. 在水蒸气发生器与蒸馏器之间需连接一个 T 形管,在 T 形管下口再接一根带有螺旋夹的橡皮管。请说明此装置的用途。

4. 在停止水蒸气蒸馏时,为什么一定要先打开螺旋夹,然后再停止加热?

【实训报告】

包括实训目的、实训内容、实训步骤、实训问题处理、结果分析、改革成果及体会等。

【实训测试】

根据学生出勤、在实训过程中的表现、实训报告完成情况和实训测试成绩,综合评定学生的实训成绩。

(杜建红)

第六章

膜分离技术

导学情景 ∨

情景描述:

　　某同学周末路过超市,发现广场中某家电产品在搞活动,销售人员正在现场演示产品的用法及特点。 工作人员将一杯加了墨汁的水导入净水器的进水口,结果在出水口接出来的是干干净净的水,无异味、无颜色,为了证实该水的洁净度,甚至还直接将水端起来喝掉了。

学前导语:

　　家用净水器实际上是水深度处理的小型化设备,其工作原理主要涉及膜分离技术(包括微滤、超滤、纳滤、反渗透)及吸附技术。 本章我们将带领同学们学习各类膜分离技术的原理、特点、膜分离设备及应用,为学习制药工艺课程和今后从事药品分离纯化工作奠定基础。

　　膜是具有选择性分离功能的材料。利用膜的选择性分离功能,在推动力(浓度差、压力差、电位差等)作用下实现料液中不同组分的分离、纯化、浓缩的操作过程称为膜分离技术。通常称进料流侧为上游,透过液流侧为膜下游。图 6-1 为膜分离过程示意图。

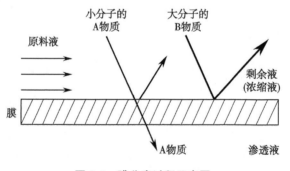

图 6-1　膜分离过程示意图

第一节　膜分离特点和分类

一、膜分离特点

　　膜分离特点:①在常温下进行,药物有效成分损失极少,特别适用于热敏性物质,如抗生素、酶、蛋白的分离与浓缩;②无相态变化,能耗极低,其生产成本为蒸发浓缩或冷冻浓缩的 1/8～1/3;③无化学变化,是典型的物理分离过程,不用化学试剂和添加剂,产品不受污染;④选择性好,对溶液具有选择透过性,只能使某些溶剂或溶质透过,而不能使另一些溶剂或溶质透过;⑤通用性强,处理规模可大可小,可以连续操作也可间歇操作,工艺简单,操作方便,易于自动化。

膜分离因具有独特的优势而广泛应用于生物药品的制备和医药生产中药物的分离、浓缩和纯化。如血液药物制品的分离、抗生素和干扰素的纯化、蛋白质的分级和纯化、中药剂的除菌和澄清等;再如从发酵液中提取药物。传统工艺多采用溶剂萃取及加热浓缩,生产过程中有机溶剂消耗量大、工艺流程长、废水处理任务重,而且许多药物热敏性强,遇有机溶剂易变性失活,因此国际先进的制药生产线中,大量采用膜分离技术代替传统的抗生素分离、浓缩、纯化工艺。

随着膜制造技术的不断提高,膜分离机制研究的不断深入,膜分离技术与其他技术的结合,使膜分离技术发展迅速,越来越多的膜分离技术被开发利用,膜分离已逐渐成为药物分离与纯化的重要方法之一。

二、膜分离的分类

根据分离推动力、分离原理、应用范围的不同,膜分离的类型不同,表 6-1 列出了常见膜分离的类型和特点。图 6-2 列出膜分离过程的应用范围。

表 6-1　膜分离的类型和特点

类型	分离目的	截留物	透过物性质	推动力	原理	原料、透过物相态
微滤(MF)	脱除或浓缩液体中的颗粒	$0.02\sim10\mu m$ 的微粒、细菌等	溶液或气体	压力差 $0.01\sim0.2MPa$	筛分	液体或气体
纳滤(NF)	脱除低分子有机物或浓缩低分子有机物	相对分子质量为 $200\sim3000$ 的溶质	溶剂和无机物及相对分子质量<200 的物质	压力差 $(0.5\sim1 MPa)$	溶解扩散及筛分	液体
超滤(UF)	脱除溶液中大分子或大分子与小分子溶质分离	相对分子质量 $10\,000\sim200\,000$ 的溶质	低分子	压力差$(0.1\sim10MPa)$	筛分	液体
反渗透(RO)	纯水制备,小分子物质浓缩	$0.1\sim10nm$ 溶解性小分子	溶剂	压力差	溶解扩散	液体
渗析(D)	大分子溶液脱除低分子溶质,或低分子溶液脱除大分子溶质	大于 $0.02\mu m$ 的物质	低分子和小分子溶剂	浓度梯度	筛分、阻碍扩散	液体
电渗析(ED)	脱除溶液中的离子或浓缩溶液中的离子成分	非离子型化合物、大分子物质	有机、无机离子	电势梯度	反离子传递	液体
气体分离(GS)	气体的浓缩或净化	大分子或低溶解性气体	小分子或高溶解性气体	浓度梯度(分压差)	溶解扩散	气相
渗透汽化(PV)	液体的浓缩或提纯	大分子或低溶解性物质	小分子或高溶解性或高挥发性物质	浓度梯度、温度梯度	溶解扩散	进料:液相 透过物:气相

续表

类型	分离目的	截留物	透过物性质	推动力	原理	原料、透过物相态
蒸汽渗透（VP）	有机溶剂的脱水	难渗液体	蒸汽	压力差	溶解-扩散	气相
膜蒸馏（MD）	纯水制备,水溶液的浓缩和分离	非挥发的小分子和溶剂	高蒸气压的挥发组分	温度差	蒸气扩散渗透	液体

▶▶ 课堂活动

选择正确的膜分离类型完成下述纯化分离：①除菌；②蛋白质、多肽和多糖的回收和浓缩；③氨基酸、糖的浓缩；④氨基酸和有机酸的分离；⑤有机溶剂与水的分离

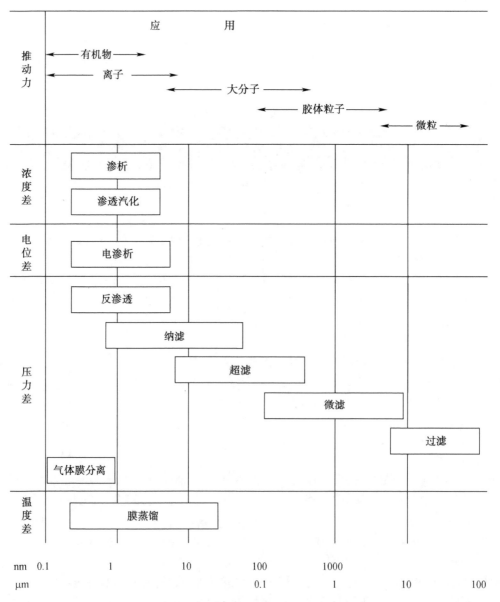

图 6-2 膜分离过程的应用范围

1. 膜分离是利用膜的选择性分离功能，在推动力（浓度差、压力差、电位差等）作用下实现料液中不同组分的分离、纯化、浓缩的操作过程。

2. 膜分离可分微滤、纳滤、超滤、反渗透、渗析、电渗析、气体分离、渗透汽化、蒸汽渗透、膜蒸馏等。

第二节　膜及膜组件

一、膜

膜是指分隔两相界面，并以特定的形式限制和传递各种物质的分离介质。膜分离过程能否满足生产要求，膜的分离性能是关键，而膜材料的化学性质和膜的结构对膜分离性能起决定作用，因此膜分离性能决定了膜分离操作的可行性和经济性。

1. **膜的种类**　分离膜按材料的来源可分为天然生物膜与人工合成膜；按膜分离过程的推动力可分为压力差、电位差、浓度差、温度差等膜；按状态分为固膜、液膜、气膜；按结构形态可分为对称膜、不对称膜（非对称膜、复合膜）；按电性可分为非荷电膜和荷电膜等。各种膜的结构如图 6-3 所示。

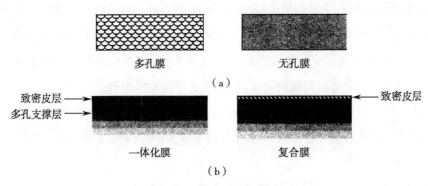

图 6-3　各种膜结构示意图
（a）对称膜；（b）非对称膜

（1）对称膜：膜两侧截面的结构及形态相同，且孔径与孔径分布也基本一致的膜称为对称膜。对称膜有疏松的多孔膜和致密的无孔膜两大类，如图 6-3（a）所示，膜的厚度为 $10\sim200\mu m$，传质阻力由膜的总厚度决定，降低膜的厚度可以提高透过速率，根据孔径大小，多孔膜可用于微滤、超滤及纳滤等过程，具有疏水或亲水功能的对称多孔膜还可用于膜蒸馏等过程。致密的无孔膜有玻璃态聚合物膜和橡胶态聚合物膜两类，可用于气体分离等过程。致密的无孔膜的传递阻力与膜的总厚度有关，降低膜的厚度能提高渗透率。

（2）非对称膜：非对称膜的横断面具有不对称结构，如图 6-3（b）所示。一体化非对称膜是用同种材料制备、由厚度为 $0.1\sim0.5\mu m$ 的致密皮层和 $50\sim150\mu m$ 的多孔支撑层构成，其支撑层结构具有一定的强度,在较高的压力下也不会引起很大的形变。此外,也可在多孔支撑层上覆盖一层不同材料的致密皮层构成复合膜。显然,复合膜也是一种非对称膜。对于复合膜,可优选不同的膜材料制备致密皮层与多孔支撑层,使每一层独立地发挥最大作用。非对称膜的分离主要或完全由很薄的皮层决定,传质阻力小,其透过速率较对称膜高得多,因此非对称膜在工业上应用十分广泛。

(3)荷电膜:常用的荷电膜即离子交换膜,按膜的作用机制可分为阳离子交换膜、阴离子交换膜以及具有特种性能的离子交换膜。阳离子交换膜上带有阴离子固定基团以及与阴离子连接的可解离阳离子;反之,阴离子交换膜带有阳离子固定基团,使膜带正电荷,能选择性地吸附和透过阴离子。离子交换膜通常用于渗析、电渗析、膜电解过程,带有正或负电荷的微孔膜也可用于微滤、超滤、纳滤等膜过程。

2. 膜材料　各种膜过程所需的常用膜材料可分为天然高分子膜、有机合成高分子膜和无机材料膜等 3 大类。

(1)天然高分子膜:主要为纤维素衍生物,应用最早,也是目前应用最多的膜材料。在注射针剂生产中,药液除菌过滤使用的大多是醋酸纤维膜,醋酸纤维素是由纤维素与醋酸反应而制成的,是应用最早和最多的膜材料,常用于反渗透膜、超滤膜和微滤膜的制备。醋酸纤维素膜的优点是价格便宜,分离和透过性能良好。缺点是使用的 pH 范围比较窄,一般仅为 3~8,容易被微生物分解,且在高压下长时间操作时容易被压密而引起膜通量下降。

(2)有机合成高分子膜:主要为聚烯烃、聚砜、聚酰胺类等。这类材料成膜性能较好,一般能承受 70~80℃ 的温度,某些可高达 125℃,使用 pH 都有很好的稳定性,使用寿命较长。聚砜类具有耐酸、耐碱的优点,可用作制备超滤和微滤膜的材料,由于此类材料的性能稳定、机械强度好,因而也可作为反渗透膜、气体分离膜等复合膜的支撑材料,缺点是耐有机溶剂的性能较差;聚酰胺类制备的膜,具有良好的分离与透过性能,且耐高压、耐高温、耐溶剂,是制备耐溶剂超滤膜和非水溶液分离膜的首选材料,缺点是耐氯性能较差;聚丙烯腈也是制备超滤、微滤膜的常用材料,其亲水性能使膜的水通量比聚砜膜的要大。

(3)无机材料膜:陶瓷膜、微孔玻璃膜、金属膜和碳分子筛膜,特点是有一定的机械强度,耐高温、耐有机溶剂,但缺点是不易加工,造价较高,目前市场占有率约为 6%,但最近几年增长速度达 33% 左右,远远高于有机膜。在注射剂生产中,提高药液的澄明度多采用陶瓷膜。

膜的选择不仅要考虑药物自身的性质,料液的性质,还要考虑膜本身的特性,三者综合考虑,选择分离效果好且水通量大的膜,并由实验验证,才能成为适合生产的膜。

3. 膜的分离性能　表征膜性能的参数主要有:膜的孔道特性(如孔径大小、孔径分布、孔隙率等)、膜的荷电性与亲水性能、膜的截留率与截留分子量、膜的渗透通量等。

(1)孔道特征:膜的孔径一般用两个物理量来表述,即最大孔径和平均孔径。它们在一定程度上反映了模孔的大小,但各有局限性。孔径分布是指膜中一定大小的孔占整个孔的体积分数;孔径分布数值越大,说明孔径分布较窄,膜的分离选择性越好。孔隙率是指整个模孔所占的体积分数;孔隙率越大,流动阻力越小,但膜的机械强度会降低。

（2）选择性

1）截留率或脱除率：

$$R_{\mathrm{E}} = \left(1 - \frac{c_{\mathrm{p}}}{c_{\mathrm{b}}}\right) \times 100\% \qquad \text{式（6-1）}$$

式（6-1）中，c_{b}、c_{p} 分别表示高压侧膜表面的溶质浓度、透过液的溶质浓度。

截留率为100%时，表示溶质全部被膜截留；截留率为0%时，则表示溶质全部透过膜，无分离作用。通常截留率在0%~100%。

2）截留分子量：通常用于表示膜的分离性能。截留分子量是指截留率为90%时所对应的溶质分子量。截留分子量的高低，在一定程度上反映了膜孔径的大小；通常可用一系列不同分子量的标准物质进行测定。图6-4为截留率与截留分子量关系曲线，称为截留曲线。从图中可看出，相同截留率的3个膜，截留曲线越陡直，膜的孔径分布数值越窄，其截留分子量范围越窄，说明膜的分离性能越好。

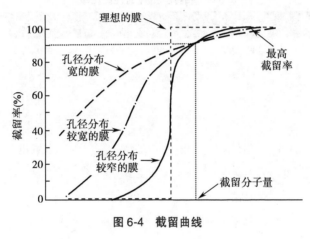

图6-4　截留曲线

（3）透过性：单位时间内通过单位膜面积的透过物的量。

$$J_{\omega} = \frac{V}{St} \qquad \text{式（6-2）}$$

式（6-2）中，V 为透过液的容积或质量，S 为膜的有效面积，t 为运转时间。

案例分析

案例：

用反渗透技术处理溶质浓度为3%（质量）的蔗糖溶液，渗透液含溶质为150ppm（1ppm＝10^{-6}），如何选择正确评价膜的分离性能？

分析：

$$R = \frac{c_{\text{蔗糖，原料}} - c_{\text{蔗糖，渗透物}}}{c_{\text{蔗糖，原料}}} = 1 - \frac{c_{\text{蔗糖，渗透物}}}{c_{\text{蔗糖，原料}}} = 1 - \frac{150}{30\,000} = 0.995$$

因为溶剂分子可以自由通过膜，所以对于含有一种溶剂和一种溶质的液相混合物，用溶质截留率 R 表示选择性更为方便。

二、膜组件

将膜按一定的技术要求组装在一起即成为膜组件,它是所有膜分离装置的核心部件,其基本要素包括膜、膜的支撑体或连接物、流体通道、密封件、壳体及外接口等。将膜组件与泵、过滤器、阀、仪表及管路等按一定的技术要求装配在一起,即成为膜分离装置。

对膜组件的一般要求:①原料侧与透过侧的流体有良好的流动状态,以减少返混、浓差极化和膜污染;②具有尽可能高的装填密度,使单位体积的膜组件中具有较高的有效膜面积;③对膜能提供足够高的机械支撑,密封性良好,膜的安装和更换方便;④设备费和操作费低;⑤适合特定的操作条件,安全可靠,易于维修等。

1. 膜组件的类型　常见的膜组件有板框式、管式、卷绕式和中空纤维膜组件。四种膜组件的性能比较,见表6-2。

表6-2　四种膜组件的性能比较

项目	卷绕式	中空纤维	管式	板框式
填充密度(m^2/m^3)	$200\sim800$	$500\sim30\,000$	$30\sim328$	$30\sim500$
流动阻力	中等	大	小	中等
抗污染	中等	差	极优	好
易清洗	较好	差	优	好
膜更换方式	组件	组件	膜或组件	膜
组件结构	复杂	复杂	简单	非常复杂
膜更换成本	较高	较高	中	低
料液预处理	需要	需要	不需要	需要
高压操作	适合	适合	困难	困难
相对价格	较高	低	较高	高

(1)板框式膜组件:将平板膜、支撑板和挡板以适当的方式组合在一起即成。典型平板膜片的长和宽均为1m,厚度为200μm。板框式膜组件构造示意图如图6-5(a)所示,板框式膜组件流向如图6-5(b)所示。

(2)管式膜组件:将膜制成直径约几毫米或几厘米、长约6m的圆管,即成为管式膜。管式膜可以玻璃纤维、多孔金属或其他适宜的多孔材料作为支撑体。将一定数量的管式膜安装于同一个多孔的不锈钢、陶瓷或塑料管内,即成为管式膜组件,如图6-6所示。管式膜组件有内压式和外压式两种安装方式。当采用内压式安装时,管式膜位于几层耐压管的内侧,料液在管内流动,而渗透液则穿过膜并由外套环隙中流出,浓缩液从管内流出。当采用外压式安装时,管式膜位于几层耐压管的外侧,原料液在管外侧流动,而渗透液则穿过膜进入管内,并由管内流出,浓缩液则从外套环隙中流出。

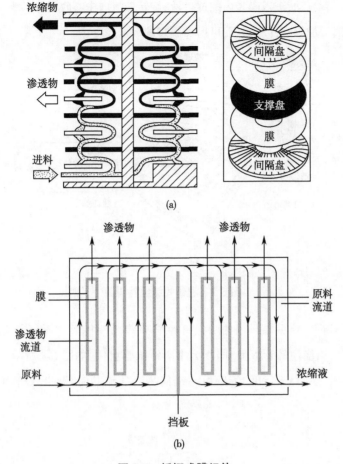

图 6-5　板框式膜组件

（a）板框式膜组件构造示意图；（b）板框式膜组件流向示意图

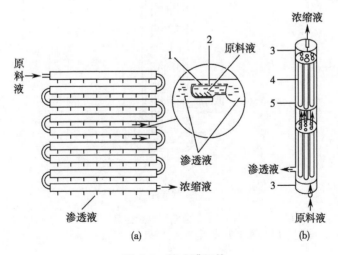

图 6-6　管式膜组件

（a）内压单管式；（b）内压管束式

1. 多孔外衬管；2. 管式膜；3. 耐压端套；4. 玻璃钢管；5. 渗透液收集外壳

（3）卷绕式膜组件：将一定数量的膜袋同时卷绕于一根中心管上而成，如图 6-7 所示。膜袋由两层膜构成，其中三个边沿被密封而粘接在一起，另一个开放的边沿与一根多孔的产品收集管即中心管相连。膜袋内填充多孔支撑材料以形成透过液流道，膜袋之间填充网状材料以形成料液流道。工作时料液平行于中心管流动,进入膜袋内的透过液,旋转着流向中心收集管。为减少透过侧的阻力,膜袋不宜太长。若需增加膜组件的面积,可增加膜袋的数量。

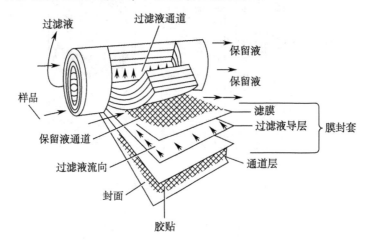

图6-7　卷绕式膜组件构图

(4)中空纤维膜组件:将一端封闭的中空纤维管束装入圆柱形耐压容器内,并将纤维束的开口端固定于由环氧树脂浇注的管板上,即成为中空纤维膜组件,如图6-8所示。工作时,加压原料液由膜件的一端进入,当料液经纤维管壁由一端向另一端流动时,渗进入管内通道,并由开口端排出。

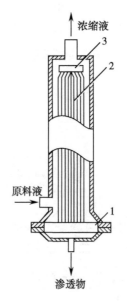

图6-8　中空纤维膜组件
1. 环氧树脂管板;2. 纤维束;3. 纤维束端封

▶ 课堂活动

　　微滤,超滤不选用中空纤维式膜组件,反渗透不选用管式膜组件和板框式膜组件,请说明理由。

2. 膜组件的流型　见图 6-9。

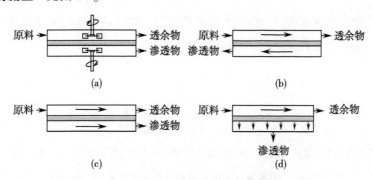

图 6-9　膜组件中理想流型示意图
(a)理想混合；(b)逆流；(c)并流；(d)错流

难点释疑

微滤和超滤常采用错流过滤，而不采用常规过滤流型。

常规过滤时，溶剂和小于膜孔的颗粒在压力作用下透过膜，大于膜孔的颗粒则被膜截留而停留在膜表面，形成一层污染层。错流过滤与常规过滤不同的是，料液流经膜表面产生的高剪切力可使沉积在膜表面的颗粒扩散返回主体流，从而被带出微滤组件，使污染层不能无限增厚。

对于某一个膜分离过程，究竟采用何种形式的膜组件及流型，还需要根据原料情况和产品要求等实际条件具体分析，全面权衡，优化选定。

点滴积累　∨

1. 微滤常选用对称膜；超滤、反渗透选用非对称膜，复合膜；电渗析选用离子交换膜；气相分离与渗透蒸发均可选用对称膜，不对称膜及复合膜。
2. 表征膜性能的参数有膜孔径大小、膜的截留率与截留分子量、膜的通透量。
3. 膜组件类型有板框式、管式、卷绕式和中空纤维膜组件，膜组件采用错流流型，可以减少膜污染。

第三节　常用膜分离技术

膜分离过程的种类很多，常见的有微滤、超滤、反渗透、渗析和电渗析等。

一、微滤

微滤原理　微孔过滤（简称微滤）是以静压差为推动力，利用膜的"筛分"作用进行分离的膜过程。微滤的介质为均质多孔结构的滤膜，在静压差的作用下，小于膜孔的粒子通过滤膜，比膜孔大的粒子则被截留在滤膜表面，且不会因压力差升高而导致大于孔径的微粒穿过滤膜，从而使大小不同的组分得以分离。

微孔滤膜截留微粒的方式有:机械截留、架桥及吸附。机械截留作用是指膜具有截留比它孔径大或与孔径相当的微粒等杂质的作用,即筛分作用。

> **知识链接**
>
> 表面过滤和深层过滤
>
> 根据微滤过程中微粒被膜截留在表面或深层的现象,可将微滤分成表面过滤和深层过滤两种。 当料液中微粒的直径与膜孔相近时,随着微滤过程的进行,微粒会被截留在膜表面并堵塞膜孔,这种过程称为表面过滤。 而当微粒的粒径小于孔径时,微粒在过滤时随流体进入膜的深层并被截留下来,这种称为深层过滤。

微滤属于压力推动的膜工艺系列,一般来说操作的跨膜压差为 0.01~0.2MPa。微滤膜的孔径范围为 0.11~10μm,可脱除或浓缩溶液中的颗粒,主要适合对悬浮液和乳液进行截留或浓缩以及低浊度液体除菌。由于微滤所分离的粒子通常远大于反渗透、纳滤和超滤所分离的溶液中的溶质及大分子,基本上属于固-液分离。微滤在应用中遇到的最主要问题是通量下降,主要是由于浓差极化和膜污染造成的。

二、超滤

1. 超滤原理　超滤过程的推动力是膜两侧的压力差,属于压力驱动膜过程。当液体在压力差的推动力下流过膜表面时,溶液里直径比膜孔小的分子将透过膜进入低压侧,而直径比膜孔大的分子则被截留下来,透过膜的液体称为渗透液,剩余的液体称为浓缩液,如图 6-10 所示。

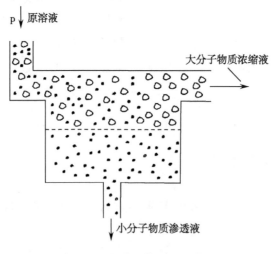

图 6-10　超滤过程原理示意图

超滤可有效除去水中的微粒、胶体、细菌、热原质和各种有机物,但几乎不能截留无机离子。

超滤膜的孔径为 $(1~5)×10^{-8}$m,膜表面有效截留层的厚度较小,一般仅为 $(1~100)×10^{-7}$m,操作压力差一般为 0.1~0.5MPa,可分离相对分子质量 500 以上的大分子和胶体微粒。常用的膜材料有醋酸纤维、聚砜、聚丙烯腈、聚酰胺、聚偏氟乙烯等。

在超滤过程中,单位时间内通过膜的溶液体积称为膜通量。由于膜不仅本身具有阻力,而且在超滤过程中还会因浓差极化、形成凝胶层、受到污染等原因而产生新的阻力。因此,随着超滤过程的进行,膜通量将逐渐下降。

▶ 课堂活动

怎样用膜分离的方式提高中药注射剂的质量?

为了防止药液中有效成分被截留或吸附,降低产品得率,一般选用截留相对分子质量在 1 万~20 万的超滤膜,先除去相对分子质量在数万至数百万的热原,然后再用吸附剂除去相对分子质量在几万以下的热原和相对分子质量约为 2000 的热原活性脂多糖终端结构类脂 A,这种二级处理工艺对于中药有效成分为黄酮类、生物碱类、总苷等相对分子质量在 1000 以下的注射剂除热原、除菌非常有效,产品符合静脉注射剂的质量标准。

2. 浓差极化　由于膜的选择透过性因素,在膜分离过程中,小分子物质从高压侧透过膜到低压侧,大分子溶质被截留在膜表面附近积累,造成由膜表面到溶液主体之间的具有浓度梯度的边界层,它将引起溶质从膜表面通过边界层向溶液主体反向扩散,这种现象称为浓差极化。对于以压力差为推动力的膜分离过程,无论是微滤还是超滤,都会出现浓差极化现象。

图 6-11 为浓差极化示意图。在膜分离过程中,溶剂和小分子物质透过膜,而大分子物质被截留,随着膜分离过程的进行,膜表面的浓度 C_i 不断升高,料液内的浓度 C_f 不断降低,浓度差(C_i-C_f)不断增大,造成从膜面到溶液主体的渗透压增高,使分离过程的有效推动力降低,表现为膜通量下降。生产中为了保持较高的渗透通量,常采用提高操作压力的方法,伴随压力的升高,杂质的透过率也随之增加,从而导致溶质的截留率降低,影响透过液质量。

随着膜面浓度的增大,溶质可能在膜表面呈最紧密排列,或形成凝胶层,阻碍液体透过膜,使渗透通量进一步下降。此时若再增加操作压力,不仅不能提高渗透通量,反而会使凝胶层厚度增加,使渗透通量降低至极低。

(1)浓差极化对膜分离过程产生的不良影响:①由于浓差极化,膜表面处溶质浓度升高,使溶液的渗透压升高,当操作压差一定时,膜分离过程的有效推动力下降,导致溶剂的渗透通量下降;②由于浓差极化,膜表面处溶质的浓度升高,使溶质通过膜孔的传质推动力增大,溶质的渗透通量升高,截留率

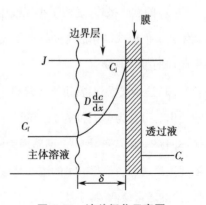

图 6-11　浓差极化示意图

降低,这说明浓差极化现象的存在对溶剂渗透通量的增加有了限制;③膜表面处溶质的浓度高于溶解度时,在膜表面上将形成沉淀,会堵塞膜孔并减少溶剂的渗透通量;④会导致膜分离性能的改变;⑤出现膜污染,膜污染严重时,几乎等于在膜表面又可形成一层二次薄膜,会导致膜透过性能的大幅度下降,甚至完全消失。

(2)减轻浓差极化的有效途径:即提高传质系数 k,采取的措施有提高料液流速、增强料液湍动程度、提高操作温度、对膜面进行定期清洗和采用性能好的膜材料等。

3. 超滤操作　在超滤过程中,料液的性质和操作条件对膜通量均有一定的影响。为提高膜通量,应采取适当的措施,尽可能减少浓差极化和膜污染等所产生的阻力。

(1)料液流速:提高料液流速,可有效减轻膜表面的浓差极化。但流速也不能太快,否则会产生过大的压力降,并加速膜分离性能的衰退。对于螺旋式膜组件,可在液流通道上安放湍流促进材料,或使膜支撑物产生振动,以改善料液的流动状况,抑制浓差极化,从而保证超滤装置能正常、稳定地运行。

(2)操作压力:通常所说的操作压力是指超滤装置内料液进、出口压力的算术平均值。在一定的范围内,膜通量随操作压力的增加而增大,但当压力增加至某一临界值时,膜通量将趋于恒定。此时的膜通量称为临界膜通量。在超滤过程中,为提高膜通量,可适当提高操作压力。但操作压力不能过高,否则膜可能被压密。一般情况下,实际超滤操作可维持在临界膜通量附近进行。

(3)操作温度:温度越高,料液黏度越小,扩散系数则越大。因此,提高温度可提高膜通量。一般情况下,温度每升高 1℃,膜通量约提高 2.15%。因此,在膜允许的温度内,可采用相对高的操作温度,以提高膜通量。

(4)进料浓度:随着超滤过程的进行,料液主体的浓度逐渐增高,黏度和边界层厚度亦相应增大。研究表明,对超滤而言,料液主体浓度过高无论在技术上还是在经济上都是不利的,因此对超滤过程中料液主体的浓度应加以限制。

4. 超滤过程的工艺流程　超滤的操作方式可分为重过滤和错流过滤两大类。重过滤是靠料液的液柱压力为推动力,但这样操作时浓差极化和膜污染严重,很少采用,而常采用的是错流操作。错流操作工艺流程又可分为间歇式和连续式。

(1)间歇式操作:适用于小规模生产,超滤工艺中工业污水处理及其溶液的浓缩过程多采用间歇工艺。间歇式操作的主要特点是膜可以保持在一个最佳的浓度范围内运行,在低浓度时,可以得到最佳的膜水通量。

(2)连续式操作:常用于大规模生产,连续式超滤过程是指料液连续不断加入贮槽和产品的不断产出。可分为单级和多级。单级连续式操作过程的效率较低,一般采用多级连续式操作。将几个循环回路串联起来,每一个回路即为一级,每一级都在一个固定的浓度下操作,从第一级到最后一级浓度逐渐增加。最后一级的浓度是最大的,即为浓缩产品。多级操作只有在最后一级的高浓度下操作,渗透通量最低,其他级操作浓度均较低,渗透通量相应也较大,因此级效率高;而且多级操作所需的总膜面积较小。它适合在大规模生产中使用,特别适用于食品工业领域。

5. 超滤的应用　超滤的技术应用可分为 3 种类型:浓缩;小分子溶质的分离;大分子溶质的分级。绝大部分的工业应用属于浓缩这一方面,也可以采用与大分子结合或复合的办法分离小分子溶质。在制药工业中,超滤常用作反渗透、电渗析、离子交换等装置的前处理设备。在制药生产中经常用于病毒及病毒蛋白的精制。

案例分析

案例：

常规水提醇沉工艺除杂后，口服液仍残存少量胶体、微粒等，久置后会出现明显的絮状沉淀物，影响药液的外观性状，采用膜分离处理能大大提高产品质量。

分析：

新工艺为原料经水提后进行浓缩，经微滤、超滤得到产品，其中超滤膜为截留相对分子质量为6000的聚砜膜，新工艺制备的产品口服液储藏期内澄清透明，无絮状沉淀物产生。

三、反渗透

1. **渗透和反渗透**　将纯水和一定浓度的盐溶液分别置于半透膜的两侧，开始时两边液面等高，如图6-12(a)所示。由于膜两侧水的化学位不等，水将自发地由纯水侧穿过半透膜向溶液侧流动，这种现象称为渗透。随着水的不断渗透，溶液侧的液位上升，使膜两侧的压力差增大。当压力差足以阻止水向溶液侧流动时，渗透过程达到平衡，此时的压力差称为该溶液的渗透压，如图6-12(b)所示。若在盐溶液的液面上方施加一个大于渗透压的压力，则水将由盐溶液侧经半透膜向纯水侧流动，这种现象称为反渗透，如图6-12(c)所示。

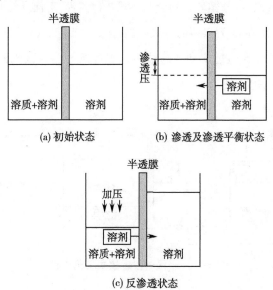

图 6-12　反渗透原理示意图

2. **反渗透的分离机制**　反渗透过程就是在压力的推动下，借助于半透膜的选择透过性，实现对液体混合物的分离。反渗透膜的选择透过性与组分在膜中的溶解、吸附和扩散有关。因此，除了与膜孔大小、结构有关外，还与膜的物理、化学性质密切关联，其中膜的化学因素(膜及表面特性)在分离过程中起主导作用。

> **难点释疑**
>
> 　　溶解-扩散理论：Lonsdale 和 Riley 等假设反渗透膜为致密无孔膜、溶质和溶剂都能溶于膜中，在浓度差和压力差的作用下，以扩散方式透过膜，再从膜的另一侧解析。由于溶剂的扩散系数较溶质的扩散系数大得多，因而溶剂以较大的扩散速率透过膜，而实现反渗透过程。
>
> 　　优先吸附-毛细孔流理论：该理论认为当水溶液与膜接触时，如果膜的化学性质使水优先吸附，则在膜与溶液界面上形成一层纯水层，其厚度与溶液性质及膜表面的化学性质有关。在外界压力作用下，该纯水层中的水沿毛细孔流动而透过膜，实现反渗透过程。

　　反渗透膜对盐离子的脱除率随盐离子所带电荷数增加而增大。绝大多数二价的盐离子，基本上能被反渗透膜完全脱除。对于相对分子质量大于 150 的大多数组分，无论是电解质还是非电解质，都能很好地截留。

　　显然，反渗透过程也属于压力推动过程。我国工业上用的反渗透膜多为致密膜、非对称膜和复合膜，常用醋酸纤维、聚酰胺等材料制成。

　　3. 反渗透操作　反渗透装置的基本单元先是反渗透膜组件，将反渗透膜组件与泵、过滤器、阀、仪表及管路等按一定的技术要求组装在一起，即成为反渗透装置。根据处理对象和生产规模的不同，反渗透装置主要有连续式、部分循环式和全循环式 3 种流程，下面介绍几种常见的工艺流程。

　　（1）一级一段连续式：图 6-13 为典型的一级一段连续式工艺流程示意图。工作时，泵将料液连续输入反渗透装置，分离所得的透过水和浓缩液由装置连续排出。该流程的缺点是水的回收率不高，因而在实际生产中的应用较少。

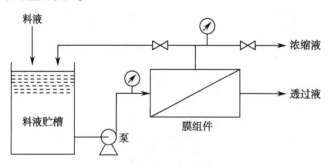

图 6-13　一级一段连续式工艺流程

　　（2）一级多段连续式：当采用一级一段连续式工艺流程达不到分离要求时，可采用多段连续式工艺流程。图 6-14 为一级多段连续式工艺流程示意图。操作时，第 1 段渗透装置的浓缩液即为第 2 段的进料液，第 2 段的浓缩液即为第 3 段的进料液，依此类推，而各段的透过液（水）经收集后连续排出。此种操作方式的优点是水的回收率及浓缩液中的溶质浓度均较高，而浓缩液的量较少。一级多段连续式流程适用于处理量较大且回收率要求较高的场合，如苦咸水的淡化以及低浓度盐水或自来水的净化等均采用该流程。

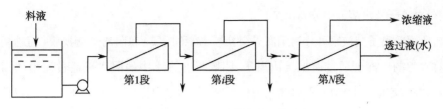

图 6-14　一级多段连续式工艺流程

（3）一级一段循环式:在反渗透操作中,将连续加入的原料液与部分浓缩液混合后作为进料液,而其余的浓缩液和透过液则连续排出,该流程即为部分循环式工艺流程,如图 6-15 所示。采用部分循环式工艺流程可提高水的回收率,但由于浓缩液中的溶质浓度要比原进料液中的高,因此透过水的水质有可能下降。部分循环式工艺流程可连续去除料液中的溶剂水,常用于废液等的浓缩处理。

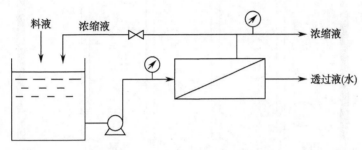

图 6-15　一级一段循环式工艺流程

4. **反渗透的应用**　反渗透技术的大规模应用主要在海水和苦咸水的淡化,此外还应用于纯水制备,生活用水、含油污水、电镀污水处理以及乳品、果汁的浓缩、生化和生物制剂的分离和浓缩等。

案例分析

案例:

浓缩木糖醇生产过程中的木糖醇水溶液,反渗透优于三效蒸发。

分析:

三效蒸发工艺存在能耗高,劳动强度大,容易产生焦糖现象和污染环境等缺点,而采用反渗透浓缩木糖醇溶液,由于常温下运行,无焦糖和新色素生成之忧,同时还可除去溶液中的部分酸和少量的盐离子,减轻了后续离子交换树脂处理的负担,不仅生产周期短,降低了生产成本,而且木糖醇的质量还有了很大的提高。

四、其他膜分离技术

1. **电渗析**　电渗析是一种专门用于处理溶液中的离子或带电粒子的膜分离技术。其原理是在外加直流电场的作用下,以电位差为推动力,使溶液中的离子作定向迁移,并利用离子交换膜的选择透过性,使带电离子从水溶液中分离出来。

　　电渗析所用的离子交换膜可分为阳离子交换膜(简称阳膜)和阴离子交换膜(简称阴膜),其中阳膜只允许水中的阳离子通过而阻挡阴离子,阴膜只允许水中的阴离子通过而阻挡阳离子。如图 6-16 所示,在直流电场的作用下,带负电荷的阴离子即 Cl^- 向正极移动,但它只能通过阴膜进入浓缩室,而不能透过阳膜,因而被截留于浓缩室中。同理,带正电荷的阳离子即 Na^+ 向负极移动,通过阳膜进入浓缩室,并在阴膜的阻挡下截留于浓缩室中。这样,浓缩室中的 NaCl 浓度逐渐升高,出水为浓缩水;而淡化室中的 NaCl 浓度逐渐下降,出水为淡水,从而达到脱盐的目的。

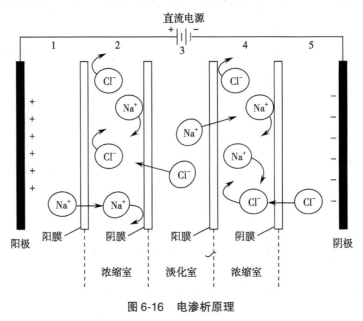

图 6-16　电渗析原理

　　电渗析技术目前已是一种相当成熟的膜分离技术,主要用途是苦咸水淡化、生产饮用水、浓缩海水制盐、从体系中脱除电解质,还可用于重金属污水处理,食品工业牛乳的脱盐、果汁的去酸及食品添加剂的制备以及制取维生素 C 等。

▶ 课堂活动

　　如何去除非电解质水溶液中的氯化钠?　请讲述其过程和机制。

　　2. 气体分离　①利用气体在膜孔内的扩散速率差实现分离;②渗透系数 J:单位时间,单位膜面积,单位推动力作用下所透过的气体的量,$m^3/(m^2 \cdot s \cdot Pa)$。

　　3. 渗透汽化　是指液体混合物在膜两侧压差的作用下,利用膜对被分离混合物中某组分有优先选择性透过膜的特点,使料液侧优先渗透组分渗透通过膜,在膜的下游侧汽化去除,从而达到混合物分离提纯的一种新型膜分离技术。主要应用场合:①从混合液中分离出少量物质,如有机物中少量水的脱除,水中少量挥发性有机物的脱除;②有机混合物的分离;③与反应过程结合,强化反应过程。

渗透汽化与反渗透传质推动动力均为压力差，但两者有区别，渗透汽化是在膜下游侧减压，以形成膜两侧混合物的分压差，使得优先渗透组分透过膜后汽化除去。料液渗透通过膜时发生相变，相变所需的能量来自料液的温降。在渗透汽化中，只要膜选择得当，可使含量极少的溶质透过膜，与大量的溶剂透过过程相比较，少量溶剂透过的渗透汽化过程更节能。

4. 渗析　又称透析，是一种以浓度差为推动力的膜分离操作，利用膜对溶质的选择透过性，实现不同性质溶质的分离。即利用半透膜能透过小分子和离子但不能透过胶体粒子的性质，从溶胶中除掉作为杂质的小分子或离子的过程。医疗上主要用于血液透析，即以透析膜代替肾除去血液中的尿素、肌酐、磷酸盐等有毒的低分子组分，以缓解肾衰竭和尿毒症患者的病情。

点滴积累

1. 微滤的作用原理是筛分，推动力是压力差，截留物是 $0.02\sim10\mu m$ 的微粒，透过物是溶液或气体，主要用于悬浮液和乳液的截留或浓缩以及低浊度液体除菌。

2. 超滤的作用原理是筛分，推动力是压力差，截留物是 $0.01\sim0.1\mu m$ 的微粒，透过物是低分子，主要用于脱除溶液中大分子或大分子与小分子物质的分离。

3. 反渗透的作用原理是溶解扩散，推动力是压力差，截留物是尺寸为 $0.1\sim10nm$ 的各种溶解性小分子，透过物是溶剂，主要用于纯水制备和小分子物质浓缩。

第四节　膜分离过程中的关键技术

一、膜的污染与防治

膜污染是指处理物料中的微粒、乳浊液、胶体或溶质分子等受某种作用而使其吸附或沉积在膜表面或膜孔内，造成膜孔径变小或堵塞的不可逆现象。这种作用可以是膜与被处理物料的物理化学作用，或浓差极化作用，或机械作用等。其结果是造成膜的透过通量下降，对某些体系，膜污染比浓差极化的影响更为严重，足以使过程难以进行。膜污染现象十分普遍，不仅造成透过通量的大幅度下降，而且影响目标产物的回收率，因此，是膜分离过程中一个十分重要的问题。膜污染的机制非常复杂，对于一种给定溶液，其污染程度不仅取决于溶液本身的特性及其与膜的相互作用力，如浓度、pH、离子强度等，还取决于具体的分离过程。污染大多发生在微滤、超滤、纳滤等以压差为推动力的膜过程中，这是由于这些过程适用的多孔膜易被截留的颗粒、胶粒、乳浊液、悬浮液等在膜表面沉积或吸附，同时也与这些过程所处理的原料特征有关。在反渗透中，仅盐等低相对分子质量溶质被截留，故污染的可能性较低。

为保证膜分离操作高效、稳定地进行,必须对膜进行定期清洗,除去膜表面及膜孔内的污染物,以恢复膜的透过性能。

1. 减轻膜污染的方法　膜过程中的污染现象是客观存在的,但可以通过选取适当的方法减轻膜污染现象。

(1)原料液预处理及溶液特性控制:为减少污染,首先要确定适当的预处理方法,有时采用很简单的方法可以取得良好的效果。预处理方法包括:热处理、调节 pH、加螯合剂(EDTA 等)、氯化、活性炭吸附、化学净化、预微滤和预超滤等。对被处理溶液特性控制也可改善膜的污染程度,如对蛋白质分离或浓缩时,当将 pH 调节到对应于蛋白质的等电点时,即蛋白质为电中性时,污染程度较轻。另外,对溶液中溶质浓度、料液流率与压力、温度等的控制在某种条件下也是有效的。

(2)膜材料与膜的选取:膜的亲疏水性、荷电性会影响膜与溶质间的相互作用大小。通常认为亲水性膜及膜材料电荷与溶质电荷相同的膜较耐污染,疏水性膜则可通过膜表面改性引入亲水基团,或用复合手段复合一层亲水分离层等方法降低膜的污染。多孔的微滤与超微滤,由于通量较大,因而其污染也比一般的致密膜严重得多,使用较低通量的膜能减轻浓差极化。根据分离的体系,选择适当膜孔结构与孔径分布的膜也可以减轻污染。经验表明,具有窄孔径分布的膜有助于减轻污染;选用亲水性膜也有利于降低蛋白质在膜面上的吸附污染。因为一般状况下,蛋白质在疏水膜上比在亲水膜表面上更容易吸附且不易除去;当原料中含有带负电荷微粒时,使用带负电荷膜也有利于减少污染。另外,还可以利用膜对某些溶质具有优先的特性,预先除去这些组分;选用高亲水性膜或对膜进行适当的预处理,均可缓解污染程度,如聚砜膜用乙醇溶液浸泡,醋酸纤维膜用阳离子表面活性剂处理。

(3)膜组件及膜运行条件的选择:通过对膜组件结构的筛选及运行条件的改善来降低膜的污染。采用错流过滤,可提高传质系数;采用不同形式的湍流强化器减少污染;对小规模应用场合,应用浸润式和转动式膜器系统也能有效地控制膜的污染。

尽管上述方法均可在某种程度上减少污染,但在实际应用中,还是要采用适当的清洗方法,清洗是膜分离过程不可缺少的步骤。

2. 膜的清洗与保存　清洗方法的选择主要取决于膜的种类与构型、膜耐化学试剂的能力以及污染物的种类。膜的清洗方法大致可以分成水力清洗、机械清洗、电清洗和化学清洗 4 种。

(1)水力清洗:方法有膜表面低压高速水洗、反冲洗、在低压下和空气混合流体或空气喷射冲洗等,清洗水可用进料液或透过水。在清洗时,可以一定频率交替加压、减压和改变流向,经过一段时间操作后,原料侧减压,渗透物反向流回原料侧以除去膜内或膜表面的污染层,这种方法可使膜的透水性得到一定程度的恢复;抽吸清洗类似于反清洗,在某些情况下,清洗效果较好。

(2)机械清洗:有海绵球清洗或刷洗,通常用于内压式管膜的清洗。海绵球的直径比膜管径稍大一些,通过水力使海绵球在管内表面流动,强制性地洗去膜表面的污染物,该法几乎能全部去除软质垢,但若对硬质垢的清洗,则易损伤膜表面。

(3)电清洗:是通过在膜上施加电场,使带电粒子或分子沿电场方向迁移,达到清除污染物的目的。电清洗的具体方法有电场过滤清洗、脉冲电解清洗、电渗透反洗、超声波清洗等。

(4)化学清洗:是减少膜污染的最重要方法之一,一般选用稀酸或稀碱溶液、表面活性剂、络合剂、氧化剂和酶制剂等为清洗剂。具体采用何种清洗剂,则要根据膜和污染物的性质及它们之间的相互作用而定,原则是使选用的清洗剂既具有良好的去污能力,同时又不能损害膜的过滤性能。如果用清水即可恢复膜的透过性能,则尽量不要使用其他清洗剂。

实践经验表明,对蛋白质吸附所引起的膜污染,用胃蛋白酶、胰蛋白酶等溶液清洗效果较好;月桂基磺酸钠、加酶洗涤剂等对蛋白质、多糖类、油脂类等有机污垢及细菌有效;1%~2%的枸橼酸铵水溶液(pH=4)用于含钙结垢、金属氢氧化物、无机胶质等的清洗,可防止对醋酸纤维素膜的水解;过硼酸钠溶液、尿素、硼酸、醇等可清洗去堵塞在膜孔内的胶体;水溶性乳化液对被油和氧化铁污染的膜的清洗有效;2%的 H_2O_2 溶液对被废水和有机物污染的膜具有良好的清洗效果。EDTA 较之枸橼酸对碱土金属具有更多的键合位置和更大的络合常数,有极强的螯合能力,可与钙、镁、铁和钡等形成可溶性络合物,因此,1%~2%的 EDTA 溶液常被用于锅炉用水等的处理。

膜清洗效果常用纯水透水率恢复系数 r 来表征,可按式(6-3)计算:

$$r = \frac{J_Q}{J_0} \times 100\% \qquad\qquad 式(6-3)$$

式(6-3)中,J_Q 为清洗后膜的纯水透过通量,J_0 为膜的初始纯水透过通量。

二、影响膜分离的因素

影响膜分离的因素很多,一般从料液性质、操作条件、膜本身三方面考虑。

1. 料液性质的影响

(1)料液浓度:实验研究表明,膜通量与浓度的对数呈直线关系。一般而言,随着料液浓度的增高,料液黏度会增大,形成浓差极化层的时间缩短,从而使水通量和分离效率降低。因此,在进行膜分离时应注意控制料液的浓度。

(2)蛋白质含量、电荷及粒径:当料液内蛋白质含量较高时,会在膜表面形成一层致密的凝胶层,严重时出现膜堵塞,造成水通量急剧降低。若蛋白质的荷电性与膜的电性相反,电位差越大,凝胶层越厚;若蛋白质的荷电性与膜的电性相同,膜污染程度较轻。当溶液中的颗粒直径与孔径尺寸相近时,则可能被截留在膜孔道的一定深度上而产生堵塞,造成膜的不可逆污染。

(3)料液 pH 与无机盐:溶液的 pH 可对溶质的溶解特性、荷电性产生影响,同时对膜的亲疏水性和荷电性也有较大的影响。在生物制药的料液中常含有多种蛋白质、无机盐类等物质,它们的存在对膜污染产生重大影响。在等电点时,膜对蛋白质的吸附量最高,使膜污染加重,而无机盐复合物会在膜表面或膜孔上直接沉积而污染膜。

2. 操作条件的影响

(1)操作压力:由于浓差极化的影响,随着膜分离过程的进行,膜通量不断下降,当膜通量下降到原来的70%时,下降趋势更加显著,此时的操作压力称为临界压力。在临界压力以下,操作压差与膜通量基本成正比关系;而在临界压力以上,操作压差与膜通量不再存在线性关系,其曲线逐渐平缓。在膜分离操作过程中,膜操作压力不应超过临界压力,在临界压力以上操作极易出现膜污染的情况,对膜的使用寿命及分离效果有严重影响。

(2)料液流速:错流操作时,料液流速是影响膜渗透通量的重要因素之一。较大的流速会在膜表面产生较高的剪切力,能带走沉积于膜表面的颗粒、溶质等物质,减轻浓差极化的影响,有效地提高膜通量。在实际操作时,料液流速的大小主要取决于料液的性质和膜材料的机械强度。一般情况下,料液流速控制在 2~8m/s。

(3)温度:温度升高,溶液黏度下降,传质扩散系数增大,可促进膜表面溶质向溶液主体运动,使浓差极化层的厚度变薄,从而提高膜通量。一般来说,只要膜与料液及溶质的稳定性允许,应尽量选取较高的操作温度,使膜分离在较高的渗透通量下进行。

3. 膜的影响

(1)膜材质:膜材料的理化性能构成膜材料的特性,如膜材料的分子结构决定膜表面的电荷性、亲水性、疏水性;膜的孔径大小及其分布决定膜孔性能、渗透通量、截留率和截留分子量等。一般情况下,膜的亲水性越好,孔径越小,膜污染程度越小。

(2)使用时间:膜在使用一段时间后,由于经过多次清洗,膜表面的活性层、膜内的网络状支撑层会遭到破坏,可能出现逐渐溶解、破坏、断裂的现象,使膜的平均孔径数值增大,膜的孔径分布变宽,此时会出现透过液色级增加、固体微粒增多、质量变差的现象。

点滴积累　∨

1. 减轻膜污染的方法　原料液预处理、选择合适的膜及膜组件。
2. 产生污染的膜可通过物理及化学的方式进行清洗。
3. 影响膜分离的影响因素包括料液性质、操作条件和膜本身三方面。

第五节　液膜分离技术

液膜分离是20世纪60年代中期诞生的一种膜分离技术,是一种以液膜为分离介质,以浓度差为推动力的膜分离操作,具有比表面积大、分离效率高、速度快、过程简单、成本低、用途广等特点。其在废水处理、生物制品分离与生物医药分离、湿法冶金、化工分离等方面已显示出广泛的应用前景。

液膜分离技术涉及3种液体:通常将含有被分离组分的料液作连续相,称为外相;接受被分离组分的液体,称为内相;成膜的液体处于两者之间,称为膜相。在液膜分离过程中,被分离组分从外相进入膜相,再转入内相,浓集于内相。如果工艺过程有特殊要求,也可将料液作为内相,接受液作为外相。这时被分离组分的传递方向,则从内相进入外相。

一、液膜类型

1. **乳状液膜**　先将内相溶液以微液滴(滴径为 1~100μm)形式分散在膜相溶液中,形成乳液(称为制乳);然后将乳液以液滴(滴径为 0.5~5mm)形式分散在外相溶液中,就形成乳化液膜系统,如图6-17(a)所示。液膜的有效厚度为1~10μm。为保持乳液在分离过程中的稳定性,膜相溶液中加有表面活性剂和稳定添加剂。接受了被分离组分的乳液,还须经过相分离,得到单一的内相溶液,再从中取得被分离组分,并使膜相溶液返回,用于重新制备乳液。对乳液作相分离的操作称为破乳,方法是用高速离心机作沉降分离,或用高压电场促进微液滴凝聚,或加入破乳剂破坏微液滴的稳定性,然后再作分离。

2. 固定液膜 又称支撑液膜,是微孔薄膜浸渍于膜相溶液后形成的由固相支撑的液膜,如图6-17(b)所示。支撑液膜比乳化液膜厚,而且膜内通道弯曲,传质阻力较大,但它不需制乳和破乳,操作较为简便,更适合于工业应用,这类液膜多用来分离和富集金属离子。

流动液膜也是一种支撑液膜,为弥补上述支撑液膜的液膜相容易流失的缺点而提出的,其液膜相可循环流动,因此在操作过程中即使有所损失也很容易补充,不必停止萃取操作进行液膜的再生。

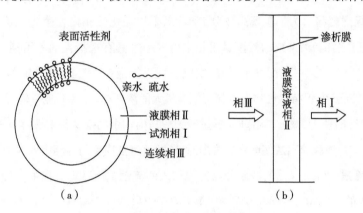

图6-17 液膜结构示意图

二、液膜材料的选择

制备合乎要求的液膜分离体系,其关键是选择最合适的膜溶剂、表面活性剂、流动载体、添加剂等液膜材料。

1. 膜溶剂的选择 考虑液膜的稳定性,要求膜溶剂有一定的黏度。在有流动载体时,能溶解载体而不溶解溶质;在无流动载体时,能对欲分离的溶质优先溶解。为减少溶剂的损失,还要求溶剂不溶于膜的内、外相。

2. 表面活性剂的选择 首先要知道适合于该体系乳化剂的HLB值,其次是参考一些经验性的选择依据:①要考虑表面活性剂的离子类型,根据具体情况加以采用,其中以非离子表面活性剂为佳,因其在低浓度时乳化性能良好,所以在液膜技术中普遍采用;②要求憎水基与被乳化物结构相似,以获得较好亲和力;③乳化分散剂在被乳化物中易溶解,乳化效果好。目前,常采用的表面活性剂有Span 80(山梨糖醇单油酸酯)、ENJ-3029(聚胺)、ENJ-3064(聚胺)等。

3. 载体的选择 作为流动载体必须具备如下条件:①溶解性,流动载体及其络合物必须能溶于液膜相,而不溶于邻接的溶液相;②络合性,作为有效载体,其络合物形成体应该有适中的稳定性,即该载体必须在膜的一侧强烈地络合指定的溶质,从而可以转移它,而在膜的另一侧很微弱地络合指定的溶质,从而可以释放它,来实现指定溶质的跨膜迁移过程;③载体应不与膜相的表面活性剂反应,以免降低膜的稳定性。

4. 添加剂　在分离操作过程中要求液膜具有一定的稳定性,而在破乳阶段又要求它容易破碎,为了使两者统一,通常使用添加剂,也叫表面助剂。

三、液膜分离机制

1. 单纯迁移(物理渗透)　根据料液中各种溶质在膜相中的溶解度(分配系数)和扩散系数的差异进行分离。一般情况下,溶质的扩散系数差别不大,主要靠分配系数的差别实现分离。溶质的迁移过程如图6-18(a)所示,利用混合物中各组分透过液膜的渗透速率的差别实现组分分离,如烷烃与芳烃的液膜分离。

2. 化学反应促进迁移　为了实现高效分离,可以采用在接受相内发生化学反应的办法来促进迁移,其机制是通过在乳状液形成的液膜封闭相中引入一个具有选择性的不可逆化学反应,使特定的渗透物质与封闭相中的某一试剂发生反应,生成一种不能逆扩散穿过膜的新产物,从而使封闭相中的渗透物浓度接近于0,保持渗透物在液膜两侧有最大的浓度梯度,此即促进输送,又称Ⅰ型促进迁移,其过程如图6-18(b)所示,被分离组分A透过液膜后与内相中的反萃剂R发生化学反应,反应产物P不能透过液膜。如用液膜分离法使废水脱苯酚时,苯酚透过液膜后与内相中的NaOH反应生成酚钠。

3. 膜内载体输送　含有载体的液膜分离是靠加入的流动载体进行分离的。加入的载体与特定溶质或离子所生成的配合物必须溶于液膜相,而不溶于邻接的两个溶液相。此载体在膜的一侧强烈地与特定离子配位,因而可以吸附它。但在膜的另一侧只能微弱地和特定溶质配位,因而可以释放它。这样,流动载体在膜内、外两个界面之间来回地传递被迁移物质。如图6-18(c)所示,载体R_1作为渗透组分A在膜内传递的媒介。载体相当于萃取剂中的萃取反应剂,在外相与液膜的界面处,与渗透组分A生成络合物P_1,P_1在液膜内扩散到内相与液膜的界面,与内相中的反萃剂R_2作用而发生解络,组分A进入内相;解络后的载体在液膜内扩散返回外相与液膜界面,再一次进行络合。这方面的试验研究有铀的提取和含铬废水的处理等。

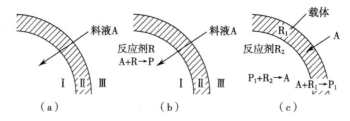

图6-18　液膜分离机制示意图

此外,液膜的外界面还能选择性地吸附料液中的悬浮物。液膜分离虽具有传质推动力大、传质速率高、接受液用量少等优点,但过程的可靠性较差,操作采用乳化液膜时,制乳、破乳困难,故适用范围较小,至今尚处于试验阶段。

四、液膜分离工艺过程

液膜分离工艺过程可分为制乳、萃取、沉降澄清、破乳四步,其中乳状液膜的制备、破乳是关键。

1. 乳状液膜的制备　首先,在高转速(8000～10 000r/min)下进行搅拌,产生足够的剪切力形成两相乳液,使内相溶液以微滴(滴径为1～100μm)的形式分散到膜相中,形成乳化液(此过程称为"制乳")。然后,在较低转速(300～500r/min)下将制得的乳化液以液滴(滴径为0.5～5mm)的形式分散到外相溶液中,这样就形成了乳化液膜体系。制乳时加入表面活性剂,以提高乳化液膜体系的稳定性;同时如果需要提高被分离物质通过液膜的迁移速率和加强分离效果,就要在液膜中加入有特定选择性的流动载体以及在内相或外相中加入能与被分离物质发生反应的试剂。为了提高膜的稳定性或增加液膜的黏度,还可以在膜相中加入少量液膜稳定剂或增稠剂,如聚丁二烯或液体石蜡等。若要形成油包水型乳化液膜,应选用表面活性剂的亲水亲油平衡值(HLB)为3～6,水包油型乳化液膜表面活性剂的HLB则为8～18。

2. 萃取　在萃取器中,乳状液膜与料液在搅拌下进行混合接触,实现传质分离。在间歇式萃取器中,其关键的工艺条件之一是控制适当的搅拌速度。搅拌速度过快会使两相间接触面积增大,但形成的乳滴细小,不利于破乳的操作,分离效果差;搅拌速度过慢,两相间接触不充分,不利于传质的进行。

3. 沉降澄清　萃取完成后,在重力作用下沉降澄清,使乳状液与萃余相之间分层,分离时应注意减少两相的相互夹带。

4. 破乳　使用过的乳状液需要回收处理,以分离膜组分和内相液体。前者再制成乳液循环利用,后者进行分离以获得被萃取的组分。破乳的方法有化学法、离心法、静电法。一般认为破乳采用高压静电凝聚法较为适宜。

点滴积累 ∨

　　1. 液膜由膜溶剂、表面活性剂、流动载体组成。

　　2. 液膜可分为乳状液膜和固定液膜。

　　3. 液膜分离机制可分单纯迁移、化学反应促进、膜内载体输送。

目标检测

一、选择题

(一) 单项选择题

1. 截留曲线描述了截留率与截留分子量之间的关系,曲线越陡直,说明(　　　)

　　A. 膜的孔径越大　　　　　B. 截留分子量范围越窄　　　C. 截留分子量范围越宽

　　D. 膜的分离性能越差　　　E. 膜的孔径越小

2. 选择膜时应考虑的原则是(　　　)

　　A. 主要考虑膜的性能　　　B. 主要考虑药物的性质　　　C. 主要考虑料液的性质

D. 综合考虑上述3方面　　　E. 上述因素都不需考虑

3. 电渗析膜过程的推动力为(　　)

    A. 压力差　　　　　　　B. 电位差　　　　　　　C. 浓度差

    D. 温度差　　　　　　　E. 以上都不是

4. 微滤、超滤、反渗透膜过程的推动力是(　　)

    A. 压力差　　　　　　　B. 电位差　　　　　　　C. 浓度差

    D. 温度差　　　　　　　E. 以上都不是

5. 下面对微滤描述不正确的是(　　)

    A. 筛分传递机制

    B. 截留物为悬浮的各种微粒

    C. 滤液为氯化钠溶液时,截留物为氯化钠

    D. 推动力为压力差

    E. 适合对悬浮液和乳液进行截留或浓缩

6. 下面对反渗透描述不正确的是(　　)

    A. 溶剂的溶解扩散传递机制

    B. 氯化钠溶液时,透过膜的为溶剂水

    C. 氯化钠溶液时,透过膜的为氯化钠

    D. 推动力为压力差

    E. 筛分传递机制

7. 蛋白质吸附所引起的膜污染采用下面哪一种化学清洗剂(　　)

    A. 胃蛋白酶清洗剂

    B. 过硼酸钠溶液、尿素、硼酸、醇

    C. 1%~2%的柠檬酸铵水溶液(pH=4)

    D. 2%的 H_2O_2 溶液

    E. 1%~2%EDTA 溶液

8. 膜组件的流型为(　　)

    A. 顺流　　　　　　　　B. 逆流　　　　　　　　C. 并流

    D. 错流　　　　　　　　E. 以上都不是

9. 液膜的主要组成是(　　)

    A. 表面活性剂　　　　　B. 流动载体　　　　　　C. 膜增强剂

    D. 膜溶剂　　　　　　　E. 以上都是

10. 液膜分离的过程不包括(　　)

A. 制备液膜 　　　　　B. 液膜萃取 　　　　　C. 离心过滤

D. 破乳 　　　　　E. 沉降澄清

11. 以下不是以压力差作为推动力的膜分离方法是(　　)

A. 电渗析 　　　　　B. 微滤 　　　　　C. 超滤

D. 反渗透 　　　　　E. 纳滤

12. 下列属于无机膜材料的是(　　)

A. 纤维素酯膜 　　　　　B. 聚碳酸酯膜 　　　　　C. 陶瓷膜

D. 聚砜膜 　　　　　E. 聚酰胺膜

13. 为了减少被截留物质在膜表面上的沉积,膜过滤常采用的操作方式是(　　)

A. 常规过滤 　　　　　B. 平行过滤 　　　　　C. 交叉过滤

D. 错流过滤 　　　　　E. 以上都可以

14. 减小反渗透过程浓差极化现象的本质是(　　)

A. 提高料液流速 　　　　　B. 提高传质系数 　　　　　C. 增加料液的湍流程度

D. 提高温度 　　　　　E. 对膜面进行定期清洗

15. 下列不是减小浓差极化有效措施的是(　　)

A. 提高料液流速提高传质系数 　　　　　B. 在料液的流通内,设置湍流促进器

C. 降低料液的温度 　　　　　D. 定期清洗膜

E. 采用性能好的膜材料

16. 非对称膜的支撑层(　　)

A. 与分离材料不同 　　　　　B. 影响膜的分离性能 　　　　　C. 只起支撑作用

D. 与分离层孔径相同 　　　　　E. 以上都是

17. 哪一种膜孔径最小(　　)

A. 微滤 　　　　　B. 超滤 　　　　　C. 反渗透

D. 纳滤 　　　　　E. 过滤

18. 蛋白质的回收与浓缩可选用(　　)

A. 电渗析 　　　　　B. 微滤 　　　　　C. 反渗透

D. 超滤 　　　　　E. 过滤

19. 乳化液膜的制备中强烈搅拌(　　)

A. 是为了让浓缩分离充分 　　　　　B. 应用在被萃取相与 W/O 的混合中

C. 应用在膜相与萃取相的乳化中 　　　　　D. 使外相的尺寸变小

E. 以上都不是

20. 哪一个是超滤技术的主要用途(　　)

A. 小分子物质的脱盐和浓缩 　　　　　B. 小分子物质的分级分离 　　　　　C. 大分子物质的纯化

D. 固-液分离 　　　　　E. 纯水的制备

（二）多项选择题

1. 膜分离技术的特点包括（　　　）

A. 有相态变化　　　　　　B. 无相态变化　　　　　　C. 有化学变化

D. 无化学变化　　　　　　E. 选择性好

2. 膜分离类型主要有（　　　）

A. 过滤　　　　　　　　　B. 微滤　　　　　　　　　C. 超滤

D. 反渗透　　　　　　　　E. 电渗析

3. 膜性能参数主要包括（　　　）

A. 水通量　　　　　　　　B. 截留率　　　　　　　　C. 截留分子量

D. 截留曲线　　　　　　　E. 压力差

4. 膜组件的类型有（　　　）

A. 板式膜组件　　　　　　B. 圆形膜组件　　　　　　C. 管式膜组件

D. 螺旋卷式膜组件　　　　E. 上述各种类型的膜组件

二、简答题

1. 在膜分离操作中，为什么要定期对膜进行清洗？长时间不使用膜时，如何保存膜？

2. 简述浓差极化现象，浓差极化造成的危害有哪些？如何预防浓差极化现象？

3. 简述膜组件的类型及其各自的优缺点。

4. 膜组件的理想流型有哪些？与常规过滤相比，理想流型有何优点？

5. 简述液膜的各种传质过程。

三、实例分析

1. 在某药品生产中，需要将药品从混合液中分离出来，现获知该药品的相对分子质量较小，能透过超滤膜，而杂质多为大分子物质，请帮助分析确定该药品的膜分离操作方式。

2. 有机溶剂如环己烷含少量的水，通过哪一种膜分离方式可去除环己烷中的水？

3. 用盐析方法从牛乳中得到的酪蛋白粗品中含有少量盐析剂硫酸钠，通过哪种膜分离方式可除去该杂质？

ER-06章习题

（马　娟）

第七章

色谱分离技术

ER-07章PPT

导学情景 ∨

情景描述:

　　某天,小明在商店里购买了一袋饼干。 拆开后,包装内有一袋用透湿性小袋包装的、内为小球型颗粒的食品干燥剂。 查看包装说明后得知此为硅胶干燥剂。

学前导语:

　　硅胶是一种中性惰性物质, 安全性好, 吸附能力强, 吸水性好, 是目前唯一通过美国FDA认证的, 能直接与食品、药品接触的干燥剂。 除了用作干燥剂外, 硅胶因其良好的吸附性能, 也是吸附技术常用的吸附剂, 应用广泛。 但是硅胶吸水后, 其吸附性能会下降, 当硅胶含水量大于17%时, 硅胶会失活, 失去吸附力。 本章我们将带领同学们学习包括吸附技术在内的各类色谱分离技术的基本原理、应用及基本操作。 通过学习, 希望同学们能够了解硅胶在色谱分离技术中的应用。

　　色谱分离技术是利用不同组分在两相中的物理化学性质(如吸附力、分子大小、分子亲和力、分配系数等)的不同,通过两相不断的相对运动,使各组分以不同的速率移动而将各组分分离的技术,是一类相关分离方法的总称。

　　色谱技术是1903年由俄国植物学家茨维特(Tswett)提出的。茨维特在研究植物色素的组成时,将植物色素的石油醚提取液倾入碳酸钙吸附柱上,当以石油醚进行洗脱时,吸附柱上出现植物色素不同颜色的谱带,于是,他首先提出了“色谱法”这一概念。后来此法逐渐应用于无色物质的分离,“色谱法”二字虽已失去原来的含义,但仍被人们沿用至今。

　　色谱技术自发明以来,经历了一个多世纪的发展,到今天已经成为最重要的分离分析手段,广泛地应用于诸多领域,如石油化工、有机合成、生理生化、医药卫生、环境保护,乃至空间探索等。

第一节　色谱分离基本知识

　　色谱分离主要是利用物质在两相中物理化学性质的差异而进行分离。在分离过程中,通常将表面积较大的固体或附着在固体上且不发生运动的液体称为固定相;将不断流动的气体或液体称为流动相。当流动相携带样品中不同组分经过固定相时,就会与固定相发生作用,由于样品中各组分的物理化学性质不同,导致其与固定相发生相互作用的类型、强弱也不同,所以在同一推动力的作用下,不同组分在固定相滞留的时间长短不同,产生差速迁移,从而按先后不同的次序从固定相中流出,实现组分的分离。如图 7-1 所示。

由色谱分离过程可看出,差速迁移是色谱分离的基础,混合物中各组分理化性质的差异、固定相的吸附能力和流动相的解吸(洗脱)能力是产生差速迁移的 3 个最重要的因素。

一、色谱分离技术分类

色谱分离技术从不同的角度,有不同的分类方法。

(一) 按流动相和固定相的状态分类

1. 按流动相的状态分类 色谱分离中的流动相可以是气体、液体或超临界流体,相应地分为气相色谱(gas chromatography,GC)、液相色谱(liquid chromatography,LC)和超临界流体色谱(supercritical fluid chromatography,SFC)。

2. 按固定相的状态分类 按固定相的状态分类,固定相可以是固体或液体。因此,气相色谱法又可分为气-固色谱法(GSC)与气-液色谱法(GLC),前者以气体为流动相,固体为固定相;后者以气体为流动相,液体为固定相。液相色谱又可分为液-固色谱(LSC)和液-液色谱(LLC),前者以液体为流动相,固体为固定相;后者是以一种液体为流动相,另一种不相混溶的液体为固定相。

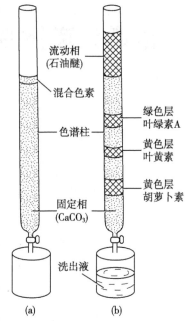

图 7-1 植物色素的色谱分离过程

(二) 按固定相使用的方式分类

按固定相使用的方式可分为柱色谱、平面色谱等类别。

1. 柱色谱 将固定相装在色谱柱里,色谱过程在色谱柱内进行。

2. 平面色谱 在固定相构成的平面上进行色谱过程的色谱技术,又分为纸色谱和薄层色谱。

(三) 按分离机制分类

按色谱过程的分离机制可分为吸附色谱、分配色谱、离子交换色谱、凝胶色谱及亲和色谱等类别。

1. 吸附色谱 吸附色谱所用的固定相为吸附剂,依靠样品组分在吸附剂上的吸附系数(吸附能力)差别而分离。

2. 分配色谱 分配色谱的固定相和流动相均为液体,利用样品组分在固定相与流动相中的溶解度差异,引起分配系数的差别而分离。LLC 与 GLC 都属于分配色谱法范围。分配色谱中,流动相的极性大于固定相极性的液相色谱法,称为反相色谱;反之,称为正相色谱。

3. 离子交换色谱 离子交换色谱是靠样品离子与固定相的可交换基团间交换能力(交换系数)的差别而实现分离的色谱方法。其固定相有离子交换树脂、离子交换纤维素和离子交换凝胶 3 种。其中离子交换树脂最为常用。

4. 凝胶色谱 凝胶色谱也称为体积排阻色谱,其固定相凝胶是具有多孔隙网状结构的固体物质,在以液体为流动相时,被分离物质会按分子大小得到分离,多用于高聚物分子质量分布和含量的测定。

5. 亲和色谱　亲和色谱是将具有生物活性(如酶、辅酶、抗体等)的配位基键合到非溶性载体或基质表面上形成固定相,利用蛋白质或生物大分子与亲和色谱固定相表面上配位基的亲和力进行分离的色谱法。这种方法专用于分离与纯化蛋白质等生化样品。

知识链接

其他色谱技术

高速逆流色谱法是将无载体支持的固定相稳定地保留在分离柱中,然后将样品和流动相单向、低速通过固定相。流动相与固定相不相混溶,使得样品中的不同化学成分在两相之间反复分配,按分配系数的不同而逐渐分离,并被依次洗脱。

毛细管电色谱的分离机制是靠色谱与电场两种作用力,依据样品组分的分配系数及电泳速度差别而分离。该法可分为填充毛细管电色谱法及开管毛细管电色谱法两大类。前者是将细粒径固定相填充在毛细管柱中,后者是把固定相的官能团键合在毛细管内壁表面上而形成的色谱柱。毛细管电色谱法是最新的色谱法,柱效可达 10^6 片/米,它快速、经济、应用广,是最有前途的分析方法。

(四) 按使用领域不同对色谱仪的分类

1. 分析型色谱仪　分析型色谱仪可分为实验室用色谱仪和便携式色谱仪。它主要用于各种样品的分析,其特点是色谱柱较细,分析的样品量少。

2. 制备型色谱仪　制备型色谱仪可分为实验室用制备型色谱仪和工业用大型制造纯物质的制备色谱仪,可以完成一般分离方法难以完成的纯物质制备任务,如纯化学试剂的制备,蛋白质的纯化。

3. 专属型色谱仪　专属型色谱仪只用于分析某一类化合物的色谱仪,如氨基酸自动分析仪,它属于液相色谱仪的范畴。

二、色谱分离技术的特点

与其他分离纯化方法相比,色谱分离技术具有如下特点。

1. 分离效率高　若用理论塔板数来表示色谱柱的效率,每米柱长可以达几千至几十万的塔板数,特别适合于极复杂混合物的分离,且通常收率、产率和纯度都较高。

2. 应用范围广　从极性到非极性、小分子到大分子、无机到有机及生物活性物质、热稳定到热不稳定的化合物,都可用色谱分离法分离。

3. 操作模式多样　在色谱分离中,可通过选择不同的操作模式,以适应不同样品的分离要求。

4. 高灵敏度在线检测　在分离与纯化过程中,可根据产品的性质,应用不同的物理与化学原理,采用不同的高灵敏度检测器进行连续的在线检测,从而保证了在达到要求的产品纯度下,获得最高的产率。

5. 处理量小,操作周期长,难以连续生产。

三、色谱分离中常用的术语和参数

在色谱分离的过程中,试样经色谱柱分离后的各组分随流动相先后进入检测器,并由检测器将浓度信号转换为电信号,再由记录仪记录下来。这种电信号强度随时间变化而形成的曲线,称为色谱流出曲线,即色谱图,如图 7-2 所示。

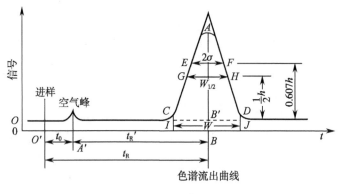

图 7-2 色谱图

1. 基线 在正常操作条件下,没有组分流出,只有流动相通过检测器时的信号-时间曲线。基线是仪器(主要是检测器)正常工作与否的衡量标准之一。正常的基线是一条平行于时间轴的直线,在图 7-2 中 OC 为基线。

2. 色谱峰 色谱流出曲线上的突起部分称为色谱峰。正常的色谱峰(又称高斯峰)为对称正态分布曲线,曲线有最高点,以此点的横坐标为中心,曲线对称地向两侧快速单调下降。但实际上流出曲线并非完全对称,不正常的色谱峰有拖尾峰和前沿峰,如图 7-3 所示。色谱峰顶点与峰底之间的垂直距离称为峰高,用 h 表示;峰与峰底之间的面积称为峰面积,用 A 表示,可作为定量分析的参数。

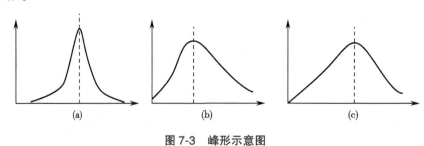

图 7-3 峰形示意图

3. 保留值

(1)保留时间 t_R:从进样开始到某个组分在柱后出现峰极大值的时间间隔,称为该组分的保留时间,即从进样到柱后某组分出现浓度极大值的时间间隔,见图 7-2。

(2)死时间 t_0:不被固定相保留的组分,从进样开始到出现峰极大值的时间间隔称为死时间,见图 7-2。

(3)调整保留时间 t_R':扣除死时间后的保留时间即为调整保留时间,见图 7-2。用公式表示为：$t'_R = t_R - t_0$。

调整保留时间可理解为：某组分因溶解于固定相或被固定相吸附的缘故，而比不溶解或不被吸附的组分在柱中多滞留了一些时间。在实验条件(温度、固定相等)一定时，调整保留时间只决定于组分的性质。因此，混合物样品进行色谱分离时，调整保留时间是产生差速迁移的物理化学基础，是色谱法定性的基本参数之一。

(4)保留体积 V_R：从进样开始到样品中某组分在柱后出现浓度极大值时，所通过流动相的体积，称为保留体积，又称洗脱体积(线性洗脱)。对于具有正常峰形的组分，保留体积即为样品中某组分的一半被流动相带出色谱柱时所需的流动相体积。

(5)死体积 V_0：不被固定相滞留的组分，从开始进样到柱出口被测出组分出现浓度最大值所需的时间，即指填充柱内固定相颗粒间的间隙体积、色谱仪中管路和接头间的体积以及检测器内部体积的总和。

(6)调整保留体积 V'_R：扣除死体积后的保留体积称为调整保留体积。死体积 V_0 反映了色谱柱的几何特性，它与被测物质的性质无关。保留体积 V_R 中扣除死体积 V_0 后，即校正保留体积 V'_R，将更合理地反映被测组分的保留特点。

(7)相对保留值 $R_{2,1}$：在相同的操作条件下，待测组分与参比组分的校正保留值之比，称为相对保留值，又称为选择因子。其定义式为：

$$R_{2,1} = \frac{t'_{R_2}}{t'_{R_1}} = \frac{V'_{R_2}}{V'_{R_1}}$$ 式(7-1)

式(7-1)中，t'_{R_2}，t'_{R_1} 分别为被测物质和参比物质的校正保留时间；V'_{R_2}，V'_{R_1} 分别为被测物质和参比物质的校正保留体积。

相对保留值 $R_{2,1}$ 可以消除某些操作条件对保留值的影响，只要柱温、固定相和流动相的性质保持不变，即使填充情况、柱长、柱径及流动相流速有所变化，相对保留值仍保持不变。

4. 区域宽度 色谱峰的区域宽度可衡量柱效，并且可与峰高相乘来计算峰面积，如图7-2所示。色谱峰的区域宽度通常有3种表示方法。

(1)标准偏差 σ：即 $0.607h$ 峰高处的峰宽的 $1/2$。

(2)半高峰宽 $W_{1/2}$：即 $1/2$ 峰高处的峰宽。它与标准偏差的关系为：$W_{1/2} = 2.355\sigma$。

(3)峰宽 W：自色谱峰两侧的转折点(拐点)处所作的切线与峰底相交于两点，这两点间的距离称为峰宽。它与标准偏差的关系为：$W = 4\sigma$。标准偏差、峰宽与半高峰宽的单位由色谱峰横坐标单位而定，可以是时间、体积或距离等。在理想的色谱中，组分的谱带应是很窄的，若谱带较宽，将直接导致分离效果下降。

5. 分离度 R 分离度又称分辨率或分辨度，为相邻两组分色谱峰保留值之差与两组分色谱峰峰底宽度平均值的比值，即

$$R = \frac{t_{R_2} - t_{R_1}}{(W_1 + W_2)/2}$$ 式(7-2)

分离度是一个综合性指标,既能反映柱效率又能反映选择性,称总分离效能指标。根据分离度 R 的大小可以判断被分离物质在色谱柱中的分离情况。R 值越大,两色谱峰的距离越远,分离效果越好。一般来说,当 R<1 时,两峰有部分重叠;当 R=1 时,两峰基本分离,称为 4σ 分离,裸露峰面积为 95.4%;当 R=1.5 时,相邻两组分已完全分离,称为 6σ 分离,裸露峰面积为 99.7%。一般用 R= 1.5 作为两峰完全分离的标志。

6. 平衡系数　色谱分离技术是依据混合物中各组分物理化学性质(如吸附力、分子形状及大小、分子的荷电性、溶解度及亲和力等)的差异,通过物质在两相间反复多次的平衡过程,使各组分在两相中的移动速率或分布程度不同,表现为各组分的流出次序不同而使各组分分离的技术。由此可知,色谱分离一般属于物理分离方法,其最基本的特征是有一个固定相和一个流动相,各组分的分离发生在两相进行相对运动的过程中。

在定温定压条件下,当色谱分离过程达到平衡状态时,某种组分在固定相 S 和流动相 m 中含量(浓度)C 的比值,称为平衡系数 K(也称分配系数、吸附系数、选择性系数等)。其表达通式可写为:

$$K = C_s / C_m \qquad\qquad 式(7\text{-}3)$$

式(7-3)中,K 为平衡系数(分配系数、吸附系数、选择性系数等);C_s 为固定相中的浓度;C_m 为流动相中的浓度。平衡系数 K 主要与以下因素有关:被分离物质本身的性质;固定相和流动相的性质;色谱柱的操作温度。一般情况下,温度与平衡系数成反比,各组分平衡系数 K 的差异程度决定了色谱分离的效果,K 值差异越大,色谱分离效果越理想。

7. 阻滞因数或比移值　在色谱柱(纸、板)中,溶质的移动速率与流动相的移动速率之比,称为阻滞因数或比移值 R_f,其定义式可写为:

$$R_f = \frac{溶质(浓度中心)的移动速率}{流动相的移动速率}$$

$$= \frac{溶质(浓度中心)的移动距离(r)}{在同一时间流动相前沿的移动距离(R)} \qquad 式(7\text{-}4)$$

R_f 与平衡系数 K 有关。

点滴积累　∨

1. 色谱分离是利用各物质在固定相和流动相中停留的时间不同而实现分离的。

2. 色谱分离常用参数有保留值、区域宽度、分离度、比移值、平衡系数。

第二节　吸附及吸附色谱技术

吸附技术是利用适当的吸附剂,使液体(气体)中的特定组分被吸附剂所吸附,然后再以适当的洗脱剂将其解吸下来,达到分离特定组分或纯化液体(气体)的目的。在表面上能发生吸附作用的多孔固体颗粒称为吸附剂,而被吸附的物质称为吸附质。根据吸附剂与吸附质之间作用力的不同,吸附可分为物理吸附、化学吸附两大类;吸附剂与吸附质之间作用力是分子间引力(范德华力)的吸附过程为物理吸附,由于分子间引力存在于吸附剂的整个自由界面与吸附质之间,故物理吸附的选择性非常低;吸附剂与吸附质之间有电子转移而生成化学键的吸附过程为化学吸附,由于化学吸附生成化学键,故其选择性较强。

吸附技术已有悠久的应用历史,随着新型吸附剂的开发,吸附技术在石油化工、冶金、电子、食品、制药、环保等方面的应用越来越广泛。如药厂净化车间所需空气的净化和除菌、抗生素药物生产中的脱色和去除热原、工业废水中酚及其重金属离子的脱除等都采用吸附技术。

一、吸附基本知识

(一)吸附原理

1. 吸附力 固体表面分子或原子所处的状态与固体内部分子或原子所处的状态不同。如图7-4所示,固体内部分子或原子受到邻近四周分子的作用力是对称的,作用力总和为零,即彼此相互抵消,故作用力处于平衡状态;而界面上的分子介于两相之间,因此受到的作用力是不平衡的,作用力的总和不等于零,合力的方向指向了固体内部,所以处于表面的固相分子能自发地吸附分子、原子或离子。吸附剂是多孔固体颗粒,由于微孔的存在,其比表面积很大,因此具有较强的吸附能力。

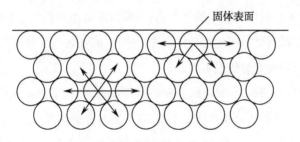

图7-4 固体表面吸附力示意图

2. 吸附平衡 当固体吸附剂从溶液中吸附溶质达平衡时,其吸附量与溶液浓度和温度有关。当温度一定时,吸附量与溶液浓度的关系曲线称为吸附等温线,如图7-5所示。

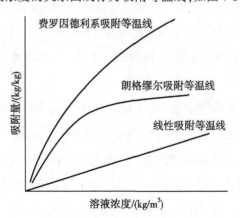

图7-5 三种常见的吸附等温线

吸附等温线描述了吸附过程的动态平衡关系,是吸附过程操作和控制的理论基础。影响吸附等温线形状的因素很多,溶质的溶解度、离子化程度、各溶质间的相互作用、吸附剂表面状态、吸附剂颗粒的形状和大小、溶质的扩散速度、共吸附现象、流体在床层中的流动状态等都影响吸附平衡。

（二）吸附剂

吸附剂按其化学结构可分为两大类，一类是无机吸附剂，包括白土、氧化铝、硅胶、硅藻土等；另一类是有机吸附剂，主要有活性炭、聚酰胺、纤维素、大孔树脂等。按照吸附机制可分为物理吸附剂、化学吸附剂；按吸附剂的形态和孔结构不同可分为球形颗粒吸附剂、纤维形吸附剂、无定形颗粒吸附剂等。吸附色谱中常用的有活性炭、硅胶、氧化铝、聚酰胺和大孔树脂等。

1. 活性炭 活性炭吸附剂的外观呈黑色，外形有粉末状、纤维状、颗粒状、球状、圆柱状等多种形状，结构为多孔隙、多孔径的炭化物，其表面积较大，因此具有良好的吸附能力。活性炭主要是以含碳量较高的物质制成，如木材、煤、果壳、骨、石油残渣等，不同原料生产的活性炭具有不同的孔径，活性炭孔径一般分为 3 类：大孔的孔径为 $(1000 \sim 10\,000) \times 10^{-10}$ m；过渡孔的孔径为 $(20 \sim 1000) \times 10^{-10}$ m；微孔的孔径在 20×10^{-10} m 以下。根据以上特性可以看出，针对不同的吸附对象，需选用相应的活性炭，以做到最好的性价比。因此，一般在液相吸附中，应选用较多过渡孔径及平均孔径较大的活性炭。

因吸附机制比较复杂，经过对大量有机化合物吸附性能的研究，用活性炭作为吸附剂时，吸附过程遵循以下几点规律：①同族列的有机化合物，分子量愈大，吸附量愈多；②分子量相同的有机化合物，芳香族化合物一般比脂肪族化合物容易吸附；③直链化合物比侧链化合物容易吸附；④对极性基团多的化合物的吸附力大于极性基团少的化合物；⑤溶解度愈小，疏水性愈强，愈容易吸附；⑥一般在中性条件下进行吸附，碱性物质在酸性条件下进行解吸，酸性物质在碱性条件下解吸；⑦被其他基团置换位置不同的异构体，吸附性能也不同。

粉末状活性炭的总表面积最大，其吸附力和吸附量也最大，但其颗粒太细，影响过滤速率，且色黑质轻，污染环境；另外由于活性炭生产原料来源不同、制备方法不同，使得吸附力有所不同，给生产控制带来不便。活性炭是非极性吸附剂，在水溶液中的吸附力最强，在有机溶剂中的吸附力较弱。在选用时不仅要考虑有较好的吸附力，还要考虑洗脱难易程度，防止洗脱剂用量过大，洗脱高峰不集中等问题。

活性炭主要用于除去水中的污染物、各种注射药剂的脱色、过滤净化液体，也可用于抗生素、维生素及其原料药的脱色和去除热原等，还可用于对空气的净化处理、废气回收、贵重金属的回收及提炼等领域；在环境保护方面，活性炭也发挥着越来越大的作用，随着科学的发展，活性炭的用途也越来越广泛。

2. 大孔吸附树脂 大孔吸附树脂是一种不溶于酸、碱及各种有机溶剂的有机高分子聚合物，只有多孔骨架，没有引入离子交换功能团，其性质与活性炭等吸附剂类似，根据骨架极性强弱可分为非极性、中等极性和极性 3 类。大孔吸附树脂是一种非离子型共聚物，它能够借助范德华力从溶液中吸附各种有机物质，其吸附能力不仅与树脂的化学结构和物理性能有关，还与溶质及溶液的性质有关。根据"类似物容易吸附类似物"的原则，一般非极性吸附树脂适宜于从极性溶剂中吸附非极性溶质，极性吸附树脂适宜于从非极性溶剂中吸附极性溶质，而中等极性的吸附树脂则对上述两种情况都具有吸附能力。

大孔吸附树脂的内部具有三维空间立体孔结构，其孔径与比表面积都比较大、物理化学性质稳定，具有吸附容量大、选择性好、吸附速度快、解吸条件温和、再生处理方便、使用周期长、宜于构成闭路循环、节省费用等诸多优点。最早应用于废水处理、医药工业、化学工业、分析化学、临床检定和治疗等领域,近年来在我国已广泛用于中草药有效成分的提取、分离和纯化工作中。

3. 硅胶 硅胶是一种常用的极性吸附剂,其主要的优点是惰性、吸附量大和容易制备成各种类型(具有不同孔径和表面积)的硅胶。硅胶通常用 SiO_xH_2O 表示,是具有多孔性的硅氧交联结构,表面有许多硅醇基(—Si—OH)的多孔微粒。硅胶的吸附性是由于其表面含硅醇基(—Si—OH),而—OH能与极性化合物或不饱和化合物形成氢键所致,一般来说,成分的极性越大,被吸附得越牢固。水能与硅胶表面羟基结合成水合硅醇基而使其失去活性,但当硅胶加热到100℃,该水能被可逆地除去。硅胶具有微酸性,常用于有机酸、氨基酸、萜类、甾体类化合物的分离。

硅胶的分离效率取决于其颗粒大小和粒度分布范围。颗粒大小和粒度分布范围宽的硅胶分离效果差、且扩散较为严重,但分离速度快。

4. 氧化铝 氧化铝也属于极性吸附剂,其吸附规律与硅胶类似。色谱用的氧化铝分为酸性、中性和碱性3种。碱性氧化铝(pH 9)、中性氧化铝(pH 7~7.5)及酸性氧化铝(pH 3.5~4.5)都是由氢氧化铝制得的,但条件不同。碱性氧化铝用于碳氢化合物、对碱稳定的中性色素、甾体化合物、生物碱的分离;中性氧化铝应用最广,用于分离生物碱、挥发油、萜类化合物、甾体化合物及酸、碱中不稳定的苷类、酯、内酯等;酸性氧化铝用于分离酸性物质如氨基酸及对酸稳定的中性物质。氧化铝的活性分5级,其含水量分别为0(Ⅰ级)、3(Ⅱ级)、6(Ⅲ级)、10(Ⅳ级)、15(Ⅴ级)。Ⅰ级吸附能力太强,Ⅴ级吸附能力太弱,所以一般常用Ⅱ-Ⅲ级。

5. 聚酰胺 聚酰胺是用尼龙-6(或尼龙-66)溶于乙酸或浓盐酸制成的。由于它们有较好的亲水及亲脂性能,所以用于分离一些水溶性和脂溶性的物质,如酚类、氨基酸等的分离。它们溶于浓盐酸及甲酸等一些强酸,微溶于乙酸、苯酚等弱酸,难溶于水、甲醇、乙醇、丙酮、苯、三氯甲烷等有机溶剂。对碱稳定,对酸及高温不稳定。

聚酰胺分子内存在着很多酰胺基和羰基,容易形成氢键,因而对酚类及硝基化合物产生吸附作用。由于上述各类化合物中的基团形成氢键的能力不同,聚酰胺对它们的吸附力大小也不同,所以用来分离这些类别的化合物特别有利。

此外,硅藻土、硅酸镁等也可作为吸附剂,但应用较少。

(三) 吸附工艺及其控制

1. 吸附工艺过程 在药品生产中,当需要用吸附法除去料液中的杂质时,其工艺比较简单,料液一次或多次通过吸附剂后,即可达到精制分离的目的。当需要用吸附剂吸附有效药物成分时,其工艺不仅包括吸附过程,还包括解析过程,才能实现药物分离的目的。常用的解析方法为置换解吸,通过改变解吸溶剂中吸附组分的浓度,使被吸附组分解吸放出。

吸附剂使用一段时间以后,其吸附能力下降,常需对吸附剂进行再生;一般采用加热法排出解吸溶剂,然后再对吸附剂干燥的方法。

2. 吸附过程控制 如图7-6所示,在等温条件下,动态吸附过程中的物质传递可以分成4个阶段:①溶质穿过固体吸附剂颗粒外两相界面的边界膜,扩散进入毛细孔内;②从毛细孔流动相进入颗粒相的内表面;③吸附于内表面的活性点上;④溶质由内表面扩散进入固体吸附剂的晶格内。

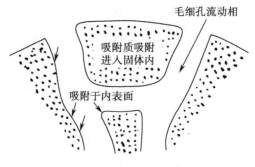

毛细孔流动相

吸附质吸附
进入固体内

吸附于内表面

图 7-6 等温下吸附过程

3. 影响吸附的因素 固体在溶液中的吸附过程比较复杂,影响因素很多,主要从吸附剂、吸附质、溶剂和吸附操作条件等方面考虑。

(1)吸附剂:不同吸附剂对同一吸附质的吸附能力不同,同一吸附剂因其结构、理化性能不同,对吸附的影响也很大。比表面积越大,空隙度越高,吸附容量就越大;而吸附剂的颗粒度越小,孔径大小适当、分布均匀,吸附速率就越快。吸附剂的用量也会影响吸附,若吸附剂用量过大,可能导致吸附选择性差,造成溶剂和溶液中不允许吸附物质的损失,还会使吸附成本增高。

(2)吸附质:不同吸附质在同一吸附剂上的吸附能力是不同的,即吸附质是影响吸附的因素之一。一般情况下,能使表面张力降低的吸附质易于被吸附;吸附质的溶解度越大,吸附量越小;根据"相似相溶"原理,溶解在非极性溶剂中的极性吸附质易被极性吸附剂吸附,溶解在极性溶剂中的非极性吸附质易被非极性吸附剂吸附。根据吸附平衡可知,吸附质的浓度越高,吸附量也越大。

(3)溶剂:一般吸附质溶解在单溶剂中易被吸附,若溶解在混合溶剂中则不易被吸附;因此,一般单溶剂吸附用混合溶剂解吸。

(4)吸附操作条件:操作温度的影响与吸附过程的吸附热大小有关。对于物理吸附,一般吸附热较小,温度变化对吸附的影响不大;但温度对吸附质的溶解度有影响,温度越高,溶解度越大,不利于吸附。对于化学吸附,吸附热越大,温度对吸附的影响越大。溶液 pH 对吸附有一定的影响。吸附操作的最佳 pH,通常由实验决定。

(5)其他组分:当从含有两种以上组分的溶液中进行吸附时,由于各组分的性质不同,对吸附的影响可能不同,可以互相促进、互相干扰或互不干扰。其中,盐类对吸附作用的影响比较复杂,在有些盐浓度下能阻止吸附,但在另一些盐浓度下能促进吸附,因此盐的浓度对于选择性吸附很重要,一般通过实验来确定适宜的盐浓度。

二、吸附色谱技术

吸附色谱的固定相为固体吸附剂,吸附剂表面的活性中心具有吸附能力。混合物被流动相带入柱内,吸附剂对被分离成分的吸附能力越强,被分离成分吸附得越牢固,在色谱中移动的速度就越慢,反之移动得就快,因此,依据固定相对不同物质的吸附力不同而使混合物分离的方法,称为吸附色谱法。

（一）吸附色谱原理

当所用的吸附剂和展开剂一定时,吸附力的大小主要取决于被分离成分的性质,不同的吸附剂对成分的吸附有着自己的规律,比如硅胶色谱中,成分极性越大,被吸附得越牢固,展开的速度就慢,反之展开的速度快,据此可把极性不同的一系列化合物分离、展开。如图 7-7 所示,吸附力不同的三组分混合物(白球分子○>黑球分子●>三角分子△),在随着洗脱剂向下流动的过程中被逐渐分开,吸附力最小的三角分子△最先流出色谱柱,依次流出黑球分子●和白球分子○,实现了混合物的分离。

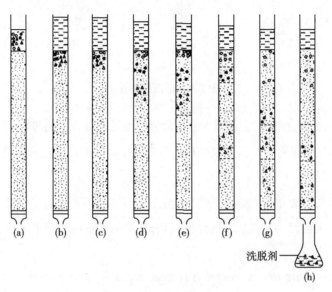

图 7-7　吸附色谱过程示意图

吸附色谱应用最早,其关键是固体吸附剂的性能。随着固体吸附剂制造技术的发展,高效有机材料制成的吸附剂逐渐被开发应用,常用的固体吸附剂有强极性硅胶、中等极性氧化铝、非极性活性炭及氢键作用的聚酰胺等。这些色谱分离方法尽管其作用机制和作用力不同,但都可以看作是可逆的吸附作用。

（二）吸附柱色谱的分离操作

1. 色谱柱的选择　色谱柱一般是圆柱形容器内装各类固定相而制得的。圆柱形容器直径要均匀,通常用玻璃制成,工业中的大型色谱柱可用金属制造,为了便于观察,一般在柱壁上嵌一条玻璃或有机玻璃。色谱柱类型多种多样(图 7-8),长径比一般为 20(有些高达 90~100),若柱粗而短,则分离效果较差;若柱过长而细,分离效果虽好,但流速慢,消耗时间太长。样品长时间吸附在固定相上和长时间被光照射会使样品中的某些成分发生变化,过长的柱子装填均匀难度也较大,故通常对于分离复杂样品常先使用短而粗的柱子进行粗分,然后对于已经过粗分且成分相对较简单的样品,再用细而长的柱子进行分离。所用的色谱柱应比装入吸附剂的柱长再长一段,以备存有一定量的洗脱剂。

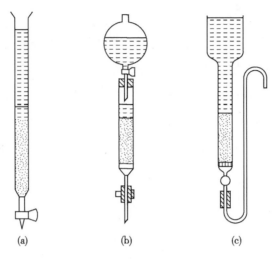

图 7-8 常用色谱柱

2. 固定相 进行色谱分离时,应根据待分离成分的性质选择合适的吸附剂。一般要求吸附剂:①有大的表面积和一定的吸附能力;②颗粒均匀,不与被分离物质发生化学作用;③对被分离的物质中各组分吸附能力不同。

吸附剂的用量要根据被分离样品的组成及其是否容易被分开而决定。一般来说,吸附剂用量为样品量的 20~50 倍。若样品中所含成分的性质很相似,则吸附剂的用量要加大,可增至 100 倍或更大些。

3. 洗脱剂(展开剂)的选择 洗脱剂的选择原则是根据被分离物质各组分的极性大小进行选择。即容易被吸附的组分,被洗脱的速度慢;相反,不太容易吸附于吸附剂,则洗脱速度快,从而达到分离物质的目的。各组分在洗脱剂中的溶解能力,基本上是"相似相溶",即欲洗脱极性大的组分,选择极性大的洗脱剂(如水、乙醇、氨等);极性小的组分宜选用极性小的洗脱剂(如石油醚、乙醚等)。

另外,被分离物质与洗脱剂不发生化学反应,洗脱剂要求纯度合格,沸点不能太高(一般为 40~80℃)。

实际上,单纯一种洗脱剂有时不能很好地分离各组分,故常用几种洗脱剂按不同比例混合,配成最合适的洗脱剂。

4. 操作方法 柱色谱操作方法分为:装柱、加样、洗脱、收集、鉴定 5 个步骤。

(1)装柱:装柱前柱子应干净、干燥,柱的底部要先放一些玻璃棉、玻璃细孔板等可拆卸的支持物,以支持固定相。常用的装柱方法有两种:①干法装柱:将固定相直接均匀地倒入柱内,中间不应间断,装柱时通常在柱的上端放一个玻璃漏斗,使固定相经漏斗成一细流状慢慢地加入柱内。必要时轻轻敲打色谱柱,使填装均匀,尤其是在填装较粗的色谱柱时更应小心。色谱柱装好后打开下端活塞,然后沿管壁轻轻倒入洗脱剂(注意在洗脱剂倒入时,严防固定相被冲起)。待固定相湿润后,注意柱内不能带有气泡。如有气泡需通过搅拌等方法设法除去,也可以在柱的上端再加入洗脱剂,然后通入压缩空气使空气泡随洗脱剂从下端流出。②湿法装柱:因湿法装柱容易赶走固定相内的气泡,故一般以湿法装柱较好。量取一定量体积(V_0)的准备用作首次洗脱的洗脱剂,倒入色谱柱中,并将活塞打开,使洗脱剂滴入接受瓶内,同时将固定相慢慢加入;或将固定相放置于烧杯中,加入一定量的洗脱剂,经充分搅拌,待固定相内的气泡被除去后再加入柱内(因后一种方法对固定相内的气泡除去得较完全,故最常用)。一边沉降一边添加,直到加完为止。固定相的加入速度不宜太快,以免带入气泡。必要时可在色谱柱的管外轻轻给予敲打,使固定相均匀下降,有助于带入的气泡外溢。

(2)上样:样品的加入有两种方法:①湿法上样:先将样品溶解于用作首次使用的洗脱剂的溶剂中,如果样品在首次使用的洗脱剂中不溶解,可改用极性较小的其他溶剂,但溶剂的极性要尽可能小,否则会大大降低分离效果,并有可能导致分离的失败(需完全溶解,不得有颗粒或固体)。溶液的体积不能过大,体积太大往往会使色带分散不集中,影响分离效果,通常样品溶液的体积不要超过色谱柱保留体积的15%。操作时先将色谱柱中固定相面上的多余洗脱剂放出,再用滴管将样品溶液慢慢加入,在加入样品时勿使柱面受到扰动,以免影响分离效果。样品溶液全部加完后,打开活塞将液体徐徐放出,当液面与柱面相平时,再用少量溶剂洗涤盛样品的容器数次,洗液全部加入色谱柱内,开始收集流出的洗脱液。②干法上样:先将样品溶解在易溶的有机溶剂中。称取一定量固定相,慢慢加入样品溶液,边加边搅拌,待固定相已完全被样品溶液湿润时,在水浴锅上蒸除溶剂,如果样品溶液还没有加完,则可重复上述步骤,直到加完为止。将拌好的样品轻轻撒在色谱柱吸附剂上面,再撒一层细砂。

(3)洗脱:上样完成后,缓缓加入洗脱溶剂,使洗脱剂的液面高出柱面约10cm,并收集洗脱液。有色物质在日光下或紫外线灯下可观察到明显的色谱带,可按色谱带收集。但是很多物质没有明显色带,而且一个色带中往往含有多种成分,故现在常常采用等馏分收集法收集,即分取一定洗脱液为一份,连续收集。理论上每份收集的体积越小,则将已分离开的成分又重新人为合并到一起的机会就越少,但每份收集的体积太小,必然要大大加大工作量。每份洗脱液的收集体积,应根据所用固定相的量和样品分离难易程度的具体情况而定,通常每份洗脱液的量约与柱的保留体积或固定相的用量大体相当。为了及时了解洗脱液中各洗脱部分的情况,以便调节收集体积的多少和选择或改变洗脱剂的极性,现在多采用薄层色谱来检查。根据色谱的结果,可将成分相同的洗脱液合并或更换洗脱剂。

在整个操作过程中,必须注意不使吸附剂表面的液体流干,否则会使色谱柱中进入气泡或形成裂缝。同时洗脱液流出的速度也不应太快,流速过快,柱中交换达不到平衡,均能影响分离效果。

点滴积累　∨ ....

1. 吸附质、吸附剂及吸附操作条件对吸附都会产生影响。

2. 常用吸附剂有活性炭、氧化铝、硅胶、大孔吸附树脂。

3. 吸附色谱法是依据固定相对不同物质的吸附力不同而使混合物分离的方法。

第三节　分配色谱技术

一、分配色谱基本知识

一种物质在两种互不相溶的溶剂中振摇,当达到平衡时,在同一温度下,该物质在两相溶剂中浓度的比值是恒定的,这个比值就称为该物质在这两种溶剂中的分配系数。在药物提取分离工作中常用的溶剂萃取,就是利用药物中化学成分在互不相溶的两相溶剂中的分配系数不同,从而达到分离的目的。如果需要分离的物质在两相溶剂中的分配系数相差很小,则一般用液-液萃取的方法无法使其分离,必须使其在两相溶剂中不断地反复分配,才能达到分离的目的,而分配色谱就能起到使其在两相溶剂中不断进行反复分配提取的效用。

分配色谱法是用一种多孔性物质作为支持剂,将一种溶剂在色谱过程中始终固定在支持剂上,因为它在色谱过程中始终是不移动的,故称之为固定相。用另一种与固定相溶剂不相混溶的溶剂来洗脱,因为它在色谱过程中始终是移动的,故称为移动相。由于移动相的连续加入,混合物中各成分一次又一次地在固定相与移动相之间按其分配系数进行无数次的分配,实际上就是移动相把成分从固定相中连续不断地提取出来并向前移动。结果是在移动相中分配量大的成分移动速度快,走在前头;在移动相中分配量小的成分移动速度慢,走在后头,从而使混合物中各成分达到彼此分离的目的。

▶▶ 课堂活动

液-液萃取分离方法与分配色谱法有何异同点?　能否用分配色谱法代替萃取分离?

将支持剂装在柱中的称为柱分配色谱,以滤纸作为支持剂的称为纸分配色谱。

柱分配色谱所用的支持剂有硅胶、硅藻土、纤维素等。硅胶由于规格不同,往往使分离结果不易重现。硅藻土(商品名 kiesilguhr,celite)由于所含的氧化硅质地较致密,几乎不发生吸附作用。用纤维素作为支持剂进行分配色谱,实际上相当于纸色谱的扩大。常规的分配色谱固定液容易流失,为了解决这一问题,人们通过化学反应将不同的有机官能团键合到载体(大多为硅胶)表面的游离羟基上,生成化学键合固定相,发展成键合相分配色谱法。

根据固定相与移动相的极性差别,分配色谱法可以分为正相分配色谱和反相分配色谱法。移动相的极性小于固定相极性的是正相分配色谱,常用的固定相有氰基与氨基键合相,主要用于分离极性及中等极性的物质。移动相的极性大于固定相极性的是反相分配色谱,反相色谱法是应用最广的色谱法,常用的固定相有 C_{18} 或 C_8 键合相,主要用于分离非极性及中等极性的化合物。

▶▶ 课堂活动

为什么硅胶在吸附色谱中使用是作为固定相,而在分配色谱中使用是作为支持剂?

使用分配色谱的分离工作难易主要决定于混合物中各成分分配系数的差异,如果分配系数相差较大,只要用较小的柱和较少的支持剂(如硅胶)就能获得满意的分离。如果分配系数相差较小,则分离同样重量的样品往往需要用较大的柱和较多的支持剂才能分开。通常在溶剂萃取中,所用的两相溶剂比大致为1:1,而在分配色谱中移动相的体积常常大于固定相5~10倍,在某些情况下甚至更大,即相当于以5~10倍甚至更大体积的有机溶剂向水溶液萃取,而分配系数的含义为溶质在两相溶剂中的浓度比,若体积增大,实际抽提出的量也大。因此在分配色谱中选择固定相和移动相时,要考虑样品在两相溶剂中的分配比(样品在移动相中的浓度/样品在固定相中的浓度),通常其分配系数选择在0.1~0.2为宜。分配系数较大时,则很快会从柱上被洗脱下来,分离效果较差。如果分配系数过大,则可采用反相分配色谱的方法进行分离,即以极性较小的溶剂作固定相,极性较大的溶剂作移动相。

原则上各类化合物均可用分配色谱的方法进行分离,但在实际工作应用中由于反相分配色谱使用得较少,主要是用于一些水溶性较大的化合物的分离,如皂苷类、糖类、氨基酸类、极性较大的强心苷类、有机酸类、酚性化合物等。

二、分配色谱的操作

分配色谱的基本操作与吸附色谱大体相同,但也有其特殊性,在使用时要引起注意,否则会直接影响它的分离效果。

1. **装柱** 装柱前要先将支持剂与一定量的固定相搅拌混合均匀,然后将混有固定相的支持剂倒入盛有移动相溶剂的柱中,按一般湿法装柱操作方法进行操作。色谱柱固定相支持剂段直径与长度的比通常为1:10~1:20,对分配系数比较接近的成分的分离,往往可加大到1:40以上。一般1m长的色谱柱分离效果能相当于数百支逆流分溶管或数百个分液漏斗的萃取效果。

支持剂的用量通常较吸附色谱大,一般样品与支持剂的用量之比为1:100~1:1000。其具体用量主要取决于分离工作的难易,对分配系数比较接近的成分的分离甚至可采用1:10 000。

2. **上样** 上样有3种方法:如样品能溶于移动相溶剂,可用少量移动相溶剂溶解,加于柱顶再行展开;如样品难溶于移动相而易溶于固定相时,则可用少量固定相溶剂溶解,再用支持剂(硅胶)吸着,装于柱顶再行展开;如果样品在两相溶剂中的溶解度均不大,则可另选其他有机溶剂溶解后,加干燥支持剂拌匀,待溶剂挥发除尽后,加0.5~1.0倍量固定相溶剂拌匀,再装于柱顶。

3. **洗脱** 加样完毕后,用移动相溶剂进行洗脱,分别收集各馏分,回收溶剂,用薄层色谱等方法检查,相同者合并。主要根据有效成分和杂质的溶解度来选择适当的溶剂系统,也可借助硅胶分配薄层色谱或纸色谱的结果来摸索分离条件,或者查阅前人分离同类型化合物时的资料作为参考。

点滴积累 ╲┈┈

    1. 分配色谱是根据在两种互不相溶(或部分互溶)的液体中的分配系数不同而实现分离的方法。

    2. 分配色谱的固定相为液体。

第四节　离子交换色谱技术

离子交换技术是利用离子交换反应(如中和反应、复分解反应等),将混合液中的某些特定离子暂时交换到离子交换剂上,然后选用合适的洗脱剂,将该离子洗脱下来,使该离子从原溶液中分离、浓缩或提纯的操作技术。离子交换分离法分离效果好,交换容量大,设备简单,不仅是分析化学中常用的分离方法,也是工业生产中常用的提纯方法。

离子交换技术的核心是离子交换剂。凡具有离子交换能力的物质均可称为离子交换剂。天然的离子交换剂有黏土、沸石、淀粉、纤维素、蛋白质等,但目前更多使用的是合成的离子交换树脂。

一、离子交换树脂

离子交换树脂是一种不溶性的、具有网状立体结构的、可解离出正离子或负离子基团的固态物质;根据离子交换剂的纯度、粒度、密度等不同要求,按用途可分为工业级、食品级、分析级、床层专用、混合床专用等多种类型;他们被广泛应用于药品生产中软水、去离子水的制备,药液中总盐量的测定,离子型药物的分离纯化,药物中杂质离子的去除等。

1. 离子交换树脂的结构　离子交换树脂是带有活性基团的高分子聚合物,通常制成颗粒状球使用,其内部骨架部分呈三维多孔的网状结构。网状结构上通过共价键连接有**活性基团**[如 $-SO_3^-$、$-N(CH_3)_3^+$ 等,也称功能基],这些活性基团不能自由移动。活性基团通过离子键连接有可自由移动的活性离子,也称可交换离子,它能够与料液中带有相同电荷的离子发生交换反应。可交换离子决定了离子交换树脂的主要性能。当可交换离子为阳离子时,树脂为阳离子交换树脂;当可交换离子为阴离子时,树脂为阴离子交换树脂。

以聚苯乙烯磺酸型阳离子交换树脂为例,它是苯乙烯和二乙烯苯聚合后磺化制得的聚合物。如图7-9所示,苯乙烯和二乙烯苯聚合形成了具有网状骨架结构的树脂小球,它具有不溶性和可伸缩性,使树脂具有化学稳定性和机械强度,其中二乙烯苯在苯乙烯长链之间起到"交联"作用,被称为交联剂。通过磺化,在树脂的网状结构上引入许多活性离子交换基团——磺酸基团。磺酸根固定在树脂的骨架上,称为固定离子,而当这种树脂浸没于溶液中时—SO_3H 中的 H^+ 可与溶液中的阳离子发生的离子交换反应,称为交换离子。这种离子交换反应是可逆反应: $R^-A^+ + B^+ \rightleftharpoons R^-B^+ + A^+$。磺酸阳离子交换树脂与 NaCl 的交换过程如图7-10(a)所示。能解离出阴离子的树脂为阴离子交换树脂,阴离子交换树脂与溶液中 NaCl 的交换过程如图7-10(b)所示。

2. 离子交换树脂的性能参数

(1)外观:树脂的颜色有白色、黄色、黄褐色及棕色等;有透明的,也有不透明的。大多数树脂为球形颗粒,少数呈膜状、棒状、粉末状或无定形状;球形的优点是液体流动阻力较小,耐磨性能较好,不易破裂。

(2)粒度:树脂颗粒在溶胀状态下直径的大小即为其粒度。在筛分树脂时,颗粒总量的10%通过,而90%体积的树脂颗粒保留的筛孔直径称为有效粒径。通过60%体积树脂的筛孔直径与通过

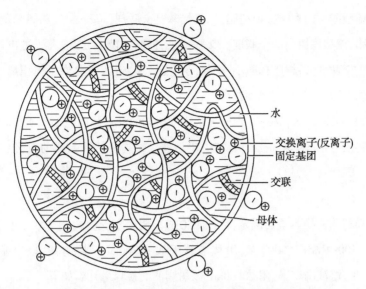

图 7-9　聚苯乙烯磺酸型阳离子交换树脂结构示意图

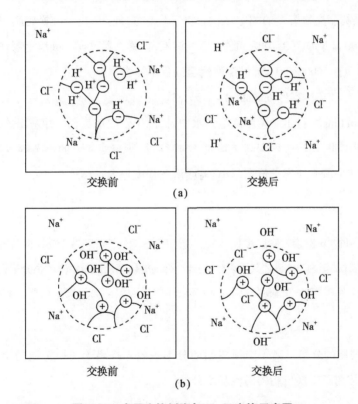

图 7-10　离子交换树脂与 NaCl 交换示意图

10%体积树脂的筛孔直径的比值称为均一系数。

（3）含水量：每 100g 干树脂吸收水分的质量称为含水量。由于干燥的树脂易破碎，故商品树脂常以湿态密封包装。干树脂初次使用前应用盐水浸润后，再用水逐步稀释，以防止暴胀破碎。

（4）交联度：表征离子交换树脂骨架结构的重要性质参数，是衡量离子交换树脂孔隙度的一个指标。交联度是树脂聚合反应中交联剂所占的质量百分数。

$$X\% = 交联剂质量/树脂总质量 \times 100\%$$ 式(7-5)

171

例如聚苯乙烯磺酸型阳离子交换树脂,二乙烯苯是交联剂,苯乙烯-二乙烯苯聚合物中所含二乙烯苯的质量百分率,就是该树脂的交联度。交联度小,树脂孔隙大,方便离子进出树脂,交换反应速度快,选择性较差;交联度大,树脂孔隙小,交换反应速度慢,但其只允许小体积离子进入,大体积离子难以进入树脂内部进行交换,选择性较高。

(5)交换容量(exchange capacity):表征离子交换树脂活性基团的重要性质参数。它是指每克干树脂所能交换的物质的量(单位:mmol)。它决定于网状结构中活性基团的数目。交换容量可用实验方法测得。

例如:

1)阴离子交换树脂交换容量的测定:称取某 OH^- 型阴离子交换树脂 2.00g 置于锥形瓶中,加入 HCl(0.200mol/L)100ml 浸泡 24 小时,用移液管吸取 25.00ml 上层清液,以甲基红为指示剂,用 NaOH(0.1000mol/L)溶液滴定,耗用 20.00ml,该树脂的交换容量计算如下:

$$(0.200×100-20.00×0.1000×4)/2.00 = 6.00(mmol)$$

2)阳离子交换树脂交换容量的测定:取 1.000g 干燥的 H^+ 型阳离子交换树脂,置于干燥的 250ml 锥形瓶,加入 100.00ml NaOH(0.1000mol/L)标准溶液,盖紧放置过夜。吸取上层清液 25.00ml,以酚酞为指示剂,用 HCl(0.1000mol/L)标准溶液滴至红色刚褪去。

$$交换容量(mmol/g) = (C_{NaOH}V_{NaOH} - C_{HCl}V_{HCl})/W_{(干树脂质量)} \qquad 式(7-6)$$

(6)溶胀性(swelling):将干燥树脂浸泡到水中时,由于磺酸基等亲水性基团的存在,树脂要吸收水分而使树脂体积膨胀,其溶胀程度与交联度、交换容量、所交换离子的价态等有关。交联度越小,交换容量越大,溶液中所交换离子价态越小,树脂溶胀程度越大。

▶ 课堂活动

离子交换树脂的实际交换容量常常小于理论交换容量,弱酸性或弱碱性交换树脂的实际交换容量还经常受到溶液 pH 的影响,请讲述其原因。 为什么分离纯化理化性质相似的小分子物质,宜选用交联度较高的离子交换树脂? 交联度分别为 1% 和 3% 的磺酸型阳离子交换树脂,其溶胀性哪一个更大?

3. 离子交换树脂的分类 离子交换树脂的分类一般先按离子交换树脂的交换基类型进行分类,在此基础上在按离子交换树脂的活性基团分类。

(1)强酸性阳离子交换树脂:这类树脂含有强酸性基团,最常用的为磺酸基(—SO_3H)强酸性阳离子交换树脂在 pH>2 的介质中,磺酸基—SO_3H 能在溶液中离解 H^+,与溶液中的阳离子交换,用于分离、富集阳离子,结构如图 7-11 所示。强酸性树脂的离解能力很强,在酸性或碱性溶液中都能离解和产生离子交换作用,因此使用时的 pH 没有限制。

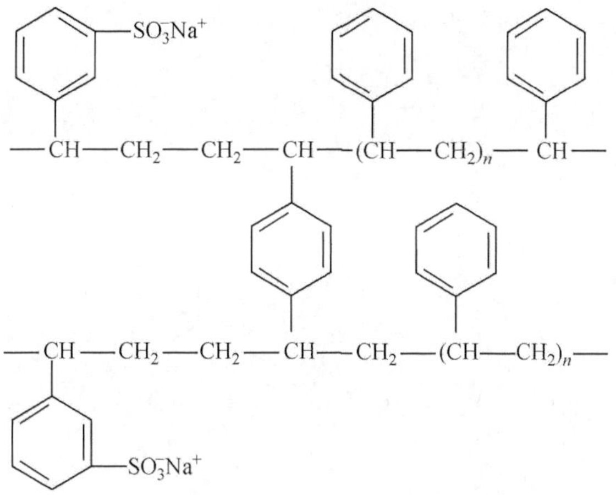

图 7-11 磺酸阳离子交换树脂结构示意图

▶▶ 课堂活动

磺酸离子交换树脂氢型常与氯化钠溶液作用,转为钠型,请问磺酸氢型转为钠型的作用是什么?

以磷酸基—$PO(OH)_2$ 和次磷酸基—$PHO(OH)$ 作为活性基团的树脂具有中等强度的酸性。

强酸性阳离子交换树脂是用强酸进行再生处理,此时树脂放出被吸附的阳离子,再与 H^+ 结合复原。

(2)弱酸性阳离子交换树脂:这类树脂含有弱酸性基团,如羧基—COOH、酚羟基—OH 等,能在水中离解出 H^+ 而呈弱酸性,以羧基(—COOH)弱酸性阳离子交换树脂为例,其反应简式为:R—COOH $\rightleftharpoons$ R—COO$^-$+H^+。这类树脂由于离解性较弱,在低 pH 条件下难以离解和进行离子交换,羧基和酚羟基弱酸性阳离子交换树脂分别需要在 pH>6 和 pH>10 的介质中,其上的 H^+ 才能与溶液中的阳离子交换。这类树脂也是用酸进行再生。

(3)强碱性阴离子交换树脂:这类树脂含有强碱性基团,最常用的有季铵基($R_4N^+OH^-$)强碱性阴离子交换树脂,结构如图 7-12 所示。在 pH<12 的介质中,树脂上的季铵基—NR_3OH,能在水中离解出—OH^- 而呈碱性,反应简式为:$RNR_3OH \rightleftharpoons RNR_3^+ + OH^-$,解离出的 OH^- 能与溶液中其他阴离子产生阴离子交换作用,这类树脂的离解性很强,使用的 pH 范围一般没有限制,再生一般用强碱(如 NaOH)进行。

(4)弱碱性阴离子树脂:这类树脂含有弱碱性基团,常见的有伯胺基($RN^+H_3OH^-$)、仲胺基($R_2N^+H_2OH^-$)等弱碱性阴离子交换树脂。它们在水中能离解出 OH^- 而呈弱碱性,如伯胺基树脂的反应简式为:$RNH_2 + H_2O \rightleftharpoons RNH_3^+ + OH^-$。这类树脂的离解能力较弱,只能在低 pH(pH 1~9)条件下工作,可以用 Na_2CO_3、NH_4OH 等进行再生。

(5)两性离子交换树脂:将两种性质相反的阴、阳离子交换官能团连接在同一树脂骨架上,就构成两性树脂。这种树脂骨架上的两种类型官能团彼此接近,在与溶液里的阴阳离子交换以后,只要通过水稍稍改变体系的酸碱条件,即可发生相反的水解反应,恢复树脂原来的形式。还有一种叫蛇笼树脂,与两性树脂相似,它适宜于从有机物质(如甘油)水溶液吸附盐类,再生时用大量水洗,就可

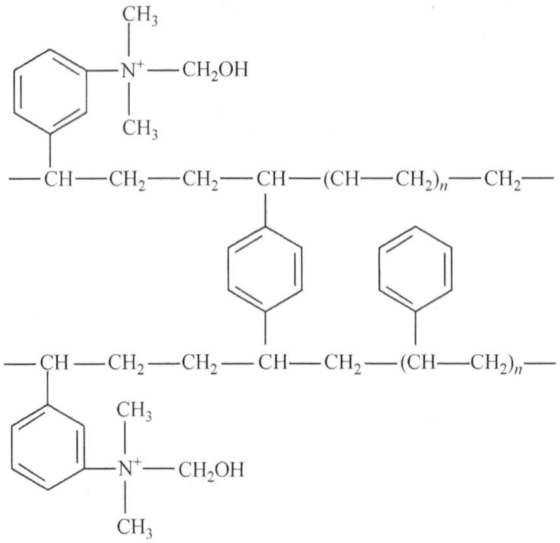

图 7-12 季铵盐阴离子交换树脂结构示意图

将吸着离子洗下来。

（6）选择性离子交换树脂：这类树脂又叫螯合性离子交换树脂。它能与金属离子形成螯合物基团，其选择性高于一般的强酸性和弱酸性树脂。树脂内如含有可与其中某一离子生成螯合物的有机分子基团，则在交换中可以选择性地优先与这种离子结合。利用这种选择性反应，可制备含某一金属离子的树脂来分离含有此官能团的化合物。

（7）氧化还原树脂：树脂含可逆的氧化还原基团，可与溶液中的离子发生电子转移。

4. 离子交换树脂的命名　树脂名称由分类名称、骨架名称、顺序号 3 位数字组成，如表 7-1 所示。第 1 位数字 * 表示树脂的分类；第 2 位数字 * 表示树脂骨架的高分子化合物类型；第 3 位数字 * 表示序号；"×"表示连接符；"×"之后的数字 * 表示交联度。在表达交联度时，去掉%，仅把数值写在树脂编号之后。大孔树脂可在树脂名称前面加上"D"。如 D-001 表示大孔苯乙烯系强酸性阳离子交换树脂；201×7 表示苯乙烯系强碱性阴离子交换树脂，其交联度为 7%。离子交换树脂型号如图 7-13 所示。常用于分离小分子的离子交换树脂的牌号和用途如表 7-2 所示，常用于分离生物大分子的离子交换纤维素树脂的特征如表 7-3 所示。

表 7-1　离子交换树脂命名法分类、骨架代号

分类	骨架	代号
强酸性	苯乙烯型	0
弱酸性	丙烯酸型	1
强碱性	酚醛型	2
弱碱性	环氧型	3
螯合型	乙烯吡啶型	4
两性	脲醛型	5
氧化还原	氯乙烯型	6

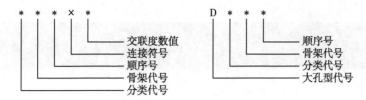

图 7-13　离子交换树脂型号图解

表 7-2　常用离子交换树脂的牌号和用途

	分类	功能基	商品牌号标例		应用
阳离子交换树脂	强酸性 聚苯乙烯型	—SO₃H	中国	强酸 732	交换阳离子,制取纯水等
			美国	强酸 Amberlite IR-120	
			英国	zerolite 225	
			日本	神胶 1 号	
	酚酸型		中国	强酸 42	
			英国	Zerolite 226	
	弱酸性	羧基—COOH 酚羟基 Ar-OH	中国	弱酸 724	有机碱的分离
				弱酸 101×4	
			美国	Amberlite IRC-50	
			英国	Zerolite 226	
阴离子交换树脂	强碱性聚苯乙烯型	—CH₂—N⁺(CH₃)₃ —CH₂—N⁺(CH₃)₂—CH₂OH 等季铵	中国	强碱 717	交换阴离子、金属络阴离子,制取纯水
				强碱 201×7	
			美国	Amberlite IRA-400	
			英国	Zerolite FF	
			日本	神胶 801	
	弱碱性	伯胺基—NH₂ 如 —CH₂—N⁺H₂R 仲胺基=NH 叔胺基≡N	中国	弱碱 704	
				弱碱 330	
			美国	Amberlite IR-45	

表 7-3　常用离子交换纤维素的特征

类型	离子交换剂名称	活性基团结构	简写	交换当量 (mmol/g)	pK	特点
阳离子交换树脂	强酸性 甲基磺酸纤维素	—O—CH₂—SO₃⁻	SM-C			低 pH
	强酸性 乙基磺酸纤维素	—O—(CH₂)₂—SO₃⁻	SE-C	0.2~0.3		低 pH
	中强酸 磷酸纤维素	—PO₄²⁻	P-C	0.7~7.4	1~2 6.0~6.2	低 pH
	弱酸性 羧基纤维素	—OCH₂—CO₂⁻	CM-C	0.5~1.0	3.6	pH>4

类型	离子交换剂名称	活性基团结构	简写	交换当量（mmol/g）	pK	特点
阴离子交换树脂	强碱性	二乙基氨基乙基纤维素	$-O(CH_2)_2N^+H(C_2H_5)_2$	DEAE-C	0.1~1.1	9.1~9.2	pH<8.6
		三乙基氨基乙基纤维素	$-O(CH_2)_2N^+(C_2H_5)_3$	TEAE-C	0.5~1.0	10	在极高 pH 条件仍可使用
		胍乙基纤维素	$-O(CH_2)_2NHC(NH_2)=NH$	CE-C	0.2~0.5	≥12	适用于核苷、核酸、病毒分离
	中强碱性	氨基乙基纤维素	$-O(CH_2)_2NH_3^+$	AE-C	0.3~1.0	8.5~9.0	
		ECTEOLA-纤维素	$-O(CH_2)_2N^+(C_2H_5OH)_3$	ECTEOLA-C	0.1~0.5	7.4~7.6	适用于核酸分离
		苄基化的 DEAE-纤维素		DBD-C	0.8		
		苄基化萘酸基 DEAE-纤维素		BND-C	0.8		
		聚乙亚胺吸附的纤维素	$-(C_2H_4NH)_n-C_2H_4NH_2$	PEL-C		9.5	
	弱碱性	对氨基苄基纤维素	$-O-CH_2-C_6H_4-NH_2$	PAB-C			

注：pK 为在 0.5mol/L NaCl 中的表观解离常数的负对数

二、影响离子交换的因素

1. 离子交换平衡　当离子交换树脂与待分离溶液接触时，溶液中的离子会和树脂中相应的交换离子发生离子交换反应，被吸附到树脂上。由于交换过程是可逆的，如果再用酸、碱、盐或有机溶剂进行处理，交换反应会向反方向进行，被交换在树脂上的离子就会被逐步洗脱下来，这个过程也叫洗脱或解吸附。

这种可逆的交换反应存在平衡状态，当正、逆反应速率相等，即溶液中各离子的浓度不再变化而达到平衡时，即为离子交换平衡，平衡程度可用反应平衡常数 $K_{B/A}$ 表示：

$$K_{B/A} = [B^{n+}]_r[A^+]^n / [A^+]_r^+[B^{n+}] \qquad 式(7-7)$$

式(7-7)中，用下标 r 表示树脂相，无下标者表示水相。离子交换反应是可逆的，符合质量作用定律。向树脂中添加 B^{n+}，反应平衡向右移动，交换离子全部或大部分被交换而吸附到树脂上；向树脂中添加 A^+，反应平衡向左移动，交换离子全部或大部分从树脂上释放出来。$K_{B/A}$ 又称为选择性系数，它表示树脂对交换离子吸附能力的大小，也称树脂对离子的亲和力。

▶▶ 课堂活动

　　中和反应，中性盐分解反应，复分解反应，吸附反应，络合反应，哪些属于离子交换反应类型？磺酸型阳离子交换树脂与溶液中的氢氧化钠发生交换，磺酸型阳离子交换树脂与溶液中的氯化钠发生交换，磺酸型钠阳离子交换树脂与溶液中的氯化铝发生交换，分别各属于哪一种离子交换反应?

　　2. 离子交换树脂的亲和力　树脂对离子的亲和力大小决定树脂对离子的交换能力。影响树脂对离子的亲和力因素如下。

　　(1)离子的价数:在常温的稀溶液中,离子交换呈现明显的规律性:离子的化学价越高,就越易被吸附,离子交换树脂总是优先选择高价离子。如常见阳离子的被吸附顺序为: $Fe^{3+} > Al^{3+} > Ca^{2+} > Mg^{2+} > Na^+$。阴离子被吸附顺序为:柠檬酸根>硫酸根>硝酸根;当溶液中两种不同价离子的浓度由于加水稀释时,两种离子浓度均下降但比值不变时,此时高价离子比低价离子更易吸附。

　　从发酵液提取抗生素、氨基酸;从硬水中置换 Ca^{2+}、Mg^{2+},除去无机离子制备软水、无盐水;从电镀废液中优先吸附 Ca^{2+},以及链霉素饱和树脂用链霉素溶液排除树脂上的 Ca^{2+}、Mg^{2+} 等,都是应用这个原理。

案例分析

　　案例:

　　离子的化学价越高,就越容易被吸附,即强酸性阳离子交换树脂对下列 4 种阳离子的吸附力由大到小排列为 $Th^{4+} > Al^{3+} > Mg^{2+} > Na^+$,当 Th^{4+} 吸附在强酸性阳离子交换树脂上时,如何被 Na^+ 等低价阳离子置换下来?

　　分析:

　　在常温的稀溶液中,离子的化学价越高,才会越容易被吸附,即含 Na^+ 型交换树脂当通过含 Th^{4+} 的稀溶液时,很容易就变成 Th^{4+} 型,反之 Th^{4+} 型不能转变为 Na^+ 型;但如果用浓的 NaCl 溶液通过 Th^{4+} 型交换树脂,可以被代替,这时遵循质量作用定律。

---

　　(2)离子的水化半径:离子在水溶液中会发生水合作用而形成水化离子,离子在水溶液中的大小用水化半径表示。溶液中某一离子能否与树脂上的平衡离子进行交换,主要取决于这两种离子与树脂的相对亲和力和相对浓度。一般电荷效应越强的离子与树脂的亲和力越大。而决定电荷效应的主要因素是价电数和离子水化半径。

　　同价离子中,水化半径小的能取代水化半径大的。但在非水介质中,在高温下差别缩小,有时甚至相反。

　　强酸性阳离子交换树脂对常见阳离子的亲和力顺序如下。

　　一价阳离子: $Li^+ < H^+ < Na^+ < NH_4^+ < K^+ < Rb^+ < Cs^+ < Tl^+ < Ag^+$;

　　二价阳离子: $Mg^{2+} < Zn^{2+} < Co^{2+} < Cu^{2+} < Cd^{2+} < Ni^{2+} < Ca^{2+} < Sr^{2+} < Pb^{2+} < Ba^{2+}$。

　　强碱性阴离子交换树脂对常见阴离子的亲和力顺序: $F^- < OH^- < CH_3COO^- < HCOO^- < Cl^- < NO_2^- <$

$CN^- < Br^- < C_2O_4^{2-} < NO_3^- < HSO_4^- < I^- < CrO_4^{2-} < SO_4^{2-} < 柠檬酸根。$

H^+和OH^-对树脂的亲和力与树脂的性质有关。对强酸性树脂，H^+和树脂的结合力很弱，其地位相当于Li^+；对弱酸性树脂，H^+具有很强的置换能力。同样，OH^-的位置决定于树脂碱性的强弱。对于强碱性树脂，其位置落在F^-前面，而对于弱碱性树脂其位置在ClO_4^-后面。

（3）离子极化程度：离子极化程度越大，亲和力越大。

（4）溶液的pH：各种树脂活性基团的解离度不同，因而交换时受溶液pH的影响差别较大。对强酸性、强碱性树脂来说，任何pH条件下都可进行交换反应，但弱酸性、弱碱性树脂的交换反应需要分别在偏碱性和偏酸性的溶液中进行。

（5）树脂物理结构的影响：树脂本身的物理结构对选择性也有影响。通常，交联度高、结构紧密、膨胀度小、树脂筛分能力大，选择性高，促使吸附量增加，其交换常数亦大，相反，这种影响就较小，甚至可忽略不计。

（6）有机溶剂的影响：当有机溶剂存在时，常会使树脂对有机离子的选择性降低，而容易吸附无机离子。这是由于：①有机溶剂可使离子溶剂化程度降低，无机离子的降低程度比有机离子大；②有机溶剂会使离子的电离度降低，尤其是有机离子，影响更显著。基于这个性质，可利用有机溶剂从树脂上洗脱难洗脱的有机物质。

（7）树脂与交换离子间的辅助力：凡能与树脂间形成辅助力，如氢键、范德华力等辅助力的离子，树脂对其吸附力就大。

案例分析

案例：

样品液中含天冬氨酸（酸性）、丙氨酸（中性）、精氨酸（碱性）3 种成分，现需用磺酸氢型离子交换树脂分离纯化样品液，以得到 3 种纯氨基酸。

分析：

在溶液低 pH 时，氨基酸分子带正电荷，它将结合到强酸性阳离子交换树脂上。如果通过树脂缓冲溶液的 pH 慢慢增加，氨基酸将慢慢失去正电荷，结合力减弱，最后被洗脱下来。由于不同氨基酸的等电点不同，这些氨基酸将依次被洗脱，首先被洗脱下来的是酸性氨基酸，然后是中性氨基酸，最后是碱性氨基酸。即依次由先到后出来的是天冬氨酸、丙氨酸、精氨酸。

---

3. **离子交换速率**　影响交换速度的因素主要有以下几方面。

（1）树脂颗粒大小：离子交换的外扩散速度与树脂颗粒大小成反比，而粒子的内部扩散速度与粒径倒数的高次方成正比，因此粒度越小，交换速率越快。

（2）树脂的交联度：一般来说交联度低，树脂易膨胀，树脂内扩散较容易。所以当扩散控制时，降低交联度能提高交换速率。

（3）溶液流速（搅拌速率）：外扩散随溶液过柱流速（或静态搅拌速度）的增加而增加，内扩散基本不受流速或搅拌的影响。

(4)溶液中的离子浓度:当溶液中的离子浓度较低时,对外扩散速度影响较大,而对内扩散影响较小;当溶液中的离子浓度较高时,对内扩散影响较大,而对外扩散影响较小。

(5)温度:溶液的温度提高,扩散速度加快,交换速率增加。

(6)离子的大小:离子越小,在扩散过程中受到空间的阻碍越小,交换速率就越快。

(7)离子的化合价:离子在树脂扩散时,与树脂骨架间存在库仑引力。离子的化合价越高,这种引力越大,因此扩散速度减慢。

三、离子交换技术操作

(一) 操作方式

离子交换分离的操作方式分为静态法和动态法两种。

1. **间歇操作(静态法)** 将少量交换树脂放于样品溶液中,或搅拌或静止,反应一段时间后分离。该法非常简便,但分离效率低。常用于离子交换现象的研究。在分析上用于简单组分富集或大部分干扰物的去除。

2. **柱上操作(动态法)** 这是一种常用方法,将树脂颗粒装填在交换柱上,让试液和洗脱液分别流过交换柱进行分离。实际操作中动态法最为常用。

(二) 离子交换工艺过程

1. **离子交换树脂的选择** 选用哪一种离子交换树脂,必须考虑被分离药物带何种电荷及其电性强弱,分子的大小与数量,同时还要考虑环境中存在哪些其他离子和它们的性质。可以从以下几方面考虑。

(1)被分离物质的性质:首先要考虑的是被分离物质的离子类型,一般带正电荷的碱性目标物用阳离子交换树脂,带负电荷的酸性目标物用阴离子交换树脂。其次要考虑被分离物质酸碱性的强弱,强碱性和强酸性目标物宜选用弱酸性和弱碱性树脂,这样可以提高交换容量和选择性,有利于洗脱;不宜选用强酸和强碱性树脂,以防树脂与目标物结合过强,不易洗脱。弱碱性和弱酸性目标物则需选择强酸性或强碱性树脂,因为弱酸性或弱碱性树脂对于这类成分的吸附能力低。对于蛋白质、酶等成分多采用弱碱性和弱酸性树脂,防止这些成分的变性。

(2)树脂可交换离子的形式:阳离子交换树脂有酸型(氢型)和盐型(钠型、钾型等),阴离子交换树脂有碱型(羟型)和盐型(氯型、硫酸型等)。一般来说,为使树脂可交换离子离解以提高吸附能力,弱酸性和弱碱性树脂应采用盐型,而强酸性和强碱性则根据用途任意选用,对于在酸、碱条件下易破坏的生物活性物质,亦不宜使用氢型或羟型树脂。

(3)树脂的体积交换容量和使用寿命:在工业化生产中,这些因素关系到工艺技术的可行性、设备生产能力和经济效益的好坏。因此,必须尽可能选用体积交换容量高、选择性好、使用寿命长的树脂,即主要选择交联度、孔度、比表面适中的树脂。交联度小、溶胀度高的树脂有装填量小、机械强度差、设备罐批产量少、寿命短等缺点。反之,交联度大、结构紧密的树脂难以交换大分子,生产能力差。用前要综合考虑。

案例分析

案例:

从样品液中提取生物碱(含叔胺基团),该如何选择树脂?

分析:

带正电荷的碱性目标物用阳离子交换树脂,带负电荷的酸性目标物用阴离子交换树脂。对弱碱性和弱酸性目标物则需用强酸性或强碱性树脂,若用弱酸性或弱碱性树脂,则吸附后易水解,吸附能力降低。所以选用强酸性的阳离子交换树脂,类型选用氢型。

2. 离子交换树脂的预处理

(1)粉碎:粒度过大时可稍加粉碎,对于粉碎后的树脂或粒度不均匀的树脂应进行筛选和浮选处理,以求得粒度适宜的树脂以供使用。

(2)预处理:新树脂在生产、包装、储存、运输过程中会混入一些杂质,如生产过程中残存的有机溶剂、低分子聚合物等,包装、储存、运输过程中混入的泥沙、木屑等,因此在使用前需对过筛后的树脂进行物理和化学处理。让干树脂充分溶胀,除去树脂内部杂质。如强酸性阳离子交换树脂预处理流程见图7-14。如果是强碱性阴离子交换树脂,就先酸后碱浸泡进行预处理。

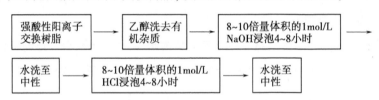

图7-14　强酸性阳离子交换树脂预处理流程示意图

(3)再生:离子交换树脂使用后,有的可直接重复使用,有的则需进行再生处理,将使用过的树脂恢复原状才能使用,再生过程包括除杂和转型。处理时通常将使用后的树脂先用大量的水冲洗,以去除树脂表面和孔隙内部物理吸附的各种杂质,然后再用酸、碱反复处理,以除去与功能基团结合的杂质。如果使用的树脂类型不是氢型或羟型,还需进行转型处理。用酸(碱)处理使之变为氢型(羟型)树脂的操作被称为转型,转型的目的是使树脂带上使用时所希望含有的平衡离子。

(4)复活:树脂长期使用后,由于大分子有机物或沉淀物严重堵塞孔隙、活性基团脱落、生成不可逆化合物等因素,使交换容量降低或丧失,此现象称为树脂的"毒化"。发生"毒化"的树脂用一般的再生手段不能使其重获交换能力,应及时清洗"复活"。一般用40~50℃的强酸、强碱浸泡,以溶出难溶杂质,也可用有机溶剂加热浸泡处理,须根据具体的毒化原因选择"复活"方法,但不是所有被毒化的树脂都能"复活",因此使用时要尽可能避免"毒化"现象的发生。

3. 装柱

(1)柱管选择:交换柱的直径与长度主要由所需要的物质的量和分离的难易程度所决定,较难分离的物质一般需要较长的柱子,交换用的色谱柱直径和柱长比一般为1:10~1:50,离子交换色谱的上样时,上样量一般为柱床体积的1%~5%为宜,离子交换柱如图7-15所示。

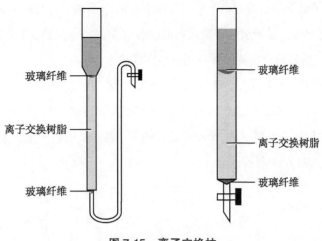

图 7-15　离子交换柱

（2）装柱：离子交换树脂采用湿法装柱，先在柱管底部装填少量玻璃丝，然后在柱管注一定量的水，将处理好的湿树脂倒入，让其自然沉降到一定高度。装柱时应防止树脂层中夹有气泡。要保证树脂颗粒浸泡在水中。

4. 上样（样品交换）　随着样品的流入，试液中那些与离子交换树脂上可交换离子电荷相同的离子，将与树脂发生交换保留在柱上，而那些带异性电荷的离子或中性分子不发生交换作用。随着液相继续向下流动。当试液不断地倒入交换柱，流经离子交换层，交换层的树脂就从上而下地一层层地依次被交换。在不断的交换过程中，交界层逐渐向下移动。当交界层底部到达交换层底部时，在流出液开始出现未被交换的样品离子，交换过程达到"始漏点"。此时，对应交换柱的有效交换容量称为"始漏量"。如离子交换树脂中可交换的离子为锂离子，现交换样品中有钠离子、钙离子、铁离子，图 7-16 为离子交换过程的示意图。

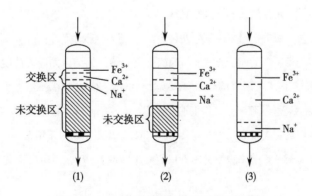

图 7-16　钠、钙、铁离子交换过程示意图

始漏量指离子交换柱的有效交换容量，而树脂的交换容量又称为"总交换量"。在实际分离中，离子交换过程往往只能进行到始漏点为止，因此始漏量比总交换量更为重要。影响始漏量大小的实验因素有：①离子的种类；②树脂颗粒的大小；③溶液的流速；④溶液的酸度；⑤温度；⑥交换柱的直径。

5. 洗脱　离子交换树脂的洗脱过程是交换过程的逆过程。当洗脱液不断地倾入交换柱时，已交换在柱上的样品离子就不断地被置换下来。置换下来的离子在下行过程中又与离子交换树脂上新鲜的可交换离子发生交换,重新被柱保留。在淋洗过程中,待分离的离子在下行过程中反复地进行着"置换-交换-置换"的过程。洗脱过程可用洗脱曲线表示。

根据离子交换树脂对不同离子的亲和力差异,通过洗脱方式,使同种电性的不同离子得到分离。亲和力大的离子更容易被柱保留而难以置换,故向下移动的速度慢,而亲和力小的离子向下移动的速度快,借此可以将它们逐个洗脱下来,亲和力最小的离子最先被洗脱下来。因此,淋洗过程也就是分离过程。洗脱曲线如图 7-17 所示。

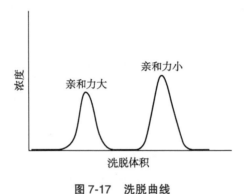

图 7-17　洗脱曲线

洗脱条件的选择:①树脂颗粒的大小;②洗脱剂浓度;③洗脱液中络合剂及酸度控制;④洗脱液的流速。

难点释疑

阳离子交换树脂分离纯化天冬氨酸、精氨酸时,洗脱顺序是天冬氨酸先于精氨酸,但用阴离子交换树脂分离纯化时,洗脱顺序是精氨酸先于天冬氨酸。

从离子交换树脂上洗脱目的物可采用下列两种方法:①调节洗脱液的 pH,使目的物粒子在此 pH 条件下失去电荷,甚至带上相反电荷,从而丧失与原离子交换树脂的结合力而被洗脱下来。目的物的 pK 越大(碱性越强),将其洗脱下来所需溶液的 pH 越高;对阴离子交换树脂而言,目的物的 pK 越小,洗脱液的 pH 也越低。如氨基酸从阳离子交换树脂上洗脱,酸性高的先洗脱下来。②用高浓度的同性离子根据质量作用定律将目的物离子取代下来。由此可见,分离氨基酸时采用第一种方法,阳离子交换树脂分离纯化时洗脱顺序是天冬氨酸(酸性)先于精氨酸(碱性);反之,阴离子交换树脂就是精氨酸先于天冬氨酸。

洗脱还能使交换树脂上的可交换离子恢复为交换前的离子,以便再次使用。有时洗脱过程就是再生过程。

案例分析

案例：

用强酸性阳离子交换树脂柱分离 Cs^+、Rb^+、K^+。

分析：

已知强酸性阳离子交换树脂对一价阳离子的亲和力顺序为：$H^+ < Na^+ < K^+ < Rb^+ < Cs^+$。

（1）装柱：用处理好的弱酸性阳离子交换树脂装柱，用氢氧化钠将树脂由氢型转换成钠型。

（2）交换：将待分离含 Cs^+、Rb^+、K^+三种阳离子的试液倾入柱内，试液中的 Cs^+、Rb^+、K^+与树脂上的可交换阳离子 Na^+发生交换，而阴离子不与树脂上的 Na^+发生交换。交换出来的 Na^+在下行过程与树脂上的其他 Na^+进一步发生动态交换。

（3）洗脱：用 HCl 作洗脱剂，将交换到树脂上的离子置换下来。在这一过程中，由于树脂对不同阳离子亲和力的差异，下行速度不同，使其在下行过程中逐渐得到分离。最后按亲和力从小到大的顺序，K^+、Rb^+、Cs^+先后被洗脱流出交换柱。

（三）离子交换设备

1. 离子交换设备类型 根据离子交换操作方式不同，可分为间歇式、半连续式和连续式；按照固-液接触方式不同，可分为静态交换设备和动态交换设备；根据设备结构形式不同，可分为罐式、柱式和塔式；按照交换树脂床层的运动情况不同，可分为固定床式、浮动床式、移动床式和流化床式。根据床层中所装树脂种类的变化情况，可分为单层柱（只装一种树脂）、双层柱（分层装两种性质不同的树脂）、混合柱（混合装在一起的阴阳两种树脂）。

静态交换设备只能分批进行离子交换，属于间歇操作设备，一般为罐式结构。将树脂加入到溶液中，静置或辅以搅拌，当交换达到平衡后，滤出溶液，经洗涤、洗脱而实现组分的分离与纯化过程。只有当树脂的交换容量较大，树脂对被分离的离子选择性系数较高时，经一次静态接触交换，才能达到较高的分离要求。一般情况下，静态交换不完全，树脂的饱和程度低，破损率较高，不适于用作多种组分的分离。

动态交换设备是最常用的一种离子交换设备，可连续操作和半连续操作，一般为柱式或塔式结构。将树脂放入交换设备的特定位置，被处理的溶液不断地流经交换设备，溶液在流动过程中与树脂发生交换反应，从而实现组分的分离与纯化过程。该类交换设备的树脂饱和程度高，一次交换完全，不需搅拌，为满足分离要求可串联或并联设备，适合于多组分的分离以及药物的精制脱盐、中和，在软水、去离子水的制备中也多采用此种方法。

2. 典型的离子交换设备

（1）离子交换柱：实验室中的离子交换柱一般用玻璃或聚酯材料制造，便于观察装柱均匀程度和交换带的移动情况，直径一般为 $2 \sim 15cm$。工业生产中使用的大型离子交换柱多为金属制造，为便于观察，常在柱壁镶嵌一条玻璃或有机玻璃狭带，直径一般在 1m 以内。柱内设有可拆卸的树脂床支撑体和液体进料分布器，还要考虑树脂再生过程的需要。在分离生物活性药物时，有些离子交换柱须带有夹套,以保持适宜的操作温度;有些柱应能进行消毒,以免微生物的污染。

(2)固定床离子交换罐:交换设备的主体是一个直立式的罐,通常用不锈钢制成,高径比 H/D 一般为 2~5,具有圆形或椭圆形的顶与底,如图 7-18 所示。固定床离子交换罐的特点是结构简单,操作方便,树脂磨损少,适宜于处理澄清料液。但是,由于交换、洗脱、再生等操作步骤在同一设备内进行,管线复杂,阀门多,树脂利用率较低,交换操作的速度较慢。另外,不适于处理悬浮液;虽然其操作费用低,但需多套设备交替使用,增大了设备的投资。如果将阴、阳两种树脂混合起来,则可以制成混合离子交换设备,将混合床用于抗生素等产品的精制,可以避免采用单床时溶液变酸(通过阳离子柱时)及变碱(通过阴离子柱时)的问题,从而减少目标产物的破坏。单床和混合床固定式离子交换装置的流程如图 7-19 所示。

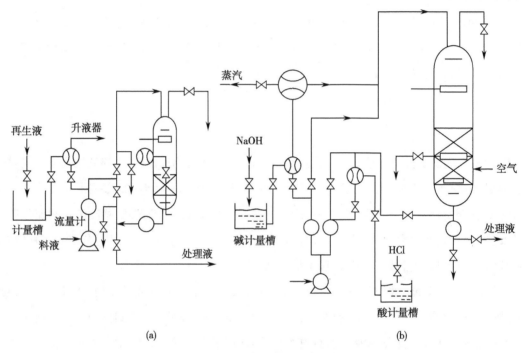

(a) (b)

图 7-18　固定床离子交换罐示意图
(a)单床;(b)混合床

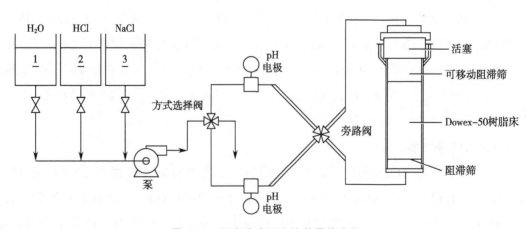

图 7-19　固定式离子交换装置的流程

有些离子交换器既可用于固定床的操作,也可用于流化床的操作,如图 7-19 所示,主要包括:一个正相计量泵;一个玻璃制成的柱体,装有一个活塞可以调节体积;三个贮槽,分别装有去离子水、HCl 和 NaCl;三个阀门,它们必须同时关闭或者只打开其中的一个;两个四通阀,如图 7-20 所示,决定了料液向上或向下以及料液通过床层或留在贮槽中;两个电极,在床进口或出口的位置测量料液的 pH;当料液向下流过床层时,则为固定床操作,而当料液由下向上流过床层时,则为流化层的操作。

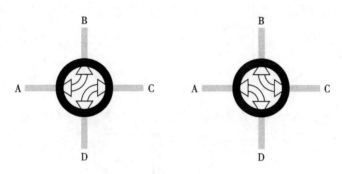

图 7-20　四通阀示意图

(3)半连续移动式离子交换设备:移动床过程属于半连续式离子交换过程。在此设备中,离子交换、再生、清洗等步骤是连续进行的。但是树脂需要在规定的时间内流动一部分,而在树脂的移动期间没有产物流出,所以整个过程来看只是半连续的。既保留了固定床操作的高效率,简化了阀门与管线,又将吸附、冲洗与洗脱等步骤分开进行。

1)Higgins 环形移动床:该设备是把交换、再生、清洗等几个步骤串联起来,树脂与溶液交替地按照规定的周期移动,如图 7-21 所示,溶液流动期间,树脂为固定床操作。泵推动溶液使树脂脉冲移动。该设备的优点是所需树脂少于固定床,占用面积仅为固定床的 20% ~ 50%;树脂利用率高,设备生产力大,是一般连续离子交换线速度的 5 ~ 10 倍。特别适用于处理低浓度的水溶液。

2)Asahi 移动床:树脂在柱内向下流时和向上的原料液逆流接触。柱内流出的树脂被压力推动,经过自动控制阀门进入再生柱。再生过程也是逆流操作,再生后的树脂转移至清洗柱内逆流冲洗,干净的树脂再循环回到交换柱上方的贮槽重复使用,如图 7-22 所示。它可克服普通固定床操作中存在的料液浓度高时树脂用量大和周期性运行中的不连续操作等问题。

(4)连续式离子交换设备:固定床的离子交换操作中,只能在很短的交换带中进行交换,因此树脂利用率低,生产周期长。采用连续逆流式操作交换速度快,产品质量稳定,易于自动化控制。如压力式流动式离子交换设备包括再生洗涤塔和交换塔。交换塔多为多室结构,其中的树脂和溶液为顺流流动,而对于全塔来说,树脂和溶液却为逆流。再生和洗涤共用一塔,水及再生液与树脂均为逆流。塔中树脂在装置内不断流动,形成固定的交换层,具有固定床离子交换器的特点;另一方面,树脂在装置中与溶液顺流呈沸腾状态,因此又具有沸腾床离子交换器的特点。其优点是能连续生产,效率高,树脂利用率高,再生液耗量少,操作简便,缺点是树脂磨损大,工作流程如图 7-23 所示。

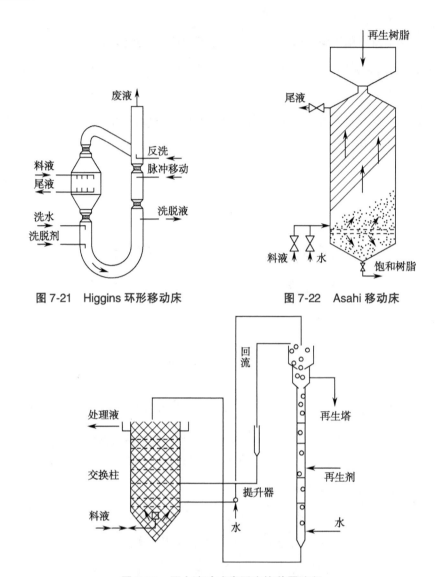

图 7-21　Higgins 环形移动床

图 7-22　Asahi 移动床

图 7-23　压力流动式离子交换装置流程

四、离子交换技术在药物分离纯化中的应用

随着科学技术的发展,各种规格、性能和适用于不同用途的交换树脂相继问世,目前离子交换树脂商品品种达 2000 余种,已广泛应用于生物化学和天然药物化学生物活性成分分离等许多领域。

难点释疑

离子交换剂为何不适用于提取蛋白质?

离子交换树脂疏水性高、交联度大、空隙小和电荷密度高。生物大分子蛋白质由于相对分子质量大,树脂孔道对其空间排阻作用大,不能与所有的活性基团接触,而且已经吸附的蛋白质分子还会妨碍其他未吸附的蛋白质与活性基团接触,另外,蛋白质分子带多价电荷,在离子交换中可与多个活性基团发生作用,因此蛋白质的实际交换容量要比总交换容量小得多。所以离子交换剂不适用于提取蛋白质。要用于蛋白质分离的树脂须具备高亲水性、较大孔径和较低的电荷密度。

（一）离子型抗生素类药物的分离纯化

利用离子交换树脂可以选择性地分离多种离子型抗生素。如链霉素、红霉素等为碱性药物,在中性或弱酸性条件下以阳离子形式存在,故宜用弱酸性阳离子交换树脂提取。四环素族的抗生素为两性化合物,在不同的 pH 条件下均可形成离子,可选择相应的离子交换树脂进行分离纯化。图 7-24 为离子交换法分离纯化链霉素的工艺流程示意图。

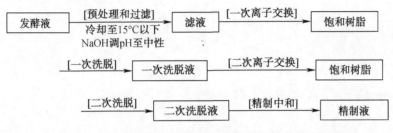

图 7-24　离子交换法分离纯化链霉素的工艺流程示意图

1. 一次交换和洗脱　选用钠型阳离子交换树脂进行离子交换,控制废液出口浓度在 100μg/ml,然后用大量软水洗净树脂;再通入 5%~7% 的低温硫酸洗脱,洗脱速度不宜过快。

2. 二次交换和洗脱　选用苄胺树脂进行二次离子交换,然后用无盐水洗净树脂;再通入 8% 的低温硫酸循环洗脱 3~4 次。

3. 精制中和　选用弱碱树脂进行离子交换,进一步除去钙、镁、铁、钠等离子;再用羟型树脂中和得精制液。经脱色、蒸发、浓缩、喷雾干燥,可得到硫酸链霉素成品。

（二）生化药物的分离纯化

离子交换技术是分离精制动物生化药物的主要工业手段之一,如细胞色素 C、溶菌酶、尿激酶等的精制都采用弱酸性阳离子交换树脂,肝素、硫酸软骨素等常用大孔型强碱性阴离子交换树脂进行分离精制,蛋白质常用离子交换纤维素进行分离。如用 DEAE(二乙基氨乙基)纤维素树脂交换柱,采用梯度分离方法处理珍珠肉匀浆液的工艺过程为:首先将 DEAE 纤维素树脂预处理后装柱,在柱的上顶部加入珍珠肉匀浆液,然后加入同体积的 $0.01mol\ Na_2HPO_4$;在柱的入口处连接梯度混合器,用 $0.01mol\ Na_2HPO_4$ 和 $0.5mol\ Na_2HPO_4$ 进行梯度洗脱,在柱的出口处分别收集洗脱液,用电泳法检测蛋白质分子量的大小及纯度。

（三）天然药物的分离纯化

离子交换色谱在中药有效成分的分离方面应用得非常广泛,主要用于生物碱类、氨基酸类、肽类、有机酸类以及酚类等化合物的分离精制。如可以将中药的水提取液依次通过阳离子交换树脂和阴离子交换树脂,然后分别洗脱,即可获得碱性(阳离子交换树脂的洗脱物)、酸性(阴离子交换树脂的洗脱物)和中性(阳离子交换树脂和阴离子交换树脂均不吸附的物质)三部分提取物,也可将天然药物的酸水提取液直接通过阳离子交换树脂,然后碱化,用有机溶剂洗脱,获得生物碱或总碱性物;还可将中药的碱水提取液直接通过阴离子交换树脂,然后酸化,用有机溶剂洗脱,获得总有机酸或总酸性物。

1. 生物碱类的分离　将生物碱的酸水溶液与阳离子交换树脂(多用磺酸型)进行离子交换,可与非生物碱成分分离。交换后树脂用碱液或10%氨水碱化后,再用有机溶剂(如三氯甲烷、甲醇等)进行洗脱,回收有机溶剂得总生物碱。树脂的交联度十分重要,以1%~3%为宜。应用离子交换树脂分离中药中生物碱类最为多见,许多药用生物碱成分如奎宁、苦参碱、东莨菪碱、石蒜碱、咖啡因等,此外还可利用阳离子交换树脂分离中药及中药复方中的有效部位总生物碱,其工艺较简单,成本低,可用于大规模工业化生产。

> **案例分析**
>
> 案例:
>
> 离子交换树脂用于角蒿总生物碱纯化时的树脂类型、洗脱剂的选择。
>
> 分析:
>
> ①树脂类型的选择:角蒿主要成分是叔胺类生物碱,碱性较弱,在水中以离子形式存在,能与阳离子交换树脂的氢离子交换而被吸附于树脂上,从而达到与其他非离子性成分分离的目的,故选用强酸性阳离子交换树脂;②洗脱剂:选用不同浓度的氨进行洗脱,由于角蒿酯碱在水中溶解度较小,故用氨的乙醇溶液作为洗脱剂。

2. 有机酸及酚性化合物的提取分离　中药中含有一些具有药理作用的羧基化合物和酚性化合物,可用离子交换树脂法分离纯化。有机酸是指分子中具有羧基的一类酸性有机化合物,在植物中分布极为广泛。常用的有机酸提取与分离有:水或碱水提取-酸沉淀法、有机溶剂提取法、铅盐沉淀法以及离子交换法。在水或稀碱水溶液中,有机酸可解离成氢离子和酸根离子,因此可将含有机酸的水溶液通过强碱性阴离子交换树脂,使酸根离子交换到树脂上,而其他碱性或分子型成分可随溶液从柱底流出。交换后的树脂用水洗涤,然后用稀酸水洗脱,即得游离的有机酸,若用稀碱水洗脱,则可得到有机酸盐。

3. 氨基酸提取分离　氨基酸是组成蛋白质的基本单元,具有极其重要的生理功能,广泛应用于医药、食品、饲料和化妆品工业等领域,也被用作合成特殊化学物质的中间体,如低热值甜味剂、螯合剂以及多肽。天然氨基酸主要来源于蛋白水解液、微生物发酵液以及动植物体内存在的游离氨基酸。氨基酸是一类含有氨基和羧基的两性化合物,在不同的pH条件下能以正离子、负离子和两性离子的形式存在。因此,应用阳离子交换树脂和阴离子交换树脂均可富集分离氨基酸,通常可用不同pH的缓冲液梯度洗脱,从而达到分离的目的。

▶▶ **边学边练**

用磺酸阳离子交换树脂分离天冬氨酸、丙氨酸和赖氨酸的混合液。请见实训项目六 离子交换色谱分离混合氨基酸。

(四) 药物的脱盐、脱色和盐型转换

这些过程也多采用离子交换技术,如在用淀粉水解生产葡萄糖注射液的过程中,采用强酸性和弱碱性树脂组成的复床进行脱盐,使产品质量提高,成本降低。离子交换技术的发展,改变了传统的活性炭脱色工艺,脱色效率和劳动条件得到改善。盐型转换的典型实例是用强酸性钠型阳离子交换树脂将青霉素钾盐转换为青霉素钠盐,转化收率可达85%以上。其交换反应如下:

$$R—SO_3Na+PenG—K \rightleftharpoons R—SO_3K+PenG—Na$$

1. 工艺流程　见图 7-25。

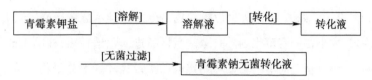

图 7-25　青霉素钾盐转换为青霉素钠盐工艺流程示意图

2. 工艺操作过程

(1)溶解:青霉素钾工业盐在搅拌条件下加注射用水溶解,溶解至无颗粒后补加丁醇,搅拌均匀,水分含量在 20%~50%。

(2)转化:检测交换柱内无 Cl^- 后,用丁醇顶净交换柱的水,用压缩空气将溶解液压入交换柱内转化,保持液面在树脂层上,随时检测,以保证转化液中无钾离子存在。溶解液压完后,用加纯化水的丁醇顶洗高单位转化液,再用纯化水将树脂内丁醇顶入废丁醇水罐回收丁醇。

(3)无菌过滤:转化液经 0.22μm 的三级折叠过滤器,可得青霉素无菌转化液,经减压蒸发、结晶、洗涤、干燥、分装,即得青霉素钠盐。

点滴积累 ∨

1. 离子交换反应符合质量作用定律,基本反应有中和反应、中性盐反应、复分解反应。

2. 离子交换剂分阴离子交换树脂和阳离子交换树脂。

3. 离子交换树脂的理化性能有　含水量、交换容量、膨胀度等。

4. 树脂对离子亲和力强弱的差异构成了离子交换分离法的基础,稀溶液中离子交换树脂与离子的吸附力受离子的化合价、离子水化半径、溶液 pH、溶剂因素的影响。

5. 离子交换设备按离子交换操作方式不同,可分为间歇式、半连续式和连续式;按照交换树脂床层的运动情况不同,可分为固定床式、浮动床式、移动床式和流化床式。根据床层中所装树脂种类的变化情况,可分为单层柱(只装一种树脂)、双层柱(分层装两种性质不同的树脂)、混合柱(混合装在一起的阴阳两种树脂)。

第五节　凝胶色谱技术

凝胶色谱技术又称空间排阻色谱法、分子排阻色谱法,是 20 世纪 60 年代发展起来的一种快速而又简单的分离技术,由于设备简单、操作方便,不会使物质变性、凝胶不需要再生,对高分子物质有很高的分离效果,目前已经被生物及医学等相关领域广泛采用,不仅应用于实验室科学研究,而且也已经大规模用于工业生产。

一、凝胶色谱分离原理

凝胶色谱的固定相是被称为凝胶的多孔性物质,是凝胶色谱产生分离作用的核心。流动相有水或有机溶剂,据此不同可分为凝胶过滤色谱(以水为流动相)和凝胶渗透色谱(以有机溶剂为流动相)。

凝胶色谱是一种新型色谱技术,其分离原理与其他色谱不同,是利用凝胶的分子筛效应来实现分离的一种色谱分离方法。如图 7-26 所示为凝胶色谱分离原理示意图。凝胶具有三维网状结构,它的内部有着不均匀、大小在一定范围内的孔隙。当样品进入色谱柱后,样品中的各组分在柱内同时进行着两种不同的运动:垂直向下的移动和无定向的扩散运动。大分子物质由于直径大,不易进入凝胶颗粒的微孔,而只能分布于颗粒之间,这样分子较大的在凝胶床内移动距离较短,所以在洗脱时向下移动的速度较快。中等大小的分子物质除了可在凝胶颗粒间隙中扩散外,还可以进入凝胶颗粒的微孔中,但不能深入,凝胶对其阻滞作用不强,会在大分子之后被洗脱下来。而小分子物质可以进入凝胶相内更多的微孔中,在向下移动过程中,从一个凝胶内扩散到颗粒间隙后再进入另一凝胶颗粒,如此不断进入和扩散,小分子物质的下移速度落后于前两种物质,最晚出柱。这样混合样品在经过色谱柱后,各组分基本上按分子大小先后流出色谱柱,从而实现分离。

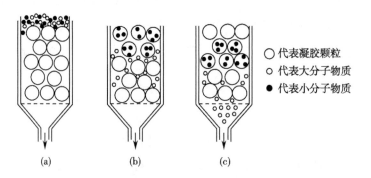

图 7-26　凝胶色谱原理图
(a)待分离的混合物在层析床表面;(b)样品进入层析床,小分子进入凝胶颗粒内,大分子随溶液流动;(c)大分子行程近,流出层析柱,小分子仍在缓慢移动

案例分析

案例:

某厂以大豆卵磷脂等为载体材料来制备苦参碱脂质体,后处理中常用过凝胶色谱柱的方式来分离未包合的游离苦参碱。

分析:

由于苦参碱脂质体分子比游离的苦参碱分子大,不易进入凝胶内部,较后者先被洗脱,未被包合的游离苦参碱则较晚被洗脱,从而实现两者的分离。

二、凝胶的种类及性质

凝胶是凝胶色谱的核心,是产生分离的基础。要达到分离要求,必须选择合适的凝胶。用于色谱分离的凝胶,除必须具有分离特性外,应满足下列几点要求:①凝胶骨架在化学上必须是惰性的,即在分离过程中不应与被分离物质发生结合;②凝胶的化学稳定性好,应在很宽的 pH 和温度范围内不起化学变化,不分解;③凝胶本身应是中性物质,不含有(或仅含有最少量)能解离的基团,不会产生离子交换现象;④具有一定的孔径分布范围;⑤机械强度高,允许较高的操作压力(流速)。

凝胶有不同的分类方法。按材料来源可把凝胶分成有机凝胶与无机凝胶两类。按机械性能可分成软胶、半硬胶和硬胶 3 类。软胶的交联度小,机械强度低,不耐压,溶胀性大。它主要用于低压水溶性溶剂的场合,优点是效率高、容量大。硬胶如多孔玻璃或硅胶,它们的机械强度好。目前商品凝胶常用的是交联葡聚糖凝胶、琼脂糖凝胶、聚丙烯酰胺凝胶和聚苯乙烯凝胶。

1. **交联葡聚糖凝胶**　交联葡聚糖凝胶的商品名为 Sephadex,是一种由葡萄糖残基构成的多聚物。交联葡聚糖凝胶主要有葡聚糖凝胶和羟丙基葡聚糖凝胶两种。

葡聚糖凝胶(Sephadex G)是由葡聚糖(右旋糖酐)和甘油基通过醚桥相交联而成的多孔性网状结构。它具有很强的亲水性,只能在水中溶胀和使用。葡聚糖凝胶以环氧氯丙烷作交联剂将链状结构连接起来,加入交联剂越多,交联度越大,网孔结构越紧密,孔径越小,吸水膨胀也越小;反之则网孔稀疏,吸水后膨胀大。葡聚糖凝胶的商品型号即按交联度大小分成 8 种型号,并以吸水量(干凝胶每 1g 吸水量×10)表示,如 Sephadex G-25,含义是此干凝胶吸水为 2.5ml/g,具体见表 7-6。不同规格的葡聚糖凝胶适合分离不同分子量的物质。

表 7-6　各型号交联葡聚糖的性能

型号	颗粒大小/目	干胶吸水量/(ml/g 干胶)	干胶溶胀度/(ml/g 干胶)	溶胀时间/(20~25℃)	分离范围/(蛋白质的相对分子质量)
G-10	40~200	1.0±0.1	2~3	2	至 700
G-15	40~120	1.5±0.2	2.5~3.5	2	至 1500
G-25	20~80	2.5±0.0	5	2	100~5000
	100~300	2.5±0.2			
G-50	20~80	5.0±0.3	10	72	500~10 000
	100~300				
G-75	40~120	7.5±0.5	12~15	72	1000~10 000
G-100	40~120	10.0±1.0	15~20	72	5000~10 000
G-150	40~120	15.0±1.5	20~30	72	5000~150 000
G-200		20.0±2.0	30~40	72	5000~200 000

羟丙基葡聚糖凝胶(Sephadex LH-20)是在 Sephadex G-25 的羟基上引入羟丙基而成醚状结合态的一种交联葡聚糖凝胶。与 Sephadex G 比较,其亲脂性增加,因此不仅可在水中应用,也可在有机溶剂以及它们与水组成的混合溶剂中膨胀使用,扩大了使用范围。

2. 琼脂糖凝胶 琼脂糖凝胶是依靠糖链之间的次级键如氢键来维持网状结构,网状结构的疏密依靠琼脂糖的浓度。其化学稳定性不如葡聚糖凝胶。琼脂糖凝胶没有干胶,需在溶胀状态下保存。一般情况下,它的结构是稳定的,可以在许多条件下使用。琼脂糖凝胶在40℃以上开始熔化,也不能高压消毒,可用化学灭菌处理。

琼脂糖凝胶没有带电基团,对蛋白质的非特异性吸附小于葡聚糖凝胶,它能分离几万至几千万高相对分子质量的物质,颗粒强度随凝胶浓度上升而提高,而分离范围却随浓度上升而下降。适用于核酸类、多糖类和蛋白类物质的分离。

3. 聚丙烯酰胺凝胶 聚丙烯酰胺凝胶是一种人工合成凝胶,是以丙烯酰胺为单位,由亚甲基双丙烯酰胺为交联剂交联成的网状聚合物,经干燥粉碎或加工成型制成颗粒状干粉,遇水溶胀成凝胶。控制交联剂的用量可制成不同型号的凝胶,交联剂越多,孔隙越小。

4. 聚苯乙烯凝胶 具有大网孔结构,可用于分离相对分子质量1600~40 000 000的生物大分子,适用于有机多聚物分子量测定和脂溶性天然物的分级,凝胶机械强度好。

三、凝胶色谱的操作

(一) 凝胶的选择

凝胶对混合物的分离主要与凝胶颗粒内部微孔的孔径和被分离物质分子量(空间体积)的分布范围有关。小分子化合物的分离宜用交联度较高的凝胶,大分子化合物的分离则宜用交联度较小的凝胶分离,大分子与小分子的分离宜用交联度较小的凝胶。如对肽类和低分子量物质的脱盐可采用Sephadex G-10、G-15,对分子量再大一些物质的脱盐可采用Sephadex G-25。

通常如分离相对分子质量悬殊的物质时,使用较粗的颗粒如100~150目,采用慢速洗脱,即可达到要求。但对于相对分子质量比较接近,洗脱曲线之间易引起重叠的样品,不仅要选择合适的凝胶类型、粒度,而且对商品凝胶还要作适当的处理。通常凝胶的粒度越细,分离效果越好,但流速慢,因此要根据实际情况选择合适的粒度和流速。

(二) 装柱

凝胶色谱一般采用湿法装柱,要尽量一次装柱。粗分时可选用较短的色谱柱,如果要提高分离效果则可适当增加柱的长度,但柱太长会大大降低流速。

交联葡聚糖和交联聚丙烯酰胺凝胶的商品通常为干燥的颗粒,因此,在装柱前,凝胶必须彻底溶胀。为了使凝胶颗粒均匀,在使用前可采用自然沉降法或水浮选法除去凝胶的单体、粉末和碎片。

装好的色谱柱至少要用相当于3倍量床体积的洗脱液平衡,待平衡液流至床表面以下1~2mm时,关闭出口,再上样。上样前必须检查装柱的质量。最简单的方法是用肉眼观察色谱床有没有气泡或纹路。还可以用完全被凝胶排阻的标准有色物质来检查,如蓝色葡聚糖-2000、细胞色素C等。

(三) 上样

凝胶色谱一般采用湿法上样,样品在上柱前要过滤或离心。与其他色谱法相比,样品的浓度可以高一些,但也不能太高,浓度太高黏度会相应增加,影响分离效果。具体的加样量与凝胶的吸水量有关,吸水量越大,可加入样品的量就越大,最多的可用到总床体积的0.25。

（四）洗脱

对于水溶性物质的洗脱,常以水或不同离子强度的酸、碱、盐的水溶液或缓冲溶液作为洗脱剂,洗脱剂的 pH 与被分离物质的酸碱性有关。多糖类物质以水溶液洗脱最佳。有时为了增加样品的溶解度,可使用含盐的洗脱剂,在洗脱剂中加入盐类的另一个作用是盐类可以抑制交联葡聚糖和琼脂糖凝胶的吸附性质。对于水溶性较小或水不溶的物质,可选用有机溶剂作为洗脱剂。对于阻滞较强的成分,也可使用水与有机溶剂的混合溶剂作为洗脱剂,如水-甲醇、水-乙醇、水-丙酮等。

（五）凝胶的再生

凝胶色谱的载体不会与被分离物发生任何作用,因此通常使用过的凝胶无需经过任何处理,只要在色谱柱用完之后,用缓冲液稍加平衡即可进行下一次色谱。但有时往往有一些"污染物"会使柱床表面的凝胶改变颜色,可将此部分的凝胶用刮刀刮去,加一些新溶胀的凝胶再进行平衡。如果整个色谱柱有微量污染,可用 0.8%氢氧化钠(含 0.5mol/L 氯化钠)溶液处理。如果色谱柱床污染严重,则必须用 50℃ 左右的 2%氢氧化钠和 0.5mol/L 氯化钠的混合液浸泡,将凝胶再生后方可使用。

（六）凝胶柱的保养

经常使用的凝胶以湿态保存较好,只要在其中加入适当的抑菌剂就可放置 1 年,不需要干燥,尤其是琼脂糖,干燥操作比较麻烦,干燥后又不易溶胀,通常多以湿法保存。如需进行干燥时,应先将凝胶按一般再生方法彻底浮选,除去碎片,以大量水洗去杂质,然后用逐步提高乙醇浓度的方法使之脱水皱缩(依次用 70%、90%、95%乙醇脱水),最后在 60~80℃ 条件下干燥或用乙醚洗涤干燥。

▶▶ 边学边练

　　用凝胶柱色谱分离胰岛素和牛血清蛋白。　请见实训项目七凝胶色谱分离蛋白质。

点滴积累　∨

　　1. 凝胶色谱是利用凝胶的分子筛效应进行分离的方法。

　　2. 常用的凝胶有交联葡聚糖凝胶、琼脂糖凝胶、聚丙烯酰胺凝胶。

第六节　亲和色谱技术

从 1910 年开始,人们就发现了不溶性淀粉可以选择性吸附 α-淀粉酶。1955 年,有人将抗原连接于聚苯乙烯上,并用于亲和吸附与其相对应的抗体,获得成功。1968 年,亲和色谱名称首次被使用,并于羧肽酶 A 纯化中使用了特异性配体。随着新型介质的应用和各种配体的出现,亲和色谱技术在生物活性物质的制备性分离提纯等方面得到了广泛应用。

一、亲和色谱分离的原理

生物体内的许多大分子具有与某些相对应的专一分子可逆结合的特性,例如抗原和抗体、酶和底物等都具有这样的特性。生物分子之间这种特异的结合能力称为亲和力,利用生物分子之间专一的亲和力进行分离纯化的色谱方法,称为亲和色谱法。亲和色谱中两个进行专一结合的分子互称对方为配基,如抗原和抗体,抗原可认为是抗体的配基,反之抗体也可以认为是抗原的配基。将一个水溶性配基在不伤害其生物学功能的情况下与水不溶性载体结合,称为配基的固相化。

亲和色谱法操作时一般在色谱柱中进行,常用化学方法是将配基连接到某种固相载体上,并将固相载体装柱,当待分离提纯物通过色谱柱时,待提纯物与载体上的配基特异性结合留在柱上,其他物质则被冲洗出去。然后再用适当的方法使这种待提纯物从配基上分离并洗脱下来,从而达到分离提纯的目的,如图 7-27 所示。

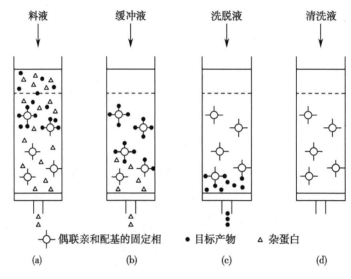

图 7-27　亲和色谱法示意图
(a)进料吸附;(b)清洗;(c)洗脱;(d)色谱柱再生

案例分析

案例:

某厂从菌液中提取苹果酸脱氢酶和 3-羟基酪酸脱氢酶,以活性染料为亲和配基,改变盐的浓度,可得到活力较高的两种酶。

分析:

两种脱氢酶与活性染料的亲和作用不同,而且随着盐浓度的增大而降低,因此可以采用逐渐增大盐浓度的线性梯度洗脱法或采用盐溶液和含 NADH(还原型辅酶Ⅰ)的梯度洗脱法分离两种脱氢酶。

二、载体的选择

一般情况下,需根据目标产物选择适合的亲和配基来修饰固体粒子,以制备所需的固定相。固体粒子称为配基的载体。作为亲和色谱的载体物质应具备以下特征:①载体为不溶性的多孔网状结构并具良好的渗透性,以便大分子物质能够自由进入;②载体必须具有较高的物理化学稳定性、生物惰性及机械强度,最好为粒径均匀的球形粒子,以便能耐受亲和、洗脱等处理并保证良好的流速,提高分离效果;③载体必须具有亲水性及水不溶性,无非特异性吸附;④含有可活化的反应基团,有利于亲和配基的固化;⑤能够抵抗微生物和酶的侵蚀。

亲和色谱固定相载体特性因载体的不同而不同,常见的载体如下。

1. **琼脂糖凝胶**　具有极松散的网状结构,亲水性强,理化性质稳定,可以允许相对分子质量达百万以上的大分子通过。

2. **聚丙烯酰胺凝胶**　理化性质稳定,耐有机溶剂及去污剂,抗微生物能力强,特别适用于配基与提取物亲和力比较弱的物质。

3. **葡聚糖凝胶**　有良好的理化稳定性,多孔性较差,应用有一定的局限性。

4. **纤维素**　非特异性吸附严重,较经济、易得。

5. **多孔玻璃**　耐酸、碱、有机溶剂及生物侵蚀,易于键合安装分子臂,但价格昂贵,有时呈硅羟基的非特异性吸附。

三、配基的选择

亲和配基可选择酶的抑制剂、抗体、凝集素、辅酶等。根据配基应用和性质不同,可将其分为两类:特殊配基和通用配基。亲和色谱中常用的特殊配基有某一抗原的抗体、某一酶的专用抑制剂、某一激素的受体等。通用配基则与待分离物质没有生物学上的专一亲和力,可适用于一类物质的分离提纯,如用 NADH 作脱氢酶类亲和色谱的通用配基。

知识链接

亲和配基的种类

亲和配基的种类如下。　①酶抑制剂:蛋白酶抑制剂可专一地与蛋白酶的活性部位结合,抑制酶的活性;②抗体:抗体与抗原之间具有高度特异性结合能力,可作为亲和色谱的配基,称为免疫亲和色谱;③A 蛋白:又称 A 抗原,它与动物免疫球蛋白 G(抗体 IgG)具有很强的亲和结合作用,可作为各种抗体的亲和配基;④凝集素:凝集素(lectin)是除酶和抗体以外,与糖特异性结合的蛋白质的总称;⑤辅酶和磷酸腺苷:它与各种脱氢酶、激酶与辅酶之间具有亲和结合作用;⑥三嗪类色素:它与脱氢酶、激酶上辅酶的结合部位相同,具有抑制酶活性的作用,又称为生物模拟色素。

一个理想的配基应具有以下的性质:①配基与配体的亲和具有专一性;②配体与配基之间有足够的亲和力,以便两者能够结合,但两者的结合也应具有一定的可逆性,才能在随后的洗脱过程中不会因为结合得过于牢固而不被洗脱;③配体也要有一定的稳定性,否则进行强烈洗脱时会导致配体的性质改变;④配基的大小合适;⑤配基必须具有适当的化学基团,这种基团不参与配体与配基之间的结合,但可用于活化与载体的连接,同时又不影响配体与配基之间的亲和力。

四、亲和色谱的操作

亲和色谱法的基本过程如下。

1. 配基的固定化 选择与纯化对象有专一结合作用的物质,偶联或共价在水不溶性载体上,制成亲和吸附剂后装柱。

2. 亲和吸附 将含有纯化对象的混合物通过亲和柱,纯化对象吸附在柱上,其他物质流出色谱柱。

3. 解吸附 用某种缓冲液或溶液通过亲和柱,把吸附在亲和柱上的欲纯化物质洗脱出来。

点滴积累 ╲╱

1. 亲和色谱是利用生物分子之间专一的亲和力进行分离纯化的色谱方法。
2. 亲和配基有特殊配基和通用配基。

目标检测

一、选择题

(一) 单项选择题

1. 不被固定相吸附或溶解的气体(如空气、甲烷),从进样开始到柱后出现浓度最大值所需的时间称为( )

   A. 调整保留时间　　　　　B. 死时间　　　　　C. 保留时间

   D. 保留体积　　　　　E. 相对保留值

2. 理论塔板数反映了( )

   A. 分离度　　　　　B. 分配系数　　　　　C. 保留值

   D. 柱的效能　　　　　E. 保留时间

3. 某色谱峰,其峰高 0.607 倍处色谱峰宽度为 4mm,半峰宽为( )

   A. 4.71mm　　　　　B. 6.66mm　　　　　C. 9.42mm

   D. 3.33mm　　　　　E. 9.99mm

4. 吸附色谱分离的依据是( )

   A. 固定相对各物质的吸附力不同

   B. 各物质分子大小不同

   C. 各物质在流动相和固定相的分配系数不同

   D. 各物质与专一分子的亲和力不同

   E. 各物质离子类型不同

5. 分配色谱中的载体( )

   A. 对分离有影响　　　　　B. 是固定相　　　　　C. 能吸附溶剂构成固定相

   D. 是流动相　　　　　E. 是液体

6. 以氧化铝和硅胶为介质进行色谱分离,由于对极性大的成分其 R_f (　　)

  A. 大   B. 小   C. 中等

  D. 不一定   E. 等于零

7. DEAEC 是(　　)离子交换纤维素

  A. 两性   B. 螯合   C. 阴

  D. 阳   E. 氧化还原树脂

8. 凝胶色谱分离的依据是(　　)

  A. 固定相对各物质的吸附力不同

  B. 各物质分子大小不同

  C. 各物质在流动相和固定相中的分配系数不同

  D. 各物质与专一分子的亲和力不同

  E. 各物质离子类型不同

9. 葡聚糖凝胶色谱法属于排阻色谱,在化合物分离过程中,先被洗脱下来的为(　　)

  A. 杂质   B. 小分子化合物   C. 大分子化合物

  D. 两者同时下来   E. 极性大的化合物

10. 离子交换用的色谱柱直径和柱长比一般为(　　)

  A. 1∶10～1∶20   B. 1∶10～1∶50   C. 1∶10～1∶30

  D. 1∶20～1∶50   E. 1∶20～1∶30

11. 离子交换色谱的上样时,上样量一般为柱床体积的(　　)为宜

  A. 2%～5%   B. 1%～2%   C. 1%～5%

  D. 3%～7%   E. 5%～7%

12. 在酸性条件下用下列哪种树脂吸附氨基酸有较大的交换容量(　　)

  A. 羟型阴离子   B. 氯型阴离子   C. 氢型阳离子

  D. 钠型阳离子   E. 氢型阴离子

13. 下列哪项不是常用的树脂再生剂(　　)

  A. 1%～10%HCl   B. H_2SO_4 C. NaCl

  D. 蒸馏水   E. NaOH

14. 羧酸型离子交换树脂则应在(　　)的溶液中才能有交换能力

  A. pH>5   B. pH>7   C. pH<9

  D. pH<7   E. pH>2

(二) 多项选择题

1. 根据色谱原理不同,色谱法主要有(　　)

  A. 分配色谱   B. 硅胶色谱   C. 吸附色谱

  D. 离子交换色谱   E. 凝胶色谱

2. 常用的吸附剂包括(　　)

A. 硅胶　　　　　　　　　　B. 活性炭　　　　　　　　　C. 阳离子交换树脂

D. 阴离子交换树脂　　　　　E. 大孔吸附树脂

3. 离子交换树脂的交换容量与树脂的哪些性质是没有关系的(　　)

A. 酸碱性　　　　　　　　　B. 网状结构　　　　　　　　C. 分子量大小

D. 活性基团的数目　　　　　E. 膨胀性

4. 下列属阳离子交换树脂的是(　　)

A. $RN^+H_3OH^-$　　　　　　B. ROH　　　　　　　　C. $RN^+H_2(CH_3)OH^-$

D. $RN^+(CH_3)_3OH^-$　　　　E. RSO_3H

5. 离子交换树脂按活性基团的性质和强度的不同可分为(　　)

A. 强酸性阳离子交换树脂　　　　　　　B. 弱酸性阳离子交换树脂

C. 强碱性阴离子交换树脂　　　　　　　D. 弱碱性阴离子交换树脂

E. 大孔型离子交换树脂

二、简答题

1. 与其他分离技术相比,色谱分离具有哪些特点?

2. 各种色谱分离技术的机制是什么?

3. 简述柱色谱的操作过程。

4. 离子交换动力学过程分几步进行?决定离子交换过程的速度是哪几步?

5. 手工装柱要注意什么?进行交换操作时应注意什么?

6. 简述离子交换树脂的化学结构性能。

7. 简述离子交换树脂的预处理过程。

三、实例分析

1. 如何用离子交换法从中药中提取有机酸及酚性化合物?

2. 请选用下面的一种方法进行生物碱如喜树碱的提取分离:①碱水浸润后用有机溶剂萃取;②酸水提取结合离子交换树脂纯化;③大孔树脂提取分离。

ER-07章习题

实训项目六　离子交换色谱分离混合氨基酸

【实训目的】

1. 了解离子交换色谱的工作原理及操作技术。

2. 学会用离子交换树色谱法分离混合氨基酸。

【实训原理】

离子交换树脂是一种合成的高聚物,不溶于水,能吸水膨胀。高聚物分子由能电离的极性基团及非极性的树脂组成。极性基团上的离子能与溶液中的离子起交换作用,而非极性的树脂本身物性不变。通常离子交换树脂按所带的基团分为强酸性(如磺酸等)、弱酸性(如羧酸等)、强碱性(季铵)和弱碱性(叔胺等)。

离子交换树脂分离小分子物质如氨基酸、腺苷、腺苷酸等是比较理想的。但对生物大分子物质如蛋白质是不适当的,因为它们不能扩散到树脂的链状结构中。故如分离生物大分子,可选用以多糖聚合物如纤维素、葡聚糖为载体的离子交换剂。

本实验用磺酸阳离子交换树脂分离酸性氨基酸(天冬氨酸)、中性氨基酸(丙氨酸)和碱性氨基酸(赖氨酸)的混合液。在特定的 pH 条件下,它们解离程度不同,通过改变洗脱液的 pH 或离子强度可分别洗脱分离。

【实训材料】

1. **实训器材**　色谱柱(1.6cm×20cm),恒流泵,梯度混合器,试管及试管架,紫外分光光度计,磺酸型阳离子交换树脂(Dowex 50)。

2. **实训试剂**　2mol/L HCl 溶液,2mol/L NaOH 溶液,0.1mol/L HCl 溶液,0.1mol/L NaOH 溶液,pH 4.2 的枸橼酸缓冲液(0.1mol/L 枸橼酸 54ml 加 0.1mol/L 枸橼酸钠 46ml),pH 5 的乙酸缓冲液(0.2mol/L NaAc 70ml 加 0.2mol/L HAc 30ml),0.2%中性茚三酮溶液(0.2g 茚三酮加 100ml 丙酮),氨基酸混合液(丙氨酸、天冬氨酸、赖氨酸各 10ml,加 0.1mol/L HCl 3ml)。

【实训方法】

1. **树脂的处理**　100ml 烧杯中置约 10g 树脂,加 2mol/L HCl 溶液 25ml 搅拌 2 小时,倾弃酸液,用蒸馏水洗涤树脂至中性。加 2mol/L NaOH 溶液 25ml 至上述树脂中搅拌 2 小时,倾弃碱液,用蒸馏水洗涤至中性。将树脂悬浮于 50ml pH 4.2 枸橼酸缓冲液中备用。

2. **装柱**　取直径 0.8~1.2cm、长度 10~12cm 的色谱柱,底部垫玻璃棉或海绵圆垫,自顶部注入经处理的上述树脂悬浮液,关闭色谱柱出口,待树脂沉降后,放出过量的溶液,再加入一些树脂,至树脂沉积至 8~10cm 高度即可。于柱子顶部继续加入 pH 4.2 枸橼酸缓冲液洗涤,使流出液 pH 为 4.2 为止,关闭柱子出口,保持液面高出树脂表面 1cm 左右。

3. **加样、洗脱及洗脱液收集**　打开出口使缓冲液流出,待液面几乎平齐树脂表面时关闭出口(不可使树脂表面干燥)。用长滴管将 15 滴氨基酸混合液仔细直接加到树脂顶部,打开出口使其缓慢流入柱内。当液面刚平树脂表面时,加入 0.1mol/L HCl 溶液 3ml,以 10~12 滴/分的流速洗脱,收集洗脱液,每管 20 滴,逐管收存。当 HCl 液面刚平树脂表面时,用 1ml pH 4.2 枸橼酸缓冲液冲洗柱壁一次,接着用 2ml pH 4.2 枸橼酸缓冲液洗脱,保持流速 10~12 滴/分,并注意勿使树脂表面干燥。

在收集洗脱液的过程中,逐管用茚三酮检验氨基酸的洗脱情况。方法是:于各管洗脱液中加 10 滴 pH 5 的乙酸缓冲液和 10 滴中性茚三酮溶液,沸水浴中煮 10 分钟,如溶液呈紫蓝色,表示已有氨基酸洗脱下来。显色的深度可代表洗脱的氨基酸浓度,可比色测。

在用 pH 4.2 的枸橼酸缓冲液把第二个氨基酸洗脱出来之后,再收集两管茚三酮反应阴性部分,关闭色谱柱出口,将树脂顶部剩余的 pH 4.2 枸橼酸缓冲液移去。

于树脂顶部加入 0.1mol/L NaOH 溶液 2ml,打开出口使其缓慢流入柱内,按上面所述继续用 0.1mol/L NaOH 溶液洗脱并逐管收集(注意仍然保持流速 10~12 滴/分),每管 20 滴。做洗脱液中氨基酸检验,在第三个氨基酸用 0.1mol/L NaOH 溶液洗脱下来以后,再继续收集两管茚三酮反应阴性部分。

最后以洗脱液管号为横坐标,洗脱液各管光密度(以水作空白,在 570nm 波长读取吸光度)或颜色深浅(以 -,±,+,++… 表示)为纵坐标作图,即可画出一条洗脱曲线。

【实训提示】

1. 装柱要求连续、均匀、无纹格、无气泡、表面平整。液面不低于树脂。

2. 一直保持流速 10~12 滴/分,并注意勿使树脂表面干燥。

【实训思考】

1. 为什么混合氨基酸从磺酸型阳离子交换树脂上逐个洗脱下来?

2. 树脂为什么要预处理,树脂装柱有几种操作方法?在进行装柱操作时应注意哪几点?为什么要保证树脂装填均匀?

【实训报告】

包括实训目的、实训内容、实训步骤、实训问题处理、结果分析、改革成果及体会等。

【实训测试】

根据学生出勤、在实训过程中的表现、实训报告完成情况和实训测试成绩,综合评定学生的实训成绩。

实训项目七 凝胶色谱分离蛋白质

【实训目的】

了解凝胶色谱的基本原理,并学会用凝胶色谱分离纯化蛋白质。

【实训原理】

凝胶色谱也称凝胶过滤、凝胶过滤色谱、分子排阻色谱和分子筛选色谱。凝胶是具有一定孔径的网状结构物质,凝胶色谱是一种分子筛选效应,主要用于分离分子大小不同的生物分子以及测定其相对分子质量。相对分子质量小的物质可通过凝胶网孔进入凝胶颗粒内部,而相对分子质量大的物质不能进入凝胶内部,被排阻在凝胶颗粒外,随着洗脱的进行,相对分子质量小的物质由于进入凝胶内部,不断地从一个网孔穿到另外一个网孔,这样"绕道"而移动,走的路程长,下来得慢(迁移速度慢),而相对分子质量大的物质不能进入凝胶内部即随洗脱液从凝胶颗粒之间的空隙挤落下来,走的路程短,下来得快(迁移速度慢),这样即可达到分离的目的。

【实训材料】

1. **实训器材** 色谱柱(1cm×90cm),恒流泵,紫外检测仪,部分收集器,记录仪,试管等普通玻璃皿。

2. **实训试剂**　待分离样品(胰岛素、牛血清蛋白),葡聚糖凝胶 sephadex G-75,蓝色葡聚糖 2000,洗脱液:0.1mol/L,pH 6.8 磷酸缓冲液。

【实训方法】

1. **凝胶的处理**　sephadex G-75 干粉经蒸馏水室温充分溶胀 24 小时,或沸水浴中 3 小时,这样可大大缩短溶胀时间,而且可以杀死细菌和排出凝胶内部的气泡。溶胀过程中注意不要过分搅拌,以防颗粒破碎。凝胶颗粒大小要求均匀,使流速稳定。凝胶充分溶胀后用倾泌法将不易沉下的较细颗粒除去。将溶胀后的凝胶抽干,用 10 倍体积的洗脱液处理约 1 小时,搅拌后继续用倾泌液除去悬浮的较小的细颗粒。

2. **装柱**　将色谱柱垂直装好,关闭出口,加入洗脱液约 1cm 高。将处理好的凝胶用等体积洗脱液搅成浆状,自柱顶部沿管内壁缓缓加入柱中,待底部凝胶沉积约 1cm 高时,再打开出口,继续加入凝胶浆,至凝胶沉积至一定高度(约 70cm)即可。装柱要求连续,均匀,无气泡,无"纹路"。

3. **平衡**　将洗脱液与恒流泵相连,恒流泵出口端与色谱柱入口相连,用 2~3 倍床体积的洗脱液平衡,流速为 0.5ml/min。平衡好后在凝胶表面放一片滤纸,以防加样时凝胶被冲起。

柱装好和平衡后可用蓝色葡聚糖 2000 检查色谱行为,在色谱柱内加 1ml(2mg/ml)蓝色葡聚糖 2000,然后用洗脱液进行洗脱(流速 0.5ml/min),若色带狭窄并均匀下降,说明装柱良好,然后再用 2 倍床体积的洗脱液平衡。

4. **加样与洗脱**　将柱中多余的液体放出,使液面刚好盖过凝胶,关闭出口,将 1ml 样品沿色谱柱管壁小心加入,加完后打开底端出口,使液面降至与凝胶面相平时关闭出口,用少量洗脱液洗柱内壁 2 次,加洗脱液至液层 4cm 左右,按上恒流泵,调好流速(0.5ml/min),开始洗脱。

上样的体积,分析用量一般为床体积的 1%~2%,制备用量一般为床体积的 20%~30%。

5. **收集与测定**　用部分收集器收集洗脱液,每管 4ml。紫外检测仪 280nm 处检测,用记录仪或将检测信号输入色谱工作站系统,绘制洗脱曲线。

6. **凝胶柱的处理**　一般凝胶用过后,反复用蒸馏水通过柱(2~3 倍体积)即可,若凝胶有颜色或比较脏,需用 0.5mol/L NaCl 洗涤,再用蒸馏水洗。冬季一般放 2 个月无长霉情况,但在夏季如不用,则要加 0.02% 的叠氮钠防腐。

【实训提示】

1. 装柱时要注意凝胶的流速不宜过快,同时要保证凝胶能充分沉淀且分布得比较均匀。

2. 凝胶溶胀所用的溶液应与洗脱用的溶液相同,否则由于更换溶剂,凝胶体积会发生变化而影响分离效果。

3. 样品的浓度和加样量的多少是影响分离效果的重要因素。样品浓度应适当大,但大分子物质的浓度大时,溶液的黏度也随之变大,会影响分离效果,要兼顾浓度与黏度两方面。加样量和加样体积越少,分离效果越好,加样量一般为柱床体积的 1%~2%,制备用量一般为柱床体积的 20%~30%。

4. 凝胶用完后可再加入防腐剂低温保存。

5. 叠氮钠属于有毒性物质,在使用过程中需注意安全。

【实训思考】

1. 对于蛋白质的分离纯化,目前研究使用较多的还有哪些方法?

2. 凝胶色谱的主要原理是什么?

3. 装柱的要点有哪些?怎样检查柱是否装得均匀?影响分离效果的主要因素有哪些?

【实训报告】

包括实训目的、实训内容、实训步骤、实训问题处理、结果分析、改革成果及体会等。

【实训测试】

根据学生出勤、在实训过程中的表现、实训报告完成情况和实训测试成绩,综合评定学生的实训成绩。

(巴寅颖)

第八章

其他分离纯化技术

导学情景 ∨

情景描述

某同学假期去亲戚家的陶瓷厂参观，发现制作陶瓷的原料——黏土在进行处理时有一道特殊的工艺：工人会往装有黏土和水搅拌成的悬浮液槽两端加上直流电源，一段时间后，阴极侧溶液颜色加深，通电结束后，工作人员会在阳极侧收集黏土然后继续加工。

学前导语

陶瓷工业中黏土的处理主要是利用电泳可以分离不同电荷的溶胶，本章我们将带领同学们学习电泳及其他分离纯化技术的原理、分类、特点及应用，为学习制药工艺课程和今后从事药品分离纯化工作奠定基础。

第一节 电泳技术

电泳技术是利用在一定的电场中，形状、大小及带电性质不同的物质由于移动方向和速率的不同而将不同物质分离、鉴定和提纯的技术。自 1937 年以来，电泳技术得到迅速发展和广泛应用。在无机化学、有机化学、生物化学、分子生物学等学科以及化工、医药等领域，电泳技术已成为分离、鉴定各种带电物质的常用、快速、准确的分离分析手段。

一、电泳的基本原理

物质粒子在电场中的移动方向取决于粒子所带电荷的种类，带正电荷的粒子向电场的负极移动，带负电荷的粒子向正极移动，净电荷为零的粒子不移动。粒子移动的速率取决于所带净电荷量、粒子的形状和大小，通常用泳动度（或迁移率 μ）来表示，泳动度是带电粒子在单位电场强度下的泳动速率。

$$\mu = \frac{\nu}{E} = \frac{Q}{6\pi r\eta} \qquad\qquad 式(8\text{-}1)$$

式中，ν——质点移动速度，单位：m/s；

E——电场强度，单位：N/c

Q——质点所带净电荷量，单位：c

r——质点半径，单位：m

η——介质黏度，单位：N·s/m^2

由此可见,带电粒子的泳动速率除了受自身性质的影响外,还与电场强度、溶液的 pH、离子强度、电渗等其他外界因素有密切关系。

二、影响电泳的因素

1. **电场强度**　电场强度是指单位长度(cm)的电位降,也称电势梯度。如以滤纸作支持物,其两端浸入到电极液中,电极液与滤纸交界面的纸长为 20cm,测得的电位降为 200V,那么电场强度为 200V/20cm＝10V/cm。当电压在 500V 以下,电场强度在 2~10V/cm 时为常压电泳。电压在 500V 以上,电场强度在 20~200V/cm 时为高压电泳。电场强度大,带电质点的迁移率加速,因此省时,但因产生大量热量,应配备冷却装置以维持恒温。

2. **pH**　溶液的 pH 决定被分离物质的解离程度和质点的带电性质及所带净电荷量。例如蛋白质分子,它是既有酸性基团(—COOH),又有碱性基团(—NH₂)的两性电解质,在某一溶液中所带正、负电荷相等,即分子的净电荷等于零,此时,蛋白质在电场中不再移动,溶液的这一 pH 为该蛋白质的等电点(pI)。若溶液 pH 处于等电点酸侧,即 pH<pI,则蛋白质带正电荷,在电场中向负极移动。若溶液 pH 处于等电点碱侧,即 pH>pI,则蛋白质带负电荷,向正极移动。溶液的 pH 离 pI 越远,质点所带净电荷越多,电泳迁移率越大。因此在电泳时,应根据样品性质,选择合适的 pH 缓冲液。

3. **缓冲液的离子强度**　缓冲液的离子强度低,电泳速度快,但分离区带不清晰;离子强度高,电泳速度慢,但区带分离清晰。如果离子强度过低,缓冲液的缓冲量小,难维持 pH 的恒定;离子强度过高,则降低蛋白质的带电量使电泳速度过慢。所以最适离子强度一般为 0.02~0.20mol/L。

4. **电渗现象**　在电场作用下,液体对于固体支持物的相对移动称为电渗。其产生的原因是固体支持物多孔,且带有可解离的化学基团,因此常吸附溶液中的正离子或负离子,使溶液相对带负电或正电。如以滤纸作支持物时,纸上纤维素吸附 OH⁻带负电荷,与纸接触的水溶液因产生 H₃O⁺,带正电荷移向负极,若质点原来在电场中移向负极,结果质点的表现速度比其固有速度要快;若质点原来移向正极,表现速度比其固有速度要慢,可见应尽可能选择低电渗作用的支持物以减少电渗的影响。

▶ 课堂活动

在电泳体系中,通过学习电泳的影响因素后说出下列哪种因素可使电泳速度加快:①增加缓冲液的离子强度;②增加支持物的长度;③延长通电时间;④增加电场强度;⑤增加待测物质的浓度?

三、常见电泳技术

虽然 1937 年 Uppsala 大学的 Tiselius 教授第一次建立"移动界面电泳",成功地将血清蛋白分离,但是由于 Tiselius 电泳仪构造复杂、价格昂贵、分辨率低、操作要求严格等,给分离工作带来很大的困难,故在 50 年代后发展起来的区带电泳取代了移动界面电泳。区带电泳是指在电泳迁移中以一个缓冲溶液饱和了的固相介质作为支持介质,减少外界干扰的电泳技术。目前区带电泳的种类很多,其应用比较广泛,可根据不同的方式进行分类:

(1)按支持物物理性状不同区分:①滤纸及其他纤维素膜电泳:如醋酸纤维素膜、玻璃纤维膜、聚胺纤维膜电泳;②粉末电泳:如纤维素粉、淀粉、玻璃粉电泳;③凝胶电泳:如琼脂糖、琼脂、淀粉胶、聚丙烯酰胺凝胶电泳。

(2)按支持物的装置形式不同区分:①平板式电泳:支持物水平放置,是最常用的电泳方式;②垂直板式电泳:支持物垂直放置;③连续流动电泳:首先应用于纸电泳,将滤纸垂直竖立,两边各放一电极,缓冲液和样品自顶端下流,与电泳方向垂直。

(3)按 pH 的连续性不同区分:①连续 pH 电泳:电泳的全过程中缓冲液 pH 保持不变。如纸电泳、醋酸纤维薄膜电泳;②非(不)连续 pH 电泳:缓冲液与支持物之间有不同的 pH,如等电聚焦电泳、等速电泳等,能使分离物质的区带更加清晰,并可作为纳克级微量物质的分离。

本节仅对常用的几种区带电泳分别加以叙述。

(一) 醋酸纤维薄膜电泳法

1. 醋酸纤维薄膜电泳特点

醋酸纤维素是粗纤维素的羟基乙酸化形成的纤维素醋酸酯,由该物质制成的薄膜称为醋酸纤维素薄膜。这种薄膜对蛋白质样品吸附性小,几乎能完全消除纸电泳中出现的"拖尾"现象,又因为膜的亲水性比较小,它所容纳的缓冲液也少,电泳时电流的大部分由样品传导,所以分离速度快,电泳时间短,样品用量少,5μg 的蛋白质可得到满意的分离效果。因此,特别适合于病理情况下微量异常蛋白的检测。

2. 醋酸纤维薄膜电泳的操作

(1)薄膜的处理与放置:

将醋酸纤维素薄膜切成适当的尺寸(如 10cm×2.5cm),用镊子夹住慢慢放进缓冲液中,浸泡 30分钟左右,充分浸透至膜上无白点为止,取出,用滤纸吸去多余的缓冲液。然后将润湿的薄膜两端置于电泳槽的支架上,膜两端可直接伸进缓冲液中,也可通过滤纸条与缓冲液相连,膜需拉直固定。

(2)点样:

用毛细管或微量注射器将样品点在薄膜中央。点样后,电泳槽加盖封闭,并静置平衡 10 分钟。

(3)电泳:

电场强度为 10~25V/cm,电泳 0.5~1 小时。

(4)显色:

电泳完毕后,取出膜条在染色液(氨基黑 10B 或偶氮胭脂红 B 染色液等)中染色 5~10 分钟,再用漂洗液(含 10%乙酸的甲醇溶液)洗几次,直至区带清晰为止。若要保存图谱或直接以分光光度计测定,可在膜条完全干后,置于透明液(含 15%乙酸的乙醇溶液)中浸泡 5 分钟,取出贴于洁净的玻璃板上。

醋酸纤维素膜经过冰醋酸乙醇溶液处理后可使膜透明化,有利于对电泳图谱的光吸收扫描测定和膜的长期保存。

▶▶ 边学边练

　　用醋酸纤维薄膜电泳分离白蛋白、α-球蛋白、β-球蛋白、γ-球蛋白。 请见实训项目八　醋酸纤维薄膜电泳分离血清蛋白。

（二）凝胶电泳法

凝胶电泳是以各种具有网状结构的多孔凝胶物质作为支持体的电泳技术。与其他电泳相比，凝胶电泳具有电泳和分子筛的双重作用，分辨率很高。

1. 凝胶介质

凝胶电泳所采用的支持物主要有聚丙烯酰胺凝胶和琼脂糖凝胶。常用的聚丙烯酰胺凝胶具有透明、有弹性、机械强度好、化学稳定性高、热稳定性高以及没有吸附和电渗作用等优点，而且凝胶孔径可通过聚丙烯酰胺浓度和交联度进行控制。琼脂糖凝胶孔径较大，对一般蛋白质不起分子筛作用，但适用于分离同工酶及其亚型、大分子核酸等。

（1）聚丙烯酰胺凝胶：聚丙烯酰胺凝胶是由单体丙烯酰胺和交联剂 N,N'-亚甲基双丙烯酰胺在增速剂和催化剂的作用下聚合而成的三维网状结构的凝胶，其凝胶孔径可以调节。它是目前最常用的电泳支持介质，不仅可用于天然聚丙烯酰胺凝胶电泳（polyacrylamide gel electrophoresis，PAGE），还可用于十二烷基硫酸钠-聚丙烯酰胺凝胶电泳（sodium dodecyl sulfate-PAGE，SDS-PAGE）和等电聚焦等。聚丙烯酰胺凝胶可通过化学聚合和光化学聚合反应而形成凝胶。化学聚合一般用过硫酸铵作催化剂，N,N,N,N'-四甲基乙二胺（TEMED）作增速剂。碱性条件下 TEMED 催化过硫酸铵生成硫酸自由基，接着硫酸自由基的氧原子激活丙烯酰胺单体，并形成单体长链，交联剂 N,N'-亚甲基双丙烯酰胺将单体长链连成网状结构。而酸性条件下由于缺少 TEMED 的游离碱，难以聚合，这时可用 AgNO$_3$ 作增速剂，低温、氧分子及杂质会阻碍凝胶的聚合，此法制备的胶孔径小且重复性好。光化学聚合一般用核黄素作催化剂，TEMED 作增速剂，在光照及少量氧的条件下，黄素被氧化成有自由基的黄素环而引发聚合，此法制备的胶孔径较大且不稳定，但用此法进行酸性凝胶的聚合效果比较好。

由于聚丙烯酰胺凝胶的孔径大小与蛋白质分子有相似的数量级，具有分子筛效应，因此能主动参与蛋白质的分离。利用孔径不同的凝胶能分离大小不同的蛋白质分子。

聚丙烯酰胺凝胶有很多优点。在一定浓度时，凝胶透明，有弹性，机械性能好；其化学性能稳定，与被分离物不起化学反应；对 pH 和温度变化不敏感；电渗很小，分离重复性好；样品在其中不易扩散，且用量少；凝胶孔径可调节；分辨率高。聚丙烯酰胺凝胶可作为常规 PAGE、SDS-PAGE、等电聚焦、双向电泳及蛋白质印迹等的电泳介质，这些电泳主要用于蛋白质、酶等生物大分子的分离分析、定性定量及小量制备，并可用于测定蛋白质的分子量和等电点，研究蛋白质的构象变化等。

（2）琼脂糖凝胶：天然琼脂由琼脂糖和琼脂胶组成，它们都是由半乳糖和 3,6-脱水-L-半乳糖交替组成的胶多糖，在其碳骨架上连接有不同含量的羧基和硫酸基。对蛋白质而言，琼脂糖是一种非分子筛凝胶，用其进行蛋白质分离时更易受到扩散的干扰，因此其分离效果一般不如聚丙烯酰胺凝胶，除非再结合其他的分离参数，如免疫电泳和亲和电泳。唯一一个使用琼脂糖具有优势的高分辨率电泳技术是等电聚焦，但只有非常纯的含有极少量带电基团的琼脂糖才合适。

琼脂糖凝胶主要特征包括孔径较大（因此可用于免疫固定、免疫电泳以及分离分子量比较大的物质，如 DNA），容易制胶，机械强度较高，琼脂糖无毒，易于染色、脱色及储存电泳结果。但是琼脂糖凝胶具有不同程度的电内渗，凝胶容易脱水收缩。

使用时，常用 1% 琼脂糖作为电泳支持物，胶凝温度一般在 34~43℃，融化温度在 75~90℃。琼脂糖凝胶主要用于 DNA 分离、免疫电泳、亲和电泳、等电聚焦及蛋白质印迹等。除了聚丙烯酰胺和琼脂糖凝胶外,琼脂糖-聚丙烯酰胺混合凝胶(如琼脂糖的烯丙基缩水甘油衍生物)结合了聚丙烯酰胺凝胶的高分辨率和琼脂糖凝胶的大孔径,因此可有效地分离大分子。另外,电泳海绵也是很有前途的新型电泳介质。

2. 凝胶电泳分类

(1)聚丙烯酰胺凝胶电泳(PAGE):聚丙烯凝胶电泳是以聚丙烯酰胺凝胶作为支持介质。PAGE 应用广泛,可用于蛋白质、酶、核酸等生物分子的分离、定性、定量及少量的制备,还可测定分子量、等电点等,优点:①几乎无电渗作用;②化学性能稳定,与被分离物不起化学反应,对 pH 和温度变化较稳定;③在一定浓度范围内凝胶无色透明,有弹性,机械性能好,易观察;④凝胶孔径可调;⑤分辨率高,尤其在不连续凝胶电泳中,集浓缩、分子筛和电荷效应为一体,因而有更高的分辨率。

聚丙烯酰胺凝胶电泳根据其有无浓缩效应,分为连续系统和不连续系统两大类,前者电泳体系中缓冲液 pH 及凝胶浓度相同,带电颗粒在电场作用下,主要靠电荷及分子筛效应;不连续系统中由于缓冲液离子成分、带电颗粒在电场作用下,主要靠电荷及电位梯度的不连续性,带电颗粒在电场中泳动不仅有电荷效应、分子筛效应,还具有浓缩效应,因此具有很高的分辨率。

(2)SDS-聚丙烯酰胺凝胶电泳:主要用于测定单链蛋白质或者蛋白质分子的亚基相对分子质量,是目前测定亚基相对分子质量的一种最好方法。它可用于多肽分子质量分析,变性蛋白质分离。

SDS(十二烷基硫酸钠)是一种阴离子表面活性剂,它能使蛋白质的氢键、疏水键打开,并结合到蛋白质分子上,形成 SDS-蛋白质复合物。由于 SDS 带负电荷,使各种 SDS-蛋白质复合物都带上相同密度的负电荷,它的量大大超过蛋白质分子原有的电荷量,因而掩盖了不同蛋白质分子原有的电荷差别。这样的 SDS-蛋白质复合物在凝胶电泳中的迁移不再受蛋白质原有电荷和形状的影响,而只与蛋白质的相对分子质量有关。在一定条件下,迁移率与蛋白质的相对分子质量的对数成正比。

在测定蛋白质相对分子质量时,通常选用已知相对分子质量的标准蛋白质为标记物,与未知相对分子质量的待测蛋白质在同一块胶上进行 SDS-PAGE,用标准蛋白质的相对迁移率与相对分子质量的对数作图,根据未知蛋白质的相对迁移率,即可在标准曲线上求得其相对分子质量。

SDS-PAGE 是在电泳样品中加入含有 SDS 和 β-巯基乙醇的样品处理液。SDS 可断开分子内和分子间的氢键,破坏蛋白质分子的二级、三级结构,强还原剂 β-巯基乙醇可以断开半胱氨酸残基之间的二硫键,破坏蛋白质的四级结构。电泳样品中加入样品液后,要在沸水浴中煮 3~5 分钟,使 SDS 与蛋白质充分结合,以使蛋白质完全变性和解聚,并形成棒状结构。

(3)琼脂糖凝胶电泳:琼脂糖是从琼脂中提纯出来的,由 D-半乳糖和 3,6-脱水-L-半乳糖连接而成的一种线性多糖。它具有"分子筛"和"电泳"的双重作用。优点:①操作简单,电泳速度快,样品不需事先处理就可进行电泳;②琼脂糖凝胶结构均匀,电泳图谱清晰,分辨率高,重复性好;③琼脂糖透明,无紫外吸收,电泳过程和结果可直接用紫外监测及定量测定;④电泳后区带易染色,样品易洗脱,便于定量测定。琼脂糖凝胶电泳主要用于分离、鉴定核酸,如 DNA 鉴定,DNA 限制性内切酶图谱制作等,为 DNA 分子及其片段分子量测定和 DNA 分子构象的分析提供了重要手段。

3. 凝胶电泳的操作

(1)凝胶的制备:首先将凝胶制备时所需要的各种缓冲液、丙烯酰胺和 N,N′-亚甲基双丙烯酰胺、催化剂等配制成浓度较高的贮存液。

制备凝胶所用的玻璃板或玻璃管均需洗涤洁净并经干燥方能使用。

不连续凝胶的制备时先制分离胶,将各种贮存液混合后,注入玻璃管或两块玻璃板之间,至预定高度后,自胶面轻轻加入一层蒸馏水,聚合 30~60min。聚合后吸去水,再注入浓缩胶所需混合液,表面加一层蒸馏水聚合一段时间后再加样品胶。

制备凝胶时,要避免气泡存在。为此,各种贮存液混合混合后,应进行抽气处理。

梯度凝胶电泳的凝胶通过梯度混合器进行制备。将低浓度的胶液置于贮液瓶,将高浓度胶液置于混合瓶,用输液管由底部逐渐向上注入凝胶模,控制好流速,即可制成由上到下浓度连续升高的梯度凝胶。

(2)电极缓冲液的选择:电极缓冲液应根据被分离成分而定,一种阴离子电泳系统(pH 8~9),上槽接负极,下槽接正极,可采用溴酚蓝作指示染料,一般蛋白质和核酸在 pH 8~9 时带负电荷,在电泳时向正极移动。另一种阳离子电泳系统(pH 4 左右),上槽接正极,下槽接负极,可用甲基绿作指示染料,适用于碱性蛋白质的电泳,在此 pH 下,碱性蛋白质带正电,向负极移动。

(3)电泳:将制好的凝胶装进电泳槽,加入样品后,在电泳槽中注入缓冲液,接通电源。梯度凝胶电泳在电泳时应使电压稳定,在指示染料未进入凝胶前维持较低的电压,染料进入凝胶后将电压升高,然后在稳定的电压下电泳至指示剂到达凝胶下端为止。而其他凝胶电泳则使电流稳定,同样在开始时,电流较低,然后升高电流,并在稳定的电流下电泳。

(4)染色与固定:电泳完毕后,从玻璃管或玻璃板中取出凝胶,要防止凝胶破损。从玻璃管中取出凝胶可用微量注射器吸满水或 10%的甘油,将针头插入凝胶与管壁之间,一边慢慢旋转,一边不断地将液体压入,或用气压将凝胶取出。

取出凝胶后,浸泡在 0.5%的氨基黑 10B 的 7%醋酸染色液中,或浸泡在含 0.1%考马斯亮蓝的12.5%~50%的三氯醋酸染色液中,同时进行染色和使蛋白质固定。

(5)脱色:将经固定和染色的凝胶,浸于脱色液(7%的乙酸溶液)中脱色,隔一段时间换一次脱色液,直至蛋白质处无色透明为止。为加快脱色时间,可用水浴加热的方法或采用电解脱色的方法,即在 7%醋酸溶液中,将染色的凝胶置于槽中间,两边通以直流电压 30~40V,1 小时即可脱色完毕。

案例分析

案例:现要采用电泳技术分离相差 100bp 以上的 DNA 片段,选择哪种凝胶介质?

分析:琼脂糖凝胶约可区分相差 100bp 的 DNA 片段,其分辨率虽比聚丙烯酰胺凝胶低,但它制备容易,分离范围广。普通琼脂糖凝胶分离 DNA 的范围为 0.2~20kb,利用脉冲电泳,可分离高达 10^7 bp 的DNA 片段。

(三) 其他电泳法简介

1. 等电聚焦电泳 不同物质由于带电性质不同,因而在一定的电场强度下移动的方向和速度不同,可以进行分离。蛋白质具有许多可解离的酸性基团(—COOH)和碱性基团(—NH₂)及其他基团,在一定溶液的 pH 条件下可解离成带正电荷或负电荷的基团。当蛋白质溶液处于某一 pH 时,蛋白质解离成正、负离子的趋势相等,成为兼性离子,净电位为零,此时溶液的 pH 称为蛋白质的等电点。

聚丙烯酰胺等电聚焦电泳(isoelectric focusing-PAGE,IEF-PAGE):利用各种蛋白质 pI 不同,以聚丙烯酰胺凝胶为电泳支持物,并在其中加入两性电解质载体,两性电解质载体在电场作用下,按各自 pI 形成从阳极到阴极逐渐增加的平滑和连续的 pH 梯度。在电场作用下,蛋白质在此 pH 梯度凝胶中泳动,当迁移至 pH 等于 pI 处时,就不再泳动,而被浓缩成狭窄的区带。

2. 二维聚丙烯酰胺凝胶电泳 二维聚丙烯酰胺凝胶电泳(2DE)又称二维电泳,其原理是在相互垂直的两个方向上,分别基于蛋白质不同的等电点和分子量,运用等电聚焦(IEF)和十二烷基硫酸钠-聚丙烯酰胺凝胶电泳(SDS-PAGE),把复杂的蛋白质混合物中的蛋白在二维平面上分离展开。完整的双向凝胶电泳分析,包括样品制备、等电聚焦、平衡转移、SDS-PAGE、斑点染色、图像捕捉和图谱分析等步骤。

3. 毛细管电泳 Neuhoff 等人于 1973 年建立了毛细管均一浓度和梯度浓度凝胶用于分析微量蛋白质的方法,即微柱胶电泳,均一浓度的凝胶是将毛细管浸入凝胶混合液中,使凝胶充满总体积的 2/3 左右,然后将其揿入约厚 2mm 的代用黏土垫上,封闭管底,用一支直径比盛凝胶的毛细管更细的硬质玻璃毛细管吸水铺在凝胶上。聚合后,除去水层并用毛细管加蛋白质溶液(0.1~1.0μl 浓度为 1~3mg/ml)于凝胶上,毛细管的空隙用电极缓冲液注满,切除插入黏土部分,即可电泳。

目前毛细管电泳分析仪的诞生,特别是美国生物系统公司的高效电泳色谱仪,为 DNA 片段、蛋白质及多肽等生物大分子的分离及回收提供了快速、有效的途径。高效电泳色谱法是将凝胶电泳解析度和快速液相色谱技术融为一体,在从凝胶中洗脱样品时,连续的洗脱液流载着分离好的成分,通过一个联机检测器,将结果显示并打印记录。高效电泳色谱法既具有凝胶电泳固有的高分辨率,生物相容性的优点,又可方便地连续洗脱样品。

点滴积累 ╲ ┈┈┈

1. 电泳是指带电荷的溶质或粒子在电场中向着与其本身所带电荷相反的电极移动的现象。利用电泳现象将多组分物质分离、分析的技术叫做电泳技术。
2. 影响电泳的外界因素有 电场强度、溶液的 pH、溶液的离子强度、电渗作用等。
3. 常用电泳法有醋酸纤维素薄膜电泳法、聚丙烯酰胺凝胶电泳法、十二烷基钠聚丙烯酰胺凝胶电泳法、琼脂糖凝胶电泳法、等电聚焦电泳法等。

第二节 手性分离技术

空间结构不同的化合物称为立体异构体,其中不能重叠、互为镜像的立体异构体称为对映体,这一对分子就像人的左右手一样,因此具有手性。当药物分子中碳原子上连接 4 个不同基团时,该碳原子称为手性中心,相应的药物被称为手性药物。对映体之间,除了使偏振光偏转(旋光性)的程度相同而方向相反外,其他理化性质相同。因此,对映体又称为旋光异构体。

手性是自然界的一种普遍现象,构成生物体的基本物质如氨基酸、糖类等都是手性分子。手性药物在药物中占有很大的比例,天然或半合成的药物几乎都具有手性,目前临床上所用药物约一半是手性药物,除天然产物之外,合成的手性药物有些是以外消旋体形式出现在市场上,有些则是以纯手性对映体形式用于临床。

一、手性药物对映体的区别

当手性化合物进入生命体后,它的两个对映异构体通常会表现出不同的生物活性。手性药物对映体在人体内的药理活性、代谢过程和毒性存在着显著差异。

(一) 对映体药代动力学差异

手性药物对映体药代动力学差异主要表现在药物的吸收、分布、代谢、转化等在体内的整个过程,会直接影响药物的临床药效和毒副作用。

1. 药物对映体的吸收 药物通过被动或主动运输被吸收进人体内,前者为热力学过程,药物由高浓度向低浓度处扩散,没有立体选择性;主动运输过程则由于需要酶、载体的协助而表现出一定的立体选择性。机体通常都是通过主动运输来吸收氨基酸、肽等药物。

2. 药物对映体的分布 药物的分布取决于药物的脂溶性及其与血浆蛋白等的结合能力,可能存在立体选择性,表现在对映体与蛋白质最大结合量和亲和力的差异,即药物对映体的蛋白结合率。通常,酸性药物与体内的血浆蛋白结合。

3. 药物对映体的代谢 药物代谢的立体选择性对手性药物的临床药效有较大影响,绝大多数药物的代谢是在肝中进行的,通常用肝清除率表示其代谢能力,在相同条件下药物对映体被同一生物系统代谢时,会出现量与质的差异。如华法林(S)-($-$)对映体的清除率高于(R)-($+$)-对映体等。

(二) 对映体的药效学差异

手性药物对映体间药效差异主要包括以下情况。

1. 只有一种对映体具有所要求的药理活性,而另一种对映体没有药理作用。如临床上广泛使用的降压药物氨氯地平(络活喜),仅左旋具有降压活性而右旋体无效。

2. 对映体中的两个化合物都具有等同或近似等同的药理活性。当药物的手性中心不涉及与受体结合时,两异构体可具有相似的活性,如抗癌药物环磷酰胺等。

3. 两种对映体具有不同的药理活性。当药物对映体作用于不同受体时,可以产生不同药理作用或毒副反应,有些药物虽然作用于同一受体,但是对受体也呈现不同的效应,而产生不同的药理作用。对这类药物需要严格控制其光学纯度,如镇静剂沙利度胺(thalidomide,反应停),其有效成分是 R 型,具有良好的镇静作用,而它的 S 型具有胚胎毒性和致畸作用。

4. 对映体药理活性相同但作用程度并不相等。如具有促尿酸排泄作用的利尿药物苗达利酮,近年研究显示,两个对映体具有相同的促尿酸排泄作用,但是其 $R(-)$ 型的利尿排泄作用比 $S(+)$ 型强约 20 倍,以一定比例联合给药可以在保证药效的情况下降低毒副作用。

药物的手性不同会表现出截然不同的生物、药理、毒理作用,服用对映体纯的手性药物不仅可以排除由于无效(不良)对映体所引起的毒副作用,还能减少药剂量和人体对无效对映体的代谢负担,对药物动力学及剂量有更好的控制,提高药物的专一性,因而具有十分广阔的市场前景和巨大的经济价值。

二、手性药物的制备方法

(一) 由天然产物中提取

天然产物的提取及半合成就是从天然存在的光活性化合物中获得,或以价廉易得的天然手性化合物氨基酸、萜烯、糖类、生物碱等为原料,经构型保留、构型转化或手性转换等反应,方便地合成新的手性化合物。天然存在的手性化合物通常只含一种对映体,用它们作起始原料,经化学改造制备其他手性化合物,无须经过繁复的对映体拆分,利用其原有的手性中心,在分子的适当部位引进新的活性功能团,可以制成许多有用的手性化合物。这是有机化学家最常采用的方法,但是合成多种目的产物会遇到很大的困难,而且步骤繁多的合成路线也使得最终产物成本较高。

(二) 手性合成

手性合成也叫不对称合成。一般是指在反应中生成的对映体或非对映体的量是不相等的。手性合成是在催化剂和酶的作用下合成得到过量的单一对映体的方法。如利用氧化还原酶、合成酶、裂解酶等直接从前体化合物不对称合成各种结构复杂的手性醇、酮、醛、胺、酸、酯、酰胺等衍生物,以及各种含硫、磷、氮及金属的手性化合物和药物,其优点在于反应条件温和、选择性强、不良反应少、产率高、产品光学纯度高、无污染。手性合成是获得手性药物最直接的方法。手性合成包括从手性分子出发来合成目标手性产物或在手性底物的作用下将潜在手性化合物转变为含一个或多个手性中心的化合物,手性底物可以作为试剂、催化剂及助剂在不对称合成中使用。化学不对称合成及生物不对称合成近年来取得了长足进步,并且已开始进入工业化生产阶段。但是化学不对称合成高旋光收率的反应有限,而且所得产物旋光纯度仍不能满足实际需求。生物不对称合成具有很高的对映选择性,反应介质通常为稀缓冲水溶液,反应条件温和,但对底物的要求高,反应慢,产物分离困难,因而在应用上也受到一定的限制。

(三) 外消旋化合物的拆分

外消旋拆分法是在手性助剂的作用下,将外消旋体拆分为纯对映体。外消旋体拆分法是一种经典的分离方法,在工业生产中已有 100 多年的历史,目前仍是获得手性物质的有效方法之一。拆分是用物理化学或生物方法等将外消旋体分离成单一异构体,外消旋体拆分法又可分为结晶拆分法、化学拆分法、生物拆分法、色谱拆分法、膜拆分和电泳技术。

1. 结晶拆分法

结晶法是利用化合物的旋光异构体在一定的温度下,较外消旋体的溶解度小,易拆分的性质,在外消旋体的溶液中加入异构体中的一种(或两种)旋光异构体作为晶种,诱导与晶种相同的异构体优先(分别)析出,从而达到分离的目的。

优先结晶过程理论产率可达100%,目前在工业生产中应用很多。例如,D-对羟基苯甘氨酸的生产。这种方法比较经济,但是单程收率较低,只适用于拆分那些由两种对映体晶体的机械混合物组成的聚集体。对于大多数混旋体来说,不能用该法进行拆分。此外,由于该方法的操作条件不易控制,在拆分过程中,往往因对映体浓度的增加而导致夹带析出现象,因而不能很好地保证产品的光学纯度。

结晶法的拆分效果一般都不太理想,但优点是不需要外加手性拆分试剂。若严格控制反应条件也能获得较纯的单一对应体。

2. 化学拆分法

化学拆分法应用非常广,它是在手性试剂的存在下,外消旋体和手性试剂作用,转变成非对映异构体,由于生成非对映异构体的活化能不同,反应速度就不同。利用不足量的手性试剂与外消旋体作用,反应速度快的对映体优先完成反应,而剩下反应慢的对映异构体,从而达到拆分的目的。化学拆分法更适于酸或碱的外消旋体的拆分,拆分酸时,常用的旋光性碱主要是生物碱,如(−)-奎宁,(−)-马钱子碱等。拆分碱时,常用的旋光性酸是酒石酸,樟脑-β-磺酸等。拆分既非酸又非碱的外消旋体时,可以设法在分子中引入酸性基团,然后按拆分酸的方法拆之。

3. 生物拆分法

酶的活性中心是一个不对称结构,这种结构有利于识别消旋体。在一定条件下,酶只能催化消旋体中的一个对映体发生反应而成为不同的化合物,从而使两个对映体分开。随着酶固定化、多相反应器等新技术的日趋成熟,越来越多的酶已用于外消旋体的拆分。酶催化立体选择性强、反应条件温和、操作简便、副反应少、产率高、成本低,且不会造成环境污染,这些都使得用酶拆分外消旋体成为理想的选择。酶法拆分外消旋体在实验室制备和工业生产中都已取得长足的进步,但是仍然有其局限性。比如菌种筛选困难、酶制剂不易保存、产物后处理工作量大,以及通常只能得到一种对映体等缺点。尽管如此,利用微生物进行手性药物的合成及对映体的拆分仍是当前研究热点。

作为天然的手性催化剂,酶用于光学活性药物的合成颇具潜力。酶法拆分是利用酶对特定光学异构体的转移性催化反应,使之生成完全不同的化合物,再与其对映体分离,通常以脂肪酶、酯酶、蛋白酶等进行水解。酶法具有拆分效率高和立体选择性高、反应条件温和、专一性强、操作简单和有利于环保等优点,具有很好的应用前景。但由于酶在酸碱性较强的条件下,稳定性较差,重复利用性差,与底物和反应物分离困难等缺点,阻碍了酶法在实际生产中的应用。

4. 色谱拆分法

(1)气相色谱法(GC):GC 法是一种较早用于分离手性药物的色谱方法,通过选择适当的吸附剂作固定相(通常是手性固定相),使之选择性地吸附在外消旋体中的一种异构体,从而达到快速分离手性药物的目的。GC 手性固定相按照拆分机制可分为三类:基于氢键作用的手性固定相,主要是氨基酸衍生物固定相;基于配位作用的手性金属配合物固定相;基于包含作用的环糊精衍生物固定相,这类固定相在 GC 手性分离研究中发展最快、选择性高,且应用广泛。研究表明,手性固定相与异构体之间的作用有氢键作用、偶极结合作用和三点作用。GC 法分离手性药物最大的特点是简单快速、灵敏、重复性和精度高,对于可挥发的热稳定手性分子,可表现出明显优势;但同样也存在着一些固有的局限性,如要求被分离的样品具有一定的挥发性和热稳定性,要实现制备比较困难。

(2)薄层色谱法(TLC):TLC 法产生于 20 世纪 30 年代,如今已发展了高效 TLC 法、离心 TLC 法及梯度展开等技术。由于高效薄层板的理论塔板数高,加上现代化的检测手段,使得 TLC 法拆分对映体成为可能。TLC 拆分法可分为手性试剂衍生化法(CDR)、手性流动相添加剂法(CMPA)和手性固定相法(CSP)。手性药物的 TLC 拆分法具有操作简便、设备简单、分离效率高、分析速度快、色谱参数易调整等特点,在对映体的分离中具有实用意义,但由于其灵敏度不高,故目前主要用于定性分析手性药物。

(3)高效液相色谱法(HPLC):高效液相色谱法在手性药物拆分中的应用是最广泛的,是药物质量控制、立体选择性的药理学和毒理学研究的重要手段。HPLC 分离药物对映体的方法可分为间接法和直接法。前者又称为手性试剂衍生化法,后者又可分为手性固定相法(CSP)和手性流动相添加剂法(CMPA)。间接法是利用手性药物对映体混合物在预处理中进行柱前衍生化,形成一对非对映异构体,根据其理化性质上的差异,使用非手性柱得以分离。该法分离效果好,分离条件简便,一般的非手性柱可满足要求,但需要高纯度的衍生试剂,操作比较麻烦。直接拆分法中的 CMPA 法是在流动相中加入手性添加剂,利用非手性固定相 HPLC 进行拆分;而 CSP 法发展异常迅速,目前已开发的商品化手性固定相有多糖类、蛋白类、环湖精类、冠醚类等,其中多糖类衍生物手性识别能力强,方法也较成熟。直接法可用 Dalgleish 于 1952 年提出的著名的"三点作用原理"来解释:药物一个对映体先与手性固定相或流动相的添加剂间发生分子间的三点作用,同时另一对映体则发生两点作用,前者形成的分子复合物较后者稳定,用 HPLC 法依次使其对映体分离。HPLC 法用于对映体药物的拆分,具有多种途径,各具特色,可相互补充,但距离大规模工业化生产还有相当大的距离。

(4)超临界流体色谱(SFC):SFC 的制备拆分方法是从 20 世纪 80 年代中期迅速发展起来的一项拆分技术,该方法采用超临界状态的二氧化碳做流动相,具有分析时间短、柱平衡快、操作条件易变换等特点,在手性分离方面,与高效液相色谱、气相色谱、毛细管电泳仪和质谱仪等相互补充,因其具有独特的优越性,将成为超临界 CO_2 萃取技术发展的必然趋势。超临界流体色谱法由于具有体系的黏度低、扩散和传质速率高、拆分得到的产品质量好等特点,在手性药物拆分中具有广泛的应用。

5. 膜分离法

膜拆分技术是使流入相中的外消旋药物在渗透压或其他外力作用下进入膜相,并通过膜相中载体的选择性作用,使其中的一种对映体通过膜相,来达到拆分效果的方法。此技术是近几年刚发展的节能技术,对其的研究还处于起步阶段,但由于自身的连续性和能量有效等众多优点,被广大相关研究人员所青睐。根据膜分离和手性拆分的要求,用于手性药物拆分的膜需具备对映体选择性较高、膜通量大、通量及选择性应稳定等特点。膜分离技术根据膜状态的不同分为液膜手性分离和固膜手性分离两种方法,前者是基于选择性萃取;后者是基于对映体间亲和性的差异。

6. 电泳技术

毛细管电泳技术(CE)是 80 年代以来新兴的手性分离技术,特点是高效、快速、简便,适用于药物、生物大分子医学等领域。毛细管电泳技术以高压电场为驱动力,以毛细管为分离通道,依据样品中各组分之间湮度和分配行为上的差异而实现分离。用 CE 拆分药物对映体需加入各种不同的手性选择剂才能达到分离的目的。目前常用手性选择剂有：CD、冠醚、胆酸盐、手性混合胶束、手性选择性金属络合物、蛋白和糖 7 种类型。CE 法为拆分极性大、热稳定性差和挥发性手性药物提供了经济有效的手段；且由于它具有高效、高分辨率、分离速度快、仅需微量试样、仪器操作简单、操作模式多等特点，在手性药物分离中具有诸多优势而被广泛应用于药物、生物、临床医学等领域。

点滴积累 ╲╱

1. 当手性化合物进入生命体后，它的两个对映异构体通常会表现出不同的生物活性。 手性药物对映体在人体内的药理活性、代谢过程和毒性存在着显著差异。

2. 手性药物制备的方法有　从天然产物中提取、手性合成和外消旋体拆分。

3. 外消旋体拆分法可分为结晶拆分法、化学拆分法、生物拆分法、色谱拆分法、膜拆分和电泳技术等。

目标检测

一、选择题

（一）单项选择题

1. 影响电泳分离的主要因素是（　　　）

A. 光照

B. 待分离生物大分子的性质

C. 湿度

D. 电泳时间

E. 以上都不是

2. 等电聚焦电泳法分离不同蛋白质所依据的原理是（　　　）

A. 等电点 pI 的不同　　　　　　　　B. 蛋白质结构的不同

C. 蛋白质分子量的不同　　　　　　　D. 蛋白质种类的不同

E. 蛋白质形状不同

3. 瑞典科学家 A. Tiselius 首先利用 U 形管建立移界电泳法的时间是（　　　）

A. 1920 年　　　　　　　　B. 1930 年　　　　　　　　C. 1937 年

D. 1940 年　　　　　　　　E. 1948 年

4. 下列有关电泳时溶液的离子强度的描述中，**错误的是**（　　　）

A. 溶液的离子强度对带电粒子的泳动有影响

B. 离子强度越高、电泳速度越快

C. 离子强度太低,缓冲液的电流下降

D. 离子强度太低,扩散现象严重,使分辨率明显降低

E. 离子强度高,区带分离清晰

5. 电泳时 pH、颗粒所带的电荷和电泳速度的关系,下列描述中正确的是(　　　)

A. pH 离等电点越远,颗粒所带的电荷越多,电泳速度也越慢

B. pH 离等电点越近,颗粒所带的电荷越多,电泳速度也越快

C. pH 离等电点越远,颗粒所带的电荷越少,电泳速度也越快

D. pH 离等电点越远,颗粒所带的电荷越多,电泳速度也越快

E. pH 离等电点越近,颗粒所带的电荷越少,电泳速度也越快

6. 一般来说,颗粒带净电荷量、直径和泳动速度的关系是(　　　)

A. 颗粒带净电荷量越大或其直径越小,在电场中的泳动速度就越快

B. 颗粒带净电荷量越小或其直径越小,在电场中的泳动速度就越快

C. 颗粒带净电荷量越大或其直径越大,在电场中的泳动速度就越快

D. 颗粒带净电荷量越大或其直径越小,在电场中的泳动速度就越慢

E. 颗粒带净电荷量越小或其直径越大,在电场中的泳动速度就越快

7. 电泳时对支持物的一般要求除不溶于溶液、结构均一而稳定外,还应具备(　　　)

A. 导电、不带电荷、没有电渗、热传导度小

B. 不导电、不带电荷、没有电渗、热传导度大

C. 不导电、带电荷、有电渗、热传导度大

D. 导电、不带电荷、有电渗、热传导度大

E. 不导电、不带电荷、没有电渗、热传导度小

8. 醋酸纤维薄膜电泳的特点是(　　　)

A. 分离速度慢、电泳时间短、样品用量少

B. 分离速度快、电泳时间长、样品用量少

C. 分离速度快、电泳时间短、样品用量少

D. 分离速度快、电泳时间短、样品用量多

E. 分离速度慢、电泳时间短、样品用量少

9. 聚丙烯酰胺凝胶是一种人工合成的凝胶,其优点是(　　　)

A. 机械强度好、弹性小、无电渗作用、分辨率高

B. 机械强度好、弹性大、有电渗作用、分辨率高

C. 机械强度好、弹性大、有电渗作用、分辨率低

D. 机械强度好、弹性大、无电渗作用、分辨率高

E. 机械强度好、弹性小、有电渗作用、分辨率低

10. 20 世纪 60 年代中期问世的等电聚焦电泳,是一种(　　　)

A. 分离组分与电解质一起向前移动的同时进行分离的电泳技术

B. 能够连续地在一块胶上分离数千种蛋白质的电泳技术

C. 利用凝胶物质作支持物进行的电泳技术

D. 利用有 pH 梯度的介质,分离等电点不同的蛋白质的电泳技术

E. 利用醋酸纤维薄膜为支持物进行的电泳技术

11. 双向电泳样品经过电荷与质量两次分离后,可以(　　)

A. 得到分子的分子量,分离的结果是带

B. 得到分子的等电点,分离的结果是点

C. 得到分子的等电点、分子量,分离的结果是点

D. 得到分子的等电点、分子量,分离的结果是带

E. 以上都不是

12. 某蛋白质 pI 为 7.5,在 pH 6.0 的缓冲液中进行自由界面电泳,其泳动方向为(　　)

A. 向负极移动　　　　　　 B. 向正极移动　　　　　　 C. 不运动

D. 同时向正极和负极移动　 E. 以上都有可能

13. 聚丙烯酰胺凝胶电泳分离蛋白质,除一般电泳电荷效应外,欲使分辨率提高还应有的作用是(　　)

A. 浓缩作用　　　　　　　 B. 电渗作用　　　　　　　 C. 重力作用

D. 分子筛作用　　　　　　 E. 吸附作用

(二) 多项选择题

1. 影响电泳的外界因素有(　　)

A. 电场强度　　　　　　　 B. 溶液的 pH　　　　　　 C. 溶液的离子强度

D. 带电性质　　　　　　　 E. 吸附作用

2. 琼脂糖凝胶适合于(　　)

A. 免疫复合物、核酸与核蛋白的分离

B. 免疫复合物、核酸与核蛋白的鉴定

C. 免疫复合物、核酸与核蛋白的纯化

D. 细菌或细胞中复杂的蛋白质组分分离

E. 在临床生化检验中常用于 LDH、CK 等同工酶的检测

3. 聚丙烯酰胺凝胶所具有的优点有(　　)

A. 机械强度好、弹性大　　　　　　　 B. 透明、化学稳定性高

C. 有电渗作用、设备简单　　　　　　 D. 样品量多

E. 分辨率高

4. 等电聚焦电泳法在电极之间形成的 pH 梯度是(　　)

A. 稳定的　　　　　　　　 B. 间断的　　　　　　　　 C. 连续的

D. 瞬间的　　　　　　　　 E. 线性的

5. 外消旋体拆分的方法有(　　)

A. 结晶法　　　　　　　　 B. 生物拆分法　　　　　　 C. 化学拆分法

D. 色谱法　　　　　　　　 E. 膜分离法

6. 蛋白质的电泳迁移率与下述因素中有关的是(　　　)

　　A. 所带的净电荷　　　　　　B. 重量　　　　　　　C. 颗粒直径

　　D. 质/荷比　　　　　　　　E. 形状的不同

7. 双向电泳技术具有的特点有(　　　)

　　A. 分辨率最高　　　　　　　B. 信息量最多　　　　　C. 有阴极漂移

　　D. pH 梯度稳定　　　　　　 E. 重复性好

8. 下列对醋酸纤维素薄膜电泳的描述,正确的是(　　　)

　　A. 薄膜对蛋白质样品吸附性大

　　B. 几乎能完全消除纸电泳中出现的"拖尾"现象

　　C. 分离速度快、电泳时间短

　　D. 样品用量少

　　E. 特别适合于病理情况下微量异常蛋白的检测

9. 电泳对支持物的一般要求为(　　　)

　　A. 不溶于溶液,不导电

　　B. 吸液量多而稳定

　　C. 不带电荷,有电渗

　　D. 不吸附蛋白质等其他电泳物质,热传导度大

　　E. 结构均一而稳定,分离后的成分易析出

二、简答题

1. 简述影响电泳分离的主要因素。

2. 电泳分离蛋白质的常用检测方法有哪些?

3. 简述当前手性分离的方法。

三、实例分析

临床地中海贫血的筛查中,为何常用血红蛋白电泳检测异常血红蛋白或区分地中海贫血类型?

ER-08章习题

实训项目八　醋酸纤维薄膜电泳分离血清蛋白

【实训目的】

掌握醋酸纤维薄膜电泳法分离血清蛋白的原理和方法。

【实训原理】

蛋白质是两性电解质。在 pH 小于其等电点的溶液中,蛋白质为正离子,在电场中向阴极移动;在 pH 大于其等电点的溶液中,蛋白质为负离子,在电场中向阳极移动。血清中含有数种蛋白质,它们所具有的可解离基团不同,在同一 pH 的溶液中,所带净电荷不同,故可利用电泳法将它们分离。

血清中含有白蛋白、α-球蛋白、β-球蛋白、γ-球蛋白等,各种蛋白质由于氨基酸组成、立体构象、相对分子质量、等电点及形状不同,在电场中迁移速度不同。由表 8-1 可知,血清中 5 种蛋白质的等电点大部分低于 pH 7.0,所以在 pH 8.6 的缓冲液中,它们都电离成负离子,在电场中向阳极移动。

表 8-1 人血清中各种蛋白质的等电点及相对分子质量

蛋白质名称	等电点	相对分子质量
白蛋白	4.88	69 000
α1-球蛋白	5.06	200 000
α2-球蛋白	5.06	300 000
β-球蛋白	5.12	90 000~150 000
γ-球蛋白	6.85~7.50	156 000~300 000

在一定范围内,蛋白质的含量与结合的染料量成正比,故可将蛋白质区带剪下,分别用 0.4mol/L NaOH 溶液浸洗下来,进行比色,测定其相对含量。也可以将染色后的薄膜直接用光密度计扫描,测定其相对含量。此法由于操作简单、快速、分辨率高及重复性好等优点,目前,已成为临床生化检验的常规操作之一。它不仅可用于分离血清蛋白,还可以分离脂蛋白,血红蛋白及同工酶的分离测定。

【实训材料】

1. 实训器材 醋酸纤维薄膜,人血清或牛血清,烧杯,培养皿,镊子,载玻片,盖玻片,电吹风,电泳槽,直流稳压电泳仪,剪刀,手套,滤纸。

2. 实训试剂 巴比妥-巴比妥钠缓冲液(pH 8.6,0.07mol/L,离子强度 0.06);染色液(0.5% 氨基黑 10B,可重复使用,使用后回收);漂洗液(100ml 每组):95% 乙醇 45ml,冰乙酸 5ml,水 50ml;透明液(20ml 每组):无水乙醇 14ml+冰乙酸 4ml,混匀。

【实训方法】

(一) 电泳槽与薄膜的制备

1. 醋酸纤维素薄膜的湿润与选择 用钝头镊子取一片薄膜,在薄膜无光泽面上,距边 2cm 处用铅笔各划一条直线,此线为点样标志区。小心地平放在盛有缓冲液的平皿中。若漂浮于液面的薄膜在 15~30 秒内迅速湿润,整条薄膜色泽深浅一致,则此膜均匀可用于电泳;若薄膜湿润缓慢,色泽深浅不一或有条纹及斑点,则表示薄膜厚薄不均匀,应舍去,以免影响电泳结果,将选好的薄膜用竹夹子轻压,使其完全浸泡于缓冲液中约 30 分钟后方可用于电泳。

2. 电泳槽的准备 根据电泳槽的宽度,剪裁尺寸合适的滤纸条。在两个电极槽中,各倒等体积的电极缓冲液,在电泳槽的两个膜支架上,各放两层滤纸条,使滤纸的长边与支架前沿对齐,另一端浸入电极缓冲液内。当滤纸条全部浸润后,用玻璃棒轻轻挤压在膜支架上的滤纸以驱赶气泡,使滤纸的一端能紧贴在膜支架上。滤纸条是两个电极槽联系醋酸纤维素膜的桥梁,因而称为滤纸桥。

（二）点样

取新鲜血清于载玻片上,将盖玻片掰成适宜大小,使一边小于薄膜宽度。把浸泡好的可用的醋酸纤维素薄膜取出,用滤纸吸去表面多余的液体,然后平铺在滤纸上,将盖玻片在血清中轻轻划一下,再在膜条一端 1.5~2cm 处轻轻地水平落下并迅速提起,即在膜条上点上了细条状的血清样品,宽度一般不超过 3mm,呈淡黄色,此步是实验的关键,点样前应在滤纸上反复练习,掌握点样技术后再正式点样。

（三）电泳

用钝头镊子将点样端的薄膜平贴在阴极电泳槽支架的滤纸桥上(点样面朝下),另一端平贴在阳极端支架上。要求薄膜紧贴滤纸桥并绷直,中间不能下垂,如一电泳槽同时安放几张薄膜,则薄膜之间应隔几毫米,盖上电泳槽盖使薄膜平衡 10 分钟。

用导线将电泳槽的正、负极与电泳仪的正、负极分别连接,注意不要接错。在室温下电泳,打开电源开关,调节电压到 90V,预电泳 10 分钟,再调节电压至电压 110V,电泳 50~60 分钟左右,结束,(点样带不要接触滤纸条)关闭电泳仪切断电源或自然风干。

（四）染色与漂洗

电泳完毕,用钝头镊子取出电泳后的薄膜,无光泽面向上,放在含有 0.5% 氨基黑 10B 染色液的培养皿中,浸染 5 分钟。取出后用自来水冲去多余染料,然后放到盛有漂洗液的培养皿中,每隔 10 分钟换漂洗液一次,连续数次,直至背景蓝色脱尽。取出后放在滤纸上,用电吹风的冷风将薄膜吹干。

（五）透明

配制好透明液,用镊子将薄膜取出,贴在容器壁上(烧杯壁或培养皿上等),注意不可有气泡,用吹风机稍吹干薄膜,用胶头滴管淋洗薄膜,至薄膜透明,再用吹风机将薄膜彻底吹干,此时薄膜透明,小心将薄膜自容器壁上取下。此薄膜透明,区带着色清晰,可用于光吸收计扫描。长期保存不褪色。

【实训提示】

1. 点样应细窄、均匀、集中。点样量不宜过多,点样位置要合适。

2. 两电泳槽内缓冲液面应在同一水平面,否则会因虹吸影响电泳效果。

3. 醋酸纤维素薄膜一定要充分浸透后才能点样。点样后电泳槽一定要密闭。电流不宜过大,以防止薄膜干燥,电泳图谱出现条痕。

【实训思考】

1. 为什么实验所得有些电泳带参差不齐?

2. 为什么个别电泳带的两条带之间界限不明显?

【实训报告】

包括实训目的、实训内容、实训步骤、实训问题处理、结果分析、改革成果及体会等。

【实训测试】

根据学生出勤、在实训过程中的表现、实训报告完成情况和实训测试成绩,综合评定学生的实训成绩。

(周代营)

第九章

药物干燥技术

ER-09章PPT

导学情景

情景描述

　　某同学周末在家和母亲一起用鲜红薯制作红薯淀粉，先将红薯洗净，切成约 2cm 见方的碎块，然后加水用石磨磨成薯糊，薯糊用细纱布过滤后倒入沉淀缸中发酵、沉淀，沉淀完毕后用铁铲将缸内淀粉铲出，置于干净的白布中，悬挂起来脱水，待淀粉干固，从白布包中取出，切成小片或小块放在盘中，置于日光下晾晒，并随时翻动，晒干后在槽内碾碎，过筛后将做好的淀粉包装在塑料袋中。

学前导语

　　在制作红薯淀粉的过程中，将含水分较多的湿淀粉用布包悬挂脱水，再切成小片或小块放在盘中置于日光下晾晒，就运用到了一种简单的干燥技术。本章我们将带领同学们学习各类干燥技术的原理、特点、干燥设备及应用，为学习制药工艺课程和今后从事药品分离纯化工作奠定基础。

　　在制药生产过程中，经常会遇到各种湿物料，湿物料中所含的需要在干燥过程中除去的任何一种液体都称为湿分。药物是一类特殊产品，必须保证具有较高的质量，其中湿分含量是保证药物质量的重要指标之一。如颗粒剂的含水量不得超过 3%，若含水量过高，易导致颗粒剂结块、发霉变质等，从而导致药物失效，甚至危害人身健康。

　　为了保证药物的安全性、有效性，同时为了便于加工、运输、贮存，必须将分离纯化所获得产物中的湿分除去，因此药物干燥技术是制药生产中不可或缺的工艺步骤。根据除去湿分的原理不同可分为以下 4 种方法。①机械法：当固体湿物料中含液体较多时，可先用沉降、过滤、离心分离等机械分离的方法除去其中大部分的液体，这些方法能耗较少，但湿分不能完全除去。该方法适用于液体含量较高的湿物料的预干燥。②物理化学法：将干燥剂如无水氯化钙、硅胶、石灰等与固体湿物料共存，使湿物料中的湿分经气体相转入干燥剂内。这种方法费用较高，只适用于实验室小批量低湿分固体物料（或工业气体）的干燥。③加热干燥法：向湿物料供热，使其中湿分汽化并将生成的湿分蒸气移走的方法。该方法适用于大规模工业化生产的干燥过程。④冷冻干燥法：将湿物料冷冻，利用真空使冻结的冰升华变为蒸气而除去的方法。该法适用于热敏性药物、生化药物的干燥。

▶ **课堂活动**

　　对液体进行干燥和固体有什么不同？

221

第一节　热干燥技术

一、干燥的基本知识

(一) 物料中所含水分的性质

1. 结合水分与非结合水分　根据物料与水分结合力的状况,可将物料中所含水分分为结合水分与非结合水分。

(1)结合水分:包括物料细胞壁内的水分、物料内毛细管中的水分及以结晶水的形态存在于固体物料之中的水分等。这种水分是集化学力或物理化学力与物料相结合的,由于结合力强,其蒸气压低于同温度下纯水的饱和蒸气压,致使干燥过程的传质推动力降低,故除去结合水分较困难。

(2)非结合水分:包括机械地附着于固体表面的水分,如物料表面的吸附水分、较大孔隙中的水分等。物料中非结合水分与物料的结合力弱,其蒸气压与同温度下纯水的饱和蒸气压相同,因此,干燥过程中除去非结合水分较容易。

用实验方法直接测定某物料的结合水分与非结合水分较困难,但根据其特点,可利用平衡关系外推得到。在一定温度下,由实验测定的某物料的平衡曲线,将该平衡曲线延长与 $\varphi=100\%$ 的纵轴相交(图 9-1),交点以下的水分为该物料的结合水分,因其蒸气压低于同温下纯水的饱和蒸汽压。交点以上的水分为非结合水分。

物料所含结合水分或非结合水分的量仅取决于物料本身的性质,而与干燥介质状况无关。

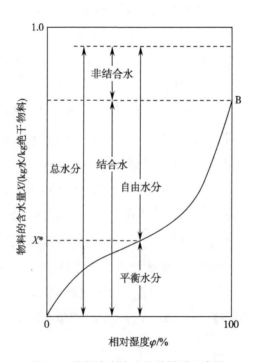

图 9-1　物料中所含水分的性质示意图

2. 平衡水分与自由水分 根据物料在一定的干燥条件下,其中所含水分能否用干燥方法除去来划分,可分为平衡水分与自由水分。

(1)平衡水分:物料中所含有的不因和空气接触时间的延长而改变的水分,这种恒定的含水量称为该物料在一定空气状态下的平衡水分,用 X^* 表示。当一定温度 t、相对湿度 φ 的未饱和的湿空气流过某湿物料表面时,由于湿物料表面水的蒸气压大于空气中水蒸气分压,则湿物料的水分向空气中汽化,直到物料表面水的蒸气压与空气中水蒸气分压相等时为止,即物料中的水分与该空气中水蒸气达到平衡状态,此时物料所含水分即为该空气条件(t,φ)下物料的平衡水分。平衡水分随物料种类及空气状态(t,φ)不同而异。对于同一物料,当空气温度一定,改变其 φ 值,平衡水分也将改变。

(2)自由水分:物料中超过平衡水分的那一部分水分,称为该物料在一定空气状态下的自由水分。

若平衡水分用 X^* 表示,则自由水分为$(X\text{-}X^*)$。

(二) 物料中含水量的表示方法

1. 湿基含水量 湿物料中所含水分的质量分率称为湿物料的湿基含水量。

$$w = \frac{湿物料中的水分的质量(kg)}{湿物料总质量(kg)} \times 100\% \qquad 式(9\text{-}1)$$

2. 干基含水量 不含水分的物料通常称为绝对干料。湿物料中的水分的质量与绝对干物料质量之比,称为湿物料的干基含水量。

$$x = \frac{湿物料中的水分的质量(kg)}{湿物料绝对干物料的质量(kg)} \times 100\% \qquad 式(9\text{-}2)$$

两者的关系:$x = \dfrac{w}{1-w}$或 $w = \dfrac{x}{1+x}$

(三) 干燥过程动力学及干燥器的分类

干燥过程既涉及传热过程,也涉及传质过程。从传热角度看,传热温度差是传热的推动力,因此高温空气提供热量,水分吸收热量。从传质角度看,浓度差是传质推动力,湿物料表面水分的蒸气压 P_w 大,空气中的水蒸气压 P 小,因此水蒸气不断从湿物料表面向空气中扩散,从而破坏了湿物料表面的气液平衡,水分则不断汽化,湿物料表面的含水量不断降低,进而又在湿物料表面与内部间产生湿度差,于是物料内部的水分借扩散作用向其表面移动。只要表面汽化过程不断进行,空气连续不断地将水蒸气带走,就可实现干燥过程。总之,干燥过程不仅要保证热量的不断供给,还要保证水蒸气的不断排出。

通过综合分析,可把干燥过程归纳为下述 3 种过程:①水分从湿物料内部向表面扩散的过程,即内部扩散过程;②表面水分从液相汽化转移到气相的过程(加热汽化过程),即表面汽化过程;③水蒸气被空气带出的过程。在干燥过程中,水蒸气被空气带出的速度很快,不会影响干燥速率;而内部扩散与表面汽化同时进行,但在干燥过程的不同时期,两者的速率并不相同;因此,要根据干燥过程的具体情况确定控制因素,提高干燥速率和干燥效果。

1. 干燥速率 单位时间内在单位干燥面积上汽化的水分量 W,如用微分式表示则为:

$$U = \frac{dW}{Ad\tau}$$ 式(9-3)

式中:U——干燥速率,单位:kg/(m² · h);

      W——汽化水分量,单位:kg;

      A——干燥面积,单位:m²;

      τ——干燥所需时间,单位:h。

而 $dW = -G_c dX$,所以:$U = \dfrac{dW}{Ad\tau} = -\dfrac{G_c dX}{Ad\tau}$ 式(9-4)

式中:G_c——湿物料中绝对干料的量,单位:kg;

      X——干基的含水量,单位:kg 水/kg 干物料,负号表示物料含水随着干燥时间的增加而减少。

  2. 干燥曲线与干燥速率曲线　干燥过程的计算内容包括确定干燥操作条件、干燥时间及干燥器尺寸,为此,须求出干燥过程的干燥速率。但由于干燥机制及过程皆很复杂,直至目前研究得尚不够充分,所以干燥速率的数据多取自实验测定值。为了简化影响因素,测定干燥速率的实验是在恒定条件下进行。如用大量的空气干燥少量的湿物料时可以认为接近于恒定干燥情况。如图 9-2 所示为干燥过程中物料含水量 X 与干燥时间 τ 的关系曲线,此曲线称为干燥曲线。

  图 9-3 所示为物料干燥 u 与物料含水量 X 的关系曲线,称为干燥速率曲线。

  由干燥速率曲线可以看出,干燥过程分为恒速干燥和降速干燥两个阶段。

  (1)恒速干燥阶段:此阶段的干燥速率如图 9-3 中 BC 段所示。这一阶段中,物料表面充满着非结合水分,其性质与液态纯水相同。在恒定干燥条件下,物料的干燥速率保持恒定,其值不随物料含水量多少而变。

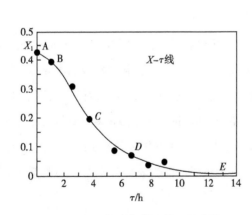

图 9-2　恒定干燥条件下的干燥曲线

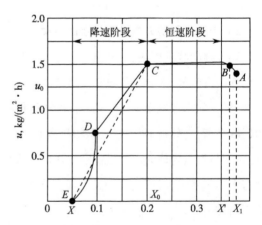

图 9-3　恒定干燥条件下的干燥速率曲线

  在恒定干燥阶段中,由于物料内部水分扩散速率大于表面水分汽化速率,空气传给物料的热量等于水分汽化所需的热量。物料表面的温度始终保持为空气的湿球温度,这阶段干燥速率的大小主要取决于空气的性质,而与湿物料的性质关系很小。图中 AB 段为物料预热段,此段所需时间很短,干燥计算中往往忽略不计。

(2)降速干燥阶段：如图9-3所示，干燥速率曲线的转折点(C点)称为临界点，该点的干燥速率U_c仍等于等速阶段的干燥速率，与该点对应的物料含水量，称为临界X_c。当物料的含水量降到临界含水量以下时，物料的干燥速率亦逐渐降低。图中所示CD段为第一降速阶段，这是因为物料内部水分扩散到表面的速率已小于表面水分在湿球温度下的汽化速率，这时物料表面不能维持全面湿润而形成"干区"，由于实际汽化面积减小，从而以物料全部外表面积计算的干燥速率下降。

图中DE段称为第二降速阶段，由于水分的汽化面随着干燥过程的进行逐渐向物料内部移动，从而使热、质传递途径加长，阻力增大，造成干燥速率下降。到达E点后，物料的含水量已降到平衡含水量X^*(即平衡水分)，再继续干燥亦不可能降低物料的含水量。

降速干燥阶段的干燥速率主要决定于物料本身的结构、形状和大小等，而与空气的性质关系很小。这时空气传给湿物料的热量大于水分汽化所需的热量，故物料表面的温度不断上升，而最后接近于空气的温度。

3. 恒定干燥条件下干燥时间的计算　恒定干燥条件，即干燥介质的温度、湿度、流速及与物料的接触方式，在整个干燥过程中均保持恒定。

在恒定干燥情况下，物料从最初含水量X_1干燥至最终含水量X_2所需的时间τ_1，可根据在相同情况下测定的如图9-3所示的干燥速率曲线和干燥速率表达式(9-4)求取。

(1)恒速干燥阶段：设恒速干燥阶段的干燥速率为U，根据干燥速率定义，有：

$$\tau_1 = \frac{G_c}{AU_c}(X_1 - X_2) \qquad 式(9-5)$$

(2)降速干燥阶段：在此阶段中，物料的干燥速率U随着物料中自由水分含量($X-X^*$)的变化而变化，可将从实验测得的干燥速率曲线表示成如下的函数形式：

$$\tau_2 = \frac{G_c}{A}\int_{X_2}^{X_c}\frac{\mathrm{d}X}{U} \qquad 式(9-6)$$

可用图解积分法(需具备干燥速率曲线)计算。当缺乏物料在降速阶段的干燥速率数据时，可用近似计算处理，这种近似计算法的依据，是假定在降速阶段中干燥速率与物料中的自由水分含量($X-X^*$)成正比，即用临界点C与平衡水分点E所联结的直线CE代替降速干燥阶段的干燥速率曲线。于是，降速干燥阶段所需的干燥时间τ_2为

$$\tau_2 = \frac{G_c}{AK_X}\ln\frac{X_c-X^*}{X_2-X^*} \qquad 式(9-7)$$

$$K_X = \frac{U_c}{X_c-X^*}$$

例9-1用一间歇干燥器将一批湿物料从含水量$w_1 = 27\%$干燥到$w_2 = 5\%$(均为湿基)，湿物料的质量为200kg，干燥面积为$0.025\mathrm{m}^2/\mathrm{kg}$干物料，装卸时间$\tau' = 1$小时，试确定每批物料的干燥周期[从该物料的干燥速率曲线可知$X_c = 0.2$，$X^* = 0.05$，$U_c = 1.5\mathrm{kg}/(\mathrm{m}^2\cdot\mathrm{h})$]。

解：绝对干物料量$G_c = G_1(1-w_1) = 200\times(1-0.27) = 146\mathrm{kg}$

干燥总面积 $A = 146 \times 0.025 = 3.65\text{m}^2$

$$X_1 = \frac{w_1}{1 - w_1} = \frac{0.27}{1 - 0.27} = 0.37 \qquad X_2 = \frac{w_2}{1 - w_2} = \frac{0.05}{1 - 0.05} = 0.053$$

恒速阶段 τ_1 由 $X_1 = 0.37$ 至 $X_c = 0.2$

$$\tau_1 = \frac{G_c}{U_c A}(X_1 - X_c) = \frac{146}{1.5 \times 3.65} \times (0.37 - 0.2) = 4.53\text{h}$$

降速阶段 τ_2 由 $X_c = 0.2$ 至 $X^* = 0.05$

$$K_X = \frac{U_c}{X_c - X^*} = \frac{1.5}{0.2 - 0.05} = 10\text{kg}/(\text{m}^2 \cdot \text{h})$$

$$\tau_2 = \frac{G_c}{AK_X}\ln\frac{X_c - X^*}{X_2 - X^*} = \frac{146}{3.65 \times 10}\ln\frac{0.2 - 0.05}{0.053 - 0.05} = 15.7\text{h}$$

每批物料的干燥周期 τ：$\tau = \tau_1 + \tau_2 + \tau' = 4.53 + 15.7 + 1 = 21.2\text{h}$

▶ 边学边练

　　物料的湿含量、物料与湿分的结合性质、物料性质和干燥介质等对干燥不同阶段的影响规律，以及干燥速率曲线对干燥操作的指导作用，请见实训项目九　热干燥过程控制训练。

4. 干燥器 常见干燥器见表9-1。

表9-1 干燥器的性能特点及应用场合

类型	构造及原理	性能特点	应用场合
厢式干燥器	多层长方形浅盘叠置在框架上,湿物料在浅盘中,厚度通常为10~100mm,一般浅盘的面积为0.3~1m²。新鲜空气由风机抽入,经加热后沿挡板均匀地进入各层之间,平行流过湿物料表面,带走物料中的湿分	构造简单,设备投资少,适应性强,物料损失小,盘易清洗。但物料得不到分散,干燥时间长,热利用率低,产品质量不均匀,装卸物料的劳动强度大	多应用在小规模、多品种、干燥条件变动大,干燥时间长的场合。如实验室或中试的干燥装置
洞道式干燥器	干燥器为一较长的通道,被干燥物料放置在小车内、运输带上、架子上或自由地堆置在运输设备上,沿通道向前移动,并一次通过通道。空气连续地在洞道内被加热并强制地流过物料	可进行连续或半连续操作;制造和操作都比较简单,能量的消耗也不大	适用于具有一定形状的比较大的物料,如皮革、木材、陶瓷等的干燥
转筒式干燥器	湿物料从干燥机一端投入后,在筒内抄板器的翻动下,物料在干燥器内均匀分布与分散,并与并流(逆流)的热空气充分接触。在干燥过程中,物料在带有倾斜度的抄板和热气流的作用下,可调控地运动至干燥机另一段星形卸料阀排出成品	生产能力大,操作稳定可靠,对不同物料的适应性强,操作弹性大,机械化程度较高。但设备笨重,一次性投资大;结构复杂,传动部分需经常维修,拆卸困难;物料在干燥器内停留时间长,且物料颗粒之间的停留时间差异较大	主要用于处理散粒状物料,亦可处理含水量很高的物料或膏糊状物料,也可处理干燥溶液、悬浮液、胶体溶液等流动性物料

类型	构造及原理	性能特点	应用场合
气流式干燥器	直立圆筒形的干燥管,其长度一般为10~20m,热空气(或烟道气)进入干燥管底部,将加料器连续送入的湿物料吹散,并悬浮在其中。一般物料在干燥管中的停留时间为0.5~3秒,干燥后的物料随气流进入旋风分离器,产品由下部收集	干燥速率大,接触时间短,热效率高;操作稳定,成品质量稳定;结构相对简单,易于维修,成本费用低。但对除尘设备要求严格,系统流动阻力大,对厂房要求有一定的高度	适宜于干燥热敏性物料或临界含水量低的细粒或粉末物料
流化床干燥器	湿物料由床层的一侧加入,由另一侧导出。热气流由下方通过多孔分布板均匀地吹入床层,与固体颗粒充分接触后,由顶部导出,经旋风器回收其中夹带的粉尘后排出。颗粒在热气流中上下翻动,彼此碰撞和混合,气、固间进行传热、传质,以达到干燥目的	传热、传质速率高,设备简单,成本费用低,操作控制容易。但操作控制要求高。而且由于颗粒在床中高度混合,可能引起物料的返混和短路,从而造成物料干燥不充分	适用于处理粉粒状物料,而且粒径最好在30~60μm范围
喷雾干燥器	热空气与喷雾液滴都由干燥器顶部加入,气流作螺旋形流动旋转下降,液滴在接触干燥室内壁前已完成干燥过程,大颗粒收集到干燥器底部后排出,细粉随气体进入旋风器分出。废气在排空前经湿法洗涤塔(或其他除尘器)以提高回收率,并防止污染	干燥过程极快,可直接获得干燥产品,因而可省去蒸发、结晶、过滤、粉碎等工序;能得到速溶的粉末或空心细颗粒;易于连续化、自动化操作。但热效率低,设备占地面积大,设备成本费高,粉尘回收麻烦	适用于士林蓝及士林黄染料等

点滴积累　∨

1. 干燥过程主要是将水分从固相转移到液相,同时包含传热和传质过程。

2. 根据除去湿分的原理不同,干燥技术可分为机械法、物理化学法、加热干燥法和冷冻干燥法等。

二、流化床干燥技术

固体干燥是利用热能使固体物料与湿分分离的操作,有很多种方法。其中以对流干燥方法应用最为广泛。

(一) 流化床干燥的原理及特点

对流干燥是利用热空气或其他高温气体介质掠过物料表面,介质向物料传递热能,同时物料向介质中扩散湿分,达到去湿之目的。对流干燥过程中,同时在气固两相间发生传热和传质过程。

典型的对流干燥工艺流程如图9-4所示,空气经加热后进入干燥器,气流与湿物料直接接触,空气沿流动方向温度降低,湿含量增加,废气自干燥器另一端排出。对流干燥过程中,物料表面温度 θ_i 低于气相主体温度 t,因此热量以对流方式从气相传递到固体表面,再由表面向内部传递,这是个传热过程;固体表面水气分压 P_i 高于气相主体中水气分压,因此水汽由固体表面向气相扩散,这是一个传质过程。可见,对流干燥过程是传质和传热同时进行的过程,见图9-5。

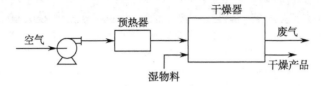

图9-4　对流干燥流程示意图

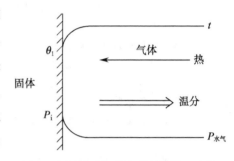

图9-5　干燥过程的传质和传热示意图

显然,干燥过程中压差$(P-P_i)$越大,温差$(t-\theta_i)$越高,干燥过程进行得越快,因此干燥介质及时将汽化的水汽带走,以维持一定的扩散推动力。所以,对流干燥器是应用最广的一类干燥器,包括流化干燥器、气流干燥器、厢式干燥器、喷雾干燥器、隧道式干燥器等。其中,流化干燥是指干燥介质使固体颗粒在流化状态下进行干燥的过程,又称沸腾干燥。

流化干燥之所以得到广泛的应用与发展,主要有以下特点:①由于物料和干燥介质接触面积大,同时物料在床内不断地进行激烈搅动,所以传热效果好,热容系数大;②由于流化床内温度分布均匀,从而避免了产品的任何局部过热,所以特别适用于某些热敏物料的干燥;③在同一设备内可以进行连续操作,也可进行间歇操作;④物料在干燥器内的停留时间,可以按需要进行调整,产品含水率稳定;⑤干燥装置本身不包括机械运动部件,因而设备的投资费用低廉,维修工作量较小;⑥被干燥物料在粒度上有一定限制,一般不小于$30\mu m$,不大于4mm为合适,粒度太小易被气流夹带,粒度太大不易流化。当几种物料混在一起干燥时,各种物料密度应接近,不适于含水量高和易黏结成团的物料;⑦由于流化干燥器的物料返混比较激烈,所以在单级连续式流化干燥装置中,物料停留时间不均匀,有可能发生未经干燥的物料随产品一起排出床层的情况。

(二)流化床干燥的设备

随着应用技术的不断发展,流化床干燥器的型式及应用也越来越多,设备的分类方法也有所不同。按被干燥物料可分为3类:第一类是粒状物料;第二类是膏状物料;第三类是悬浮液和溶液等具有流动性的物料。按操作条件,基本上可分两类:连续式和间歇式。按结构状态分类有一般流化型、搅拌流化型、振动流化型、脉冲流化型、碰撞流化型(惰性粒子做载体)。随着对流化床干燥设备的不断改进、扩大,目前已成为干燥设备的主要机型之一。

流化床气体分布板的型式,有筛板、筛网以及烧结密孔板等,国内各厂多采用筛板式气体分布板。也有一些工厂,在流化床气体分布板上再铺一层绢丝或300目以上的不锈钢网,这样可以保证物料颗粒不漏下去,筛孔板开孔为1.5%~30%。

散粒状的固体物料,由螺旋加料器加入流化床干燥器中。空气由鼓风机送入燃烧室,加热后送入流化床底部,经分布板与固体物料接触,形成流态化,达到气固相的热质交换,物料干燥后由排料口排出。尾气由流化床顶部排出,经旋风分离器组回收。被带出的产品再经洗涤器和雾沫分离器后排空。

流化床干燥器具有以下特点:①适用于无凝集作用的散粒状物料的干燥,颗粒直径可为30μm~6mm,设备结构简单;②生产能力大,从每小时几十千克至几百吨;③热效率高,对于除去物料中的非结合水分,热效率可达到70%左右,对于除去物料中的结合水分时,热效率为30%~50%;容积传热系数可达到2000~6000kcal/(m³·h·℃);④物料在流化床中的停留时间与流化床的结构有关,如设计合理,物料在流化床中停留时间可以任意延长。其缺点是热空气通过分布板和物料层的阻力较大,一般为500~1500Pa。鼓风机的能量消耗大。对单层流化床干燥器,物料在流化床中处于完全混合状态。部分物料从加料口到出料口,可能走短路而直接被吹向出口,造成物料干燥不均匀。为改善物料在流化床中干燥的均匀性,一般多采用各种不同结构的流化床,如具有控制物料短路的挡板结构的单层流化床、卧式多室流化床、多层流化床等。

1. 单圆筒流化干燥器 单层流化床可分为连续、间歇两种操作方法。连续操作停留时间分布较广,实际需要的平均停留时间较长,因而多应用于比较容易干燥的产品,或干燥程度要求不是很严格的产品。对于一些颗粒度不均匀并有一定黏性的物料,多采用在床层内装有搅拌器的低床层操作。酐酪素的干燥以及椰蓉的干燥,就是用该法进行的。

单圆筒流化干燥器一般是用于较易干燥或干燥程度不严格的产品。由于流化床内粒子接近于完全混合状态,为了要减少未干燥粒子的排出,就必须延长平均停留时间,于是流化床高度必有所提高,而压力损失也随着增大。由于这一特性,就必须使用温度尽可能高的热空气以提高热效率,而适当减低床层高度。故单层圆筒型流化床干燥器只适于干燥含表面水及对干燥程度要求不严格的物料。单圆筒流化干燥器工艺流程见图9-6。

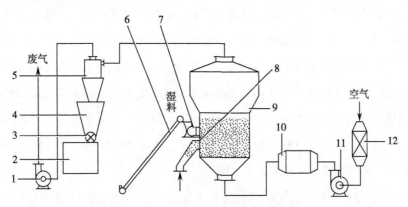

图9-6 单圆筒流化干燥器工艺流程图
1. 抽风机;2. 料仓;3. 星形出料阀;4. 集料斗;5. 旋风分离器;6. 皮带输送机;7. 抛料机;8. 流化床;9. 换热器;10. 鼓风机;11. 抽风机;12. 空气过滤器

2. 多层振动流化床干燥器采用多层流化床干燥器(图9-7),可以增加物料的干燥时间,改善干燥产品含水的均匀性,从而易于控制产品的干燥质量。但是,多层流化床干燥器因层数增加,分布板相应增多,床层阻力增加。同时,各层之间,物料要定量地从上层转移至下层,又要保证形成稳定的流化状态,必须采用溢流装置等,这样又增加了设备结构的复杂性。对于除去结合水分的物料,采用多层流化床是恰当的。例如采用双层流化床干燥含水率15%~30%的氨基比林;采用五层流化床干燥涤纶树脂,使产品含水率达到0.03%左右。

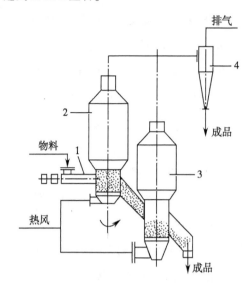

图9-7　多层振动流化床干燥器示意图
1. 加料器;2. 一级流化床干燥器;3. 二级流化床干燥器;4. 旋风分离器

(1)多层振动流化床干燥器的工作原理:由安装于主机下部的两个振动电机同步反向回转,使安装于其上的多层环状孔板组成的主机产生垂直振动与扭振,从而使由进料口进入的物料沿水平环状孔板自上层向下层连续跳跃运动。热空气则自下层向上层通过各层孔板穿过物料层,达到物料均匀干燥的目的。

(2)性能特点:①节约能源,由于物料与热空气相对而行,充分逆向接触,因而较同类型干燥机节省热能30%,节省电能10%。②干燥质量高、效果好,物料沿水平环状孔板跳跃运动,因而不存在局部过热及干燥不均匀现象。物料破碎率低,磨损少,成品含水率低于0.1%。③投资省,由于采用多层叠装形式,物料环状垂直运动,因而结构紧凑,占地面积仅为同类型干燥机的1/5,而且坚固耐用、密封可靠、维修方便、重量轻。④用途广,物料运动状态和流速可无级调节,因而对原料含水不低于40%,允许温度不超过400℃的粉粒状物料均可适用。⑤噪声低,隔振性能好,可浮置在楼板上工作,安装、移置十分方便,工作环境好。⑥生产效率高,物料运动时与热空气多次充分接触,热效率高,因而每小时产量是同类型干燥机的2.2~3倍。

(3)多层振动流化床干燥器的应用范围:适用于食品、化工、医药、饲料、饵料、塑料、制盐、粮食、种子、烟、糖、冶金等行业粉粒状物料的干燥、冷却。

流化干燥器的操作:①开炉前首先检查送风机和引风机,检查其有无摩擦和碰撞声,轴承的润滑油是否充足,风压是否正常;②对流化干燥器投料前应先打开加热器疏水阀、风箱室的排水阀和炉底的放空阀,然后渐渐开大蒸气阀门进行烤炉,除去炉内湿气,直到炉内石子和炉壁达到规定的温度后结束烤炉操作;③停下送风机和引风机,敞开投料孔,向炉内铺撒物料,料层高度约250mm,此时已完成开炉的准备工作;④再次开动送风机和引风机,关闭有关阀门,向炉内送热风,并开动给料机抛撒潮湿物料,要求进料由少渐多,物料分布均匀;⑤根据进料量,调节风量和热风温度,保证成品干湿度合格;⑥经常检查卸出的物料有无结块,观察炉内物料面的沸腾情况,调节各风箱室的进风量和风压大小;⑦经常检查风机的轴承温度、机身有无振动以及风道有无漏风,发现问题及时解决;⑧经常检查引风机出口带料情况和尾气管线腐蚀程度,问题严重应及时解决。

(三) 流化床干燥的影响因素

干燥器操作条件的确定,通常需由实验测定或可按下述一般选择原则考虑。

1. 干燥介质的选择　干燥介质的选择,决定于干燥过程的工艺及可利用的热原。基本的热原有饱和水蒸气、液态或气态的燃料和电能。对流干燥的介质可采用空气、惰性气体、烟道气和过热蒸气。

当干燥操作温度不太高、且氧气的存在不影响被干燥物料的性能时,可采用热空气作为干燥介质。对某些易氧化的物料,或从物料中蒸发出易爆的气体时,则宜采用惰性气体作为干燥介质。烟道气适用于高温干燥,但要求被干燥的物料不怕污染,而且不与烟气中的 SO_2 和 CO_2 等气体发生作用。由于烟道气温度高,故可强化干燥过程,缩短干燥时间。此外,还应考虑介质的经济性及来源。

2. 流动方式的选择　在逆流操作中,物料移动方向和介质的流动方向相反,整个干燥过程中的干燥推动力较均匀,适用于:①物料含水量高时,不允许采用快速干燥的场合;②耐高温的物料;③要求干燥产品的含水量很低时。

在错流操作中,干燥介质与物料间运动方向互相垂直。各个位置上的物料都与高温、低湿的介质相接触,因此干燥推动力比较大,又可采用较高的气体速度,所以干燥速度很高,适用于:①无论在高或低的含水量时,都可以进行快速干燥的场合;②耐高温的物料;③因阻力大或干燥器构造的要求不适宜采用并流或逆流操作的场合。

3. 干燥介质进入干燥器时的温度　为了强化干燥过程和提高经济效益,干燥介质的进口温度宜保持在物料允许的最高温度范围内,但也应考虑避免物料发生变色、分解等理化变化。对于同一种物料,允许的介质进口温度随干燥器型式不同而异。例如,在厢式干燥器中,由于物料是静止的,因此应选用较低的介质进口温度;在转筒、沸腾、气流等干燥器中,由于物料不断地翻动,致使干燥温度较高、较均匀、速度快、时间短,因此介质进口温度可高些。

4. 干燥介质离开干燥器时的相对湿度和温度　增高干燥介质离开干燥器的相对湿度 φ_2,以减少空气消耗量及传热量,即可降低操作费用;但因 φ_2 增大,也就是介质中水汽的分压增高,使干燥过程的平均推动力下降,为了保持相同的干燥能力,就需增大干燥器的尺寸,即加大了投资费用。所以,最适宜的 φ_2 值应通过经济衡算来决定。

对于同一种物料,若所选的干燥器类型不同,适宜的 φ_2 值也不同。例如,对气流干燥器,由于物料在器内的停留时间很短,就要求有较大的推动力以提高干燥速率,因此一般离开干燥器的气体中水蒸气分压需低于出口物料表面水蒸气分压的 50% ~ 80%。对于某些干燥器,要求保证一定的空气速度,因此考虑气量和 φ_2 的关系,即为了满足较大气速的要求,可使用较多的空气量而减少 φ_2 值。

干燥介质离开干燥器的温度 t_2 与 φ_2 应同时予以考虑。若 t_2 降低,而 φ_2 又较高,此时湿空气可能会在干燥器后面的设备和管路中析出水滴,因此破坏了干燥的正常操作。对气流干燥器,一般要求 t_2 较物料出口温度高 10 ~ 30℃,或 t_2 较入口气体的绝热饱和温度高 20 ~ 50℃。

5. 物料离开干燥器时的温度　物料出口温度 θ_2 与很多因素有关,但主要取决于物料的临界含

水量 X_c 及干燥第二阶段的传质系数。X_c 值愈低,物料出口温度 θ_2 也愈低;传质系数愈高,θ_2 愈低。

点滴积累 ╲┄┄

1. 流化干燥又称沸腾干燥,是指干燥介质使固体颗粒在流化状态下进行干燥的过程,属于对流干燥。

2. 干燥器操作条件包括干燥介质的选择;流动方式的选择;干燥介质进入干燥器时的温度;干燥介质离开干燥器时的相对湿度和温度等。

三、喷雾干燥技术

喷雾干燥是流化技术用于液态物料干燥的一种干燥方法,它是指通过雾化器将物料分散成雾状液滴,在干燥介质(热风)作用下进行热交换,使雾状液滴中的溶剂(通常为水)迅速蒸发,获得粉状或颗粒状制品的干燥过程。

喷雾干燥是目前干燥技术中较为先进的方法之一,已在食品、医药、化学工业等领域得到广泛应用。

知识链接

低温喷雾干燥法

一步造粒中药干燥塔的干燥工艺是一种间隔排料方式。喷嘴由塔顶插入并保持在塔体圆筒正中,搅拌装置置于锥形床底部,搅拌桨叶伸入床层中。操作时先将一定量的干燥辅助颗粒加入塔内,由塔底引入热风,将辅助颗粒吹动成沸腾状态。待床层温度升至80℃后,药液经过喷嘴雾化后进入塔内,向下喷向沸腾床中颗粒,继续干燥,热风温度最终维持95℃。被干燥的颗粒层高度不断长高,至接近出口位置,停止喷药液,继续通热空气达到相应干燥时间后,提高风机转速,将颗粒吹进旋风分离器,进行排料。

(一)喷雾干燥的原理及特点

如图9-8所示,料液(可以是溶液、乳浊液、悬浊液或浆料)由贮槽进入喷雾塔,经雾化器雾化成表面积极大的雾滴群,高温干燥介质经风机送至干燥塔顶部,并在干燥器内与雾滴群充分接触、混合,进行传质和传热,使雾滴中的湿分在极短时间(几秒到几十秒)蒸发汽化并被雾滴接触混合后,温度显著降低,湿度增大,并作为废气由排风机抽出,废气中夹带的细小粉尘可采用旋风分离器等分离装置进行回收。

载热体流过干燥器时,使水分或溶剂蒸发而得到粉状的产品,研究喷雾干燥的机制对决定操作极限以及使用的干燥器类型有重要作用。喷雾干燥操作物料中湿分的蒸发大体可分为恒速干燥阶段和降速干燥阶段,由于被分散后的雾滴比较小,所以各阶段经历的时间很短。喷雾干燥开始时都是恒速干燥阶段,蒸发过程是在颗粒的表面发生的,蒸发速率由蒸气通过周围气膜的扩散速度所控制,主要推动力由周围空气与颗粒之间的湿差 ΔT 决定,颗粒温度可以认为是不高于进口空气的绝热饱和温度。在这个阶段中,水分通过颗粒的扩散速率大于或等于蒸发速率。当水分通过颗粒的扩

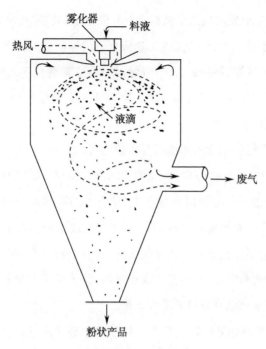

图 9-8 喷雾干燥原理图

散速率不能再维持颗粒表面饱和时,扩散速率就会成为控制因素,从而进入了降速阶段。在这个阶段中,蒸发过程是发生在表面内的某个平面上,同时,颗粒温度开始升高到进口空气的绝热饱和温度以上,并且接近周围的空气温度。由此可见,干燥过程是个传热、传质的复杂过程,因此干燥速率受到很多因素的影响。根据干燥的推动力定性分析,当在一定物料和一定雾化器形式之下,要提高干燥速率,主要取决于两方面,首先取决于进风温度,温度越高,推动力越大。另一方面取决于进风速度,因为干燥介质和液滴的相对速度愈大,愈能提高传热和传质效果,蒸发的水分能迅速从颗粒周围带走,表面得到不断更新,有利于强化干燥过程。

喷雾干燥就是用雾化器将料液分散成微波雾滴,雾滴漂浮在干燥室热空气中,雾滴中水分受热蒸发得到粉、颗粒状固体产品。喷雾干燥的最大特点是干燥过程在瞬间(一般不超过 30 秒)完成,为此特别适用于热敏性物料的干燥。喷雾干燥之所以干燥过程短是因为通过雾化器使料液在瞬间增大与空气的接触表面积,使之加速了传热和传质过程。在外表面存在水分的前提下,干燥过程只受外部热量与质量传递条件的控制。

在干燥器内,雾滴与空气的相互流动方向构成了它们之间的接触形式。主要分为并流式、逆流式和混流式 3 种。雾滴的运动方向与空气运动方向相同称为并流;两者运动方向相反称为逆流;运动方向先相反,后相同,也就是先逆流后并流称为混流式。

雾化器安装在塔顶,热空气也从塔顶进入干燥器,两者并流向下运动,此时称为并流。若雾化器安装在塔顶,雾滴自上而下运动,而热空气从塔下部进入干燥器,两者运动方向截然相反,称为逆流。当雾化器安装在塔的中部向上喷雾,热空气从塔顶引入干燥器,形成先逆流后并流的接触形式,此时称为混流。雾滴和空气的接触方式不同,对干燥室内的温度分布、液滴和颗粒的运动轨迹,物料在干燥器内的停留时间、热效率、产品粒度及含水率都有很大影响。

1. **并流式**　并流式喷雾干燥的特点是高温空气与高含水率的雾滴接触,因而水分迅速蒸发,雾滴表面温度接近于空气的湿球温度,空气温度迅速降低。干燥后的产品与低温气体并流运动,所以在整个干燥过程中物料不受高温,特别适合于热敏性物料,主要适合下列情况:①物料温度较大,允许快速干燥面不发生裂纹或焦化的产品;②干燥后期不耐高温、热敏性较强的物料,即被干燥物料受到高温后易发生分解、凝聚或有效成分被破坏的物料;③干燥后期物料吸湿性很小的物料;④在干燥器低温出口尾气环境中能保证产品含水率满足要求的物料。

2. **逆流式**　逆流式物料的运动方向与空气的运动方向相反,从塔顶喷出的雾滴与塔底向上运动的湿空气相接触(空气在通过干燥器时水分蒸发,使空气的湿含量增加),因此干燥推动力较小,水分蒸发速率也较并流式慢。在塔底处,最热的干燥空气与最干的物料相接触,因此对于耐高温、需要含水率较低的物料比较合适。由于逆流式雾滴的停留时间较长,有利于传热和传质,热效率也较高。主要适合下列情况:①物料湿度大,不允许快速干燥;②干燥后期物料可以耐高温;③干燥后的物料有较强的吸湿性;④要求产品具有较低的含水率。

3. **混流式**　混流式干燥器的雾化器安装在干燥器的中部并从下向上喷雾,热空气从塔顶引入干燥器,雾滴在先向上运动一段路(逆流过程)后再随空气向下运动(并流过程),具有并流式和逆流式的共同特点。雾滴在干燥室折返的过程中有相互黏结的倾向,因此产品的粒度较大,比较适合耐热性物料。逆流式和混流式的气流流向的设计,雾化器的雾化角设计要求较高,还要有足够大的塔径,这两种形式在高温工作时比较容易控制,低温操作会增加黏壁的可能性,加大了操作难度。

▶ **课堂活动**

喷雾干燥都有什么应用?　请讲述其过程和机制。　喷雾干燥中对雾滴有什么要求?

喷雾干燥的优点:①干燥速度快、时间短。料液经喷雾后,被雾化成 $10\sim60\mu m$ 的雾滴,比表面积很大,每 1L 料液经雾化后可达 $300m^2$ 左右。同时小粒子的蒸气压比同温度下饱和蒸气压大几倍,在高温气流中,瞬间就可蒸发 95%~98% 的水分,完成干燥的时间一般仅为 3~10 秒。②干燥过程中液滴温度不高,特别适用于热敏性物料的干燥,而且成品质量好,基本接近于真空下干燥的标准。③生产过程简化,操作控制方便。喷雾干燥可使物料溶液直接获得均匀的干燥产品,替代干燥、粉碎、过筛等多道工序,简化了生产工艺流程;产品的粒径、密度、水分等质量指标在一定范围内,使操作、调整、控制管理都很方便。④产品质量好,保持原有的色、香、味,具有良好的分散性、流动性和溶解性。⑤产品纯度高,生产环境优越,有利于保证制剂卫生。由于喷雾干燥是在密闭容器内进行的,杂质不会混入,所得产品纯度高,采取适当措施后可获得无菌成品;同时避免干燥过程中粉尘飞扬,对于有毒、臭气的物料,可采用封闭循环系统的生产流程,改善生产环境,防止大气污染。⑥操作稳定,易自动控制,减轻劳动强度,适宜于连续化大生产。

喷雾干燥的缺点:①当进风温度较低时,热利用率较低(约40%以下);②更换品种时设备清洗较麻烦,操作弹性小,易发生黏壁现象;③设备庞大,体积传热系数小,废气中回收微粒的分离装置较复杂。

案例分析

案例:采用传统的水提醇沉工艺得到的黄芩浸膏中黄芩苷的含量为23.06%(以浸膏中干固物含量计算),选用什么干燥方法除去里面的水?

分析:传统采用烘房干燥,但因为中药浸膏具有成分较复杂、黏性大、透气性差等特点,想要取得较好的干燥效果,需要在较高温度下干燥较长时间,容易导致热敏性活性成分分解变性;得到的黄芩浸膏粉中黄芩苷的含量也仅达到12.14%。采用喷雾干燥,浸膏成雾滴进行干燥,透气性湿分蒸发速度快,制品停留时间短,干燥效果好,得到的浸膏粉中黄芩苷的含量达到22.03%,所以选用喷雾干燥。

(二) 喷雾干燥的设备及操作

喷雾干燥器见图9-9,由空气加热系统、干燥系统、干粉收集及气固分离系统组成,现分述如下。

(1)空气加热系统包括空气过滤器和空气加热设备。空气过滤器有钢丝网、多孔陶瓷管、电除尘、棉花活性炭和超细过滤纤维等形式,可根据产品的需要进行选择。空气加热设备一般采用蒸气加热(如蒸气翅片换热器)和电加热。采用电加热可以避免由于蒸汽压力不高而难以达到进风温度要求的情况,同时便于精确调节进风温度,以保证产品质量。

(2)干燥系统主要包括喷雾器和干燥塔。喷雾器有气流式、压力式和离心式3种形式,目前我国应用较普遍的是压力式喷雾器。喷雾器是喷雾干燥设备的关键部分,它直接影响到喷雾干燥的产品质量和技术经济指标。雾化器总体要求结构简单、操作方便、能量消耗小、产量大、料液雾化后雾粒大小均匀并能控制其大小和产量。雾滴的干燥情况与热气流及雾滴的流向安排有关。流向的选择主要由物料的热敏性、所要求的粒度、粒密度等来考虑。常用的流向安排有并流型、逆流型和混合流型。

干燥塔是物料干燥成产品的设备,新型的喷雾干燥设备几乎都采用塔式结构,塔底为锥形,有利于收集干粉并防止黏壁。

(3)气固分离系统:气固分离设备的选择主要根据物料的物理性能、贵重程度和对环境的污染程度来决定,通常采用旋风分离器和袋滤器。湿法除尘因得到的回收细粉处理较麻烦,使用不普遍。一级旋风分离器可达到95%以上的分离效率,并且经久耐用、压力损失较小、结构简单、制造容易,因此得到广泛应用。旋风分离器形式有切线型、蜗壳型和扩散型等,蜗壳型虽然制造困难,但对细粉分离效率较高、阻力降小,性能较佳。选择最佳的气流入口速度乃是决定旋风分离器分离效率的关键。切线型旋风分离器的入口速度为15~20m/s,蜗壳型为10~20m/s。袋滤器能捕集极细的粉尘,其效率可达99%以上,但是清洗较麻烦,阻力降也大,在能满足分离效率的前提下,不一定设置袋滤器。

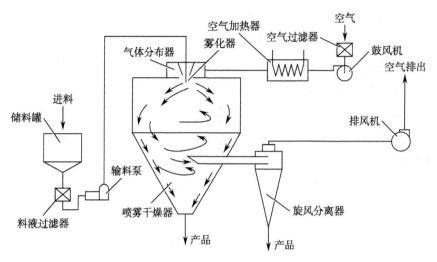

图 9-9 喷雾干燥器示意图

案例分析

案例:在喷雾干燥过程中因为黏壁问题而影响干燥的效果,如何杜绝干燥过程中的黏壁现象?

分析:黏壁现象迄今仍然是妨碍喷雾干燥器正常操作的一个突出问题。 一般说来,增大直径可以减轻黏壁;但为此目的而采用非常大的设备直径显然也不经济。 国外专家研究了干燥过程中的黏壁和结块问题,认为造成黏壁的主要宏观因素是壁温。 在关于橙汁喷雾干燥的专利中,提出的解决办法是使塔壁冷却至已干产品的温度以下,并在进料液中加入助干剂。 Masters 提出了防止粘壁的 3 种可能途径:①采用夹壁干燥塔,其间用空气冷却,使壁温保持在 50℃以下,黏结性特别强的物料宜采用平底塔;②通过塔壁旋气片切向引入二次空气冷却塔壁;③塔内近壁处安装由一排喷嘴组成的气扫帚,并使之沿壁缓慢转动。 显然,这些措施试图达到的基本效果是相同的,即冷却塔壁。 这些方法在中药浸膏的干燥中已经应用并取得一定效果。 另外,塔内壁抛光也可以减轻黏壁。

喷雾干燥设备的操作注意事项如下。

(1)喷雾干燥设备包括雾化器、干燥室、热空气分配器、空气过滤器、空气加热器、除尘装置、鼓风机等,因此,在投产前应做好如下准备工作:①检查供料泵、雾化气、送风机是否运转正常;②检查蒸气、溶液阀门是否灵活好用,各管路是否畅通;③清理塔内积料和杂物,铲除壁挂疤;④排除加热器和管路中积水,并进行预热,然后向塔内送热风;⑤清洗雾化器,达到流道畅通。

(2)启动供料泵向雾化器输送溶液时,观察压力大小和输送量,以保证雾化器的需要。

(3)经常检查、调节雾化器喷嘴的位置和转速,确保雾化颗粒大小合格。

(4)经常查看和调节干燥塔负压数值,一般控制在 100~300Pa。

(5)定时巡回检查各转动设备的轴承温度和润滑情况,检查其运转是否平稳,有无摩擦和撞击声。

(6)检查各种管路与阀门是否泄漏,各转动设备的密封装置是否泄漏,做到及时调整。

点滴积累 ∨

1. 喷雾干燥是指通过雾化器将物料分散成雾状液滴，在干燥介质（热风）作用下进行热交换使雾状液滴中的溶剂（通常为水）迅速蒸发，获得粉状或颗粒状制品的干燥过程。

2. 喷雾干燥操作物料中湿分的蒸发分为恒速干燥阶段和降速干燥阶段。

3. 在干燥器内，雾滴与空气的接触形式分为并流式、逆流式和混流式3种。

第二节 冷冻干燥技术

冷冻干燥，多为真空冷冻干燥，也称升华干燥，简称冻干。物料（溶液或混悬液）先冻结至冰点以下（通常-40～-10℃），然后在高真空条件下加热，使溶剂升华，从而达到低温脱水的目的。冷冻干燥得到的产物称作冻干物，该过程称作冻干。将冻干物用真空或氮气封口，以隔绝空气特别是氧气，再在低温下存放，则水分、空气、温度3个因素被控制，使产品能在较长的时间内得到有效的保存。冷冻干燥技术是在第二次世界大战期间，因大量需要血浆和青霉素而发展起来的，现在已广泛应用于化学、制药工业、食品工业和科学研究等方面，特别是应用于含有生物活性物质的生物药品方面最为普遍。凡是对热敏感、易氧化、在溶液中不稳定的药物均可采用此法干燥，尤其适用于抗生素、激素、核酸、血液和一些免疫制品等对温度敏感药物的干燥。

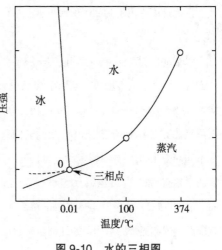

图 9-10 水的三相图

一、冷冻干燥的原理及特点

1. 水的三相点 真空冷冻干燥基本原理是基于水的三相变化，如图9-10所示。随着压力的降低，水的冰点变化不大，而沸点不断下降，逐渐接近冰点。当水的沸点降至与冰点重合时，气、液、固三相水共存，此时对应的气压温度值称三相点，纯水的三相点为610.5Pa，0.01℃。在三相点温度和压力以下，冰由固相直接转变为气相，称之为升华。

2. 升华 在高真空状态下，利用升华原理，使预先冻结的果蔬中的水分直接以冰态升华为水蒸气被除去，从而得到冷冻干燥脱水食品。冻干过程由于升华吸热，需要在冻干阶段补充热量，通过干燥层不断传递给冻结部分，在升华界面上，水分子被加热后沿毛细管进入到周围环境中被冷凝器捕捉而排除，避免了真空度的降低。在干燥过程中，物料必须处于真空冷冻状态，且需维持物料温度低于三相点温度。

3. 共晶点与共熔点 共晶点是指物料溶液析出冰晶体后，水与溶质达到平衡，共晶溶液全部冻结时的温度，是溶液完全冻结固化的最高温度。溶液完全冻结后，随着温度上升，开始有冰晶融化的温度称为共熔点。冻结的最终温度常以物料的共晶点为依据，必须达到共晶点以下才能保证物料完全冻结。干燥过程中的物料,其干燥层温度必须保持在共熔点以下,否则不能保证水分全部以汽化形式除去。

单纯的水降温至0℃时即可结冰,此时水、冰共存,体系温度始终保持为0℃;当对冰进行逐步升温至0℃时,即可融化为水的情况也完全类似,出现冰、水混合物,体系温度始终保持为0℃。只有冰全部融化为水后,温度才重新开始升高。当水温降至0℃时并不结冰,而要在0℃下若干度时才突然结冰,水温也随之突然上升至0℃,这种现象称为"过冷"现象,过冷现象的产生是由于在水结冰时,增加了新的表面能。

知识链接

预冻速度决定了制品体积大小、形状和成品最初晶格及其微孔的特性,其速度可控制在每分钟降温1℃左右。

对结晶性制剂而言,冻结速度一般不要太慢,冻结速度慢虽然便于形成大块冰晶体,维持通畅的升华通道,使升华速度加快,但如果结晶过大、晶核数量过少、制剂的结晶均匀性差,也不利于升华干燥。 对于一些分子呈无规则网状结构的高分子药物,速冻能使其在药液中迅速定型,使包裹在其中的溶媒蒸气在真空条件下迅速逸出,反而能使升华速度加快。 因此,溶液的最佳冷冻速度是因制剂本身的特性不同而变化的。 如蛋白多肽类药物的冻干,慢速冻结通常是有利的,而对于病毒、疫苗来说,快速降温通常是有利的。 20世纪60年代,人们成功地保存了哺乳动物的某些细胞,其降温程序是:以1℃/min降到-15℃,然后以4~5℃/min降到-79℃,这一程序与前面所提及的"两步法"是一致的。 但也有降温更慢和更快的事例,如红细胞和仓鼠细胞的最佳冷却速率超过50℃/min,而保存淋巴细胞的降温速率只有0.1℃/min。

4. 冷冻干燥有以下特点 ①由于干燥过程是在低温、低压条件下进行,故适宜于热敏性药物、易氧化物料及易挥发成分的干燥,可防止药物的变质和损失;②干燥后制品体积与液态时相同,因此干燥产品呈疏松、多孔、海绵状,加水后溶解性能好,有利于药品的长期保存。故常用于生物制品、抗生素等呈固体而临用时溶解的注射剂的制备。其缺点是设备投资费用高、动力消耗大、干燥时间长、生产能力低。

案例分析

案例:微生物培养、酶、血液等常常要选择冷冻干燥而不选用传统的干燥。

分析:传统的干燥会引起材料皱缩,破坏细胞。 在冷冻干燥过程中,样品的结构不会被破坏,因为固体成分被在其位置上的坚冰支持着。 在冰升华时,它会留下孔隙在干燥的剩余物质里。 这样就保留了产品的生物和化学结构及其活性的完整性。 微生物培养、酶、血液等常常要选择冷冻干燥,可保留其固有的生物活性与结构。

二、冷冻干燥基本过程及其冻干剂

冷冻干燥操作包括 3 个基本过程,即冻结(也称预冻结)、升华(也称第一期干燥)、解析干燥(也称第二期干燥)。

1. **冻结** 速冻与慢冻在冻结过程中,产品热量的转移可以通过传导、对流、辐射 3 种方式进行。热量传递的速度取决于界面的温差、传热介质的热导率与导热面积。冻结的方式有两种:事先将干燥箱搁板冷却到 -40℃ 左右再将产品放入,称为速冻(每分钟降温 10~50℃),晶粒可保持在显微镜下可见的大小;将产品放进干燥箱后再开始对搁板降温,称为慢冻(每分钟降温 1℃),形成的结晶肉眼可见。粗晶在升华后留下较大的空隙,可以提高冻干效率;细晶在升华后留下的间隙较小,使下层的升华受阻。速冻的产品粒子细腻,外观均匀,比表面积大,多孔结构好,溶解速度快,但产品的引湿性相对也要强些。不论何种方式,冻结后的产品温度都必须低于共晶点。溶液在冻结过程中常发生过冷现象,即溶液温度降低至共晶点以下时,溶质和溶剂仍不结晶,待温度继续降低至某一温度时,溶质和溶剂突然全部结晶析出,此时温度又重新上升到共晶点。为了克服这种经常发生的过冷现象,产品应该冷却到共晶点以下一个范围,并维持相当的时间,以确保溶质和溶剂全部结晶。一般产品的共晶点在 -30~-20℃,通常需将产品冻结至 -40~-35℃,再维持 1~2 小时,以保证产品冻结完全。

冻干 0.5~2ml 的药液,可用 2ml 或 5ml 的西林瓶。为了在 18 小时内升华干燥完毕,产品厚度不宜超过 10mm,最多不应超过 15mm。250~500ml 冻干专用的血浆瓶子比普通输液瓶瘦长些,利用旋冻机事先处理,可以冻干 200ml 液体。旋冻时,将瓶口直接用电动机带动,在冷乙醇浴中作垂直旋转,液体受离心作用即从瓶底部旋至顶部并冻结成壳。一般的半成品或药品溶液可置底部平整的不锈钢盘中。箱内预冻法直接把产品放置在冻干箱的多层搁板上,由冻干机的冷冻机来进行冷冻,例如大量的西林瓶进行冻干时,为了进箱和出箱方便,一般把西林瓶分装在不锈钢托盘内,再装进冻干箱内。为了改进热传导,不锈钢托盘可制成抽活底式,进箱时把底抽走,让西林瓶等玻璃容器直接与冻干箱的金属搁板接触,对于不可抽底的盘子,要求盘底平整,以获得产品的均一性。

2. **升华(第一期干燥)** 产品冻结以后,先使冷凝器的温度冷却到 -60~-50℃,然后开启真空泵抽去空气,待系统的压力降至 30Pa 左右时,打开干燥箱与冷凝器之间的大蝶阀,由于产品的温度高于冷凝器的温度,大量升华过程即开始。如果在升华过程中不供给热量,那么产品只有降低本身的内能来补偿升华热,直至升华面温度降至冷凝器温度时,升华也就停止。为了保持升华面与冷凝器之间的温度差,必须对冻干产品提供一定的热量。在系统的真空度和冷凝器温度正常时,将搁板温度控制在一个适当的幅度,可以使热量的传递与质量的转移处于平衡状态,从而使产品能够稳定在共晶点以下的某个温度进行升华。若搁板的温度升得过快、过高,致使原来的热量与质量平衡遭到破坏时,产品温度将会超过共晶点,反而使冻干失败。相反,若搁板温度控制过低,产品的升华温度也会相应下降,从而使冻干速率明显降低。控制搁板温度,使产品维持在共晶点以下 10℃ 左右,比较合理而且稳定。搁板温度控制在什么水平与许多因素有关,诸如产品本身的特性与共晶点、冷凝器制冷量与制冷面积、产品热传导、对流的性能、系统的真空度以及整个冻干机的结构等均会产生一定影响,因此升华时搁板温度控制在什么水平,要根据实际情况而定。

系统的真空度对热量的传递和水分子的扩散会产生重要的影响,真空度过低,固然会使升华速率明显下降;但真空度过高时,由于对流传热速率太低,反而会使冻干速率下降。实践表明,在一定的范围内提高系统的压力,能使搁板的温度维持在较低的情况下,显著提高对流传热的效果,从而使冻干周期缩短至原来的1/2~4/5。当系统的真空度明显下降时,水蒸气的升华扩散将受到严重阻碍,从而促使产品温度持续上升,直至超过共晶点,因此即便是短暂的停电,由于真空泵停止工作,也会使冻干失败。

冻干速率与压力之间存在着比较复杂的关系,具体问题要具体分析,即使在一个密封性能良好,干燥箱的压力常能达到5Pa左右的情况下进行冻干,由于容器和托盘的底部常常因为不平整,致使接触传热的效果很差,难以保证有效传热,使冻干速率降低。冻干过程的压力变化范围在10~30Pa比较合适。

为了掌握和控制冻干过程,常在干燥箱的观察孔附近事先放数支样品,升华过程中可观测到样品从上到下层层干燥,直至冰层全部消失。再维持搁板温度一段时间,以使整箱药品升华完毕。

3. 解析干燥(第二期干燥) 升华干燥过程可以去除90%以上的游离水分。在升华过程结束以后,可以将产品温度逐步升高以去除吸附的水分,此时产品温度即使超过共晶点,也不会再融化。由于物理吸附和化学结合的水分子受到键的作用力,其饱和蒸气压较游离水的饱和蒸气压低得多,蒸发速度相对较慢,为此可将搁板和产品温度适当提高,以不破坏产品的生物活性为度,通常可将搁板温度控制在30~35℃。解析干燥与升华过程所需的时间大致相等,约为9小时。随着产品残余水分的逐步脱除,产品的温度也逐渐升高,直至产品的温度与搁板温度一致时,表示产品的残余水分已基本蒸发完毕(图9-11);还可根据真空度的变化来判断冻干的终点,在升华过程中,冻干箱的压力大于真空泵端的压力,残余水分接近完毕时,两端的压力则逐渐接近直至相同(图9-11)。应该注意的是,最后导入冻干箱的空气应事先通过变色硅胶柱干燥,再经微孔滤膜除菌过滤,以防止已冻干成品回吸水分。将产品、搁板在冻结、升华、解析干燥中的温度及干燥箱、真空泵端的真空度与时间的变化关系作图,即可获得一完整的冻干曲线(图9-11),对常规的冷冻干燥操作具有指导意义。

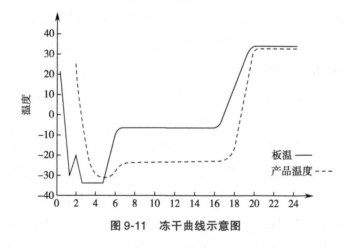

图9-11 冻干曲线示意图

4. 冻干的赋形剂 如冻干产品浓度过低会增大干燥层的空隙,并使产品疏松,引湿性太强,欲保持较低的残余水分也比较困难。此外,由于表面积过大,使产品容易萎缩,干燥后的成品也缺乏一定的机械强度,一经外界振动,极易分散为粉末而黏附在瓶壁上,影响成品的外观及使用。一般而言,冻干产品浓度控制在4%~25%。若低于4%,最好加入一些赋形剂和稳定剂。

理想的冻干制剂的赋形剂应具备纯度高、能参与机体正常代谢、无毒、无抗原性、热原易除去、引湿性小、共晶点高、冻干后的外观洁白细腻和价廉等特点。常见的赋形剂、稳定剂有乳糖、甘露醇、葡萄糖、白蛋白、右旋糖酐、磷酸盐等。乳糖的特点是成品外观洁白、均匀、细腻,并有一定的机械强度,但引湿性较强,常用浓度为3%~6%。甘露醇的特点是成品外观粒度较粗、性脆,但引湿性很小,常用乳糖与甘露醇配伍,可以取长补短,不仅外观洁白、均匀美观,引湿性也比较小,乳糖与甘露醇的配伍比可为1∶1,赋形剂总浓度宜为3%~6%。各种赋形剂可配成较高浓度的储备液,经活性炭处理过滤,热原检查合格后,灌封在输液瓶中灭菌备用。某些稳定剂如甘氨酸、精氨酸,低分子右旋糖酐和人血白蛋白也可兼作赋形剂用。

▶ 课堂活动

纤维蛋白类生物制品的干燥:喷雾干燥和真空冷冻干燥,选择哪一种干燥方法? 请说出你的理由。

三、冷冻干燥的设备及操作

冻干机是冻干生产过程中的主要工艺设备,根据所冻干的物质、要求、用途等不同,相应的冻干机也有所不同。按待冻干物质的不同,一般可分为冻干药品、冻干生物制品、冻干食品的冻干设备;按运行方式不同可分为间歇式冻干机和连续式冻干机;按冻干物质的容量不同可分为工业用冻干机和实验用冻干机。冻干机的结构形式多种多样,但是,无论何种冻干机均由冻干箱、搁板、冷凝器、真空隔离阀、制冷系统、循环系统、气动系统、真空系统、液压系统、在位清洗(CIP)系统、在位灭菌(SIP)系统、控制系统等组成。图9-12所示为冷冻干燥流程图。

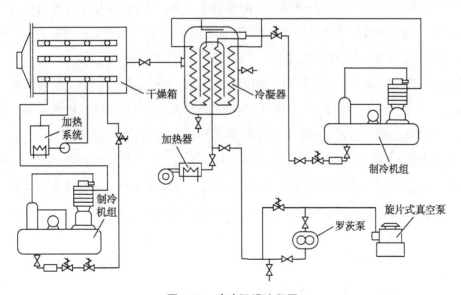

图9-12 冷冻干燥流程图

（一）冻干机的组成

冻干机按系统分，由制冷系统、真空系统、加热系统和控制系统四个主要部分组成。按结构分，由冻干箱或称干燥箱、冷凝器或称水汽凝结器、制冷机、真空泵和阀门、电气控制元件等组成，如图9-13所示。

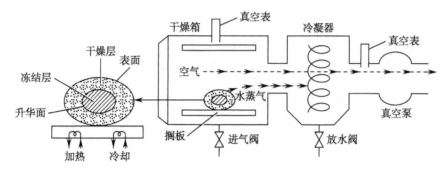

图9-13　冻干机主要结构及其原理图

冻干箱是一个能够制冷到−55℃左右，能够加热到+80℃左右的高低温箱，也是一个能抽成真空的密闭容器。它是冻干机的主要部分，需要冻干的产品就放在箱内分层的金属板层上，对产品进行冷冻，并在真空下加温，使产品内的水分升华而干燥。

冷凝器同样是一个真空密闭容器，在它的内部有一个较大表面积的金属吸附面，吸附面的温度能降到−70～−40℃或以下，并且能维持这个低温范围。冷凝器的功用是把冻干箱内产品升华出来的水蒸气冻结吸附在其金属表面上。

冻干箱、冷凝器、真空管道、阀门、真空泵等构成冻干机的真空系统。真空系统要求没有漏气现象，真空泵是真空系统建立真空的重要部件。对真空度控制的前提是真空系统本身必须具有很低的泄漏率，真空泵有足够大的功率储备，以确保达到极限真空度，并保持系统在升华过程中所需要的真空度。真空系统对于产品的迅速升华干燥是必不可少的。

制冷系统由制冷机与冻干箱、冷凝器内部的管道等组成。制冷机可以是互相独立的两套或以上，也可以合用一套。制冷机的功用是对冻干箱和冷凝器进行制冷，以产生和维持它们工作时所需要的低温，有直接制冷和间接制冷两种方式。

加热系统：对于不同的冻干机有不同的加热方式。有的是利用直接电加热法；有的则利用中间介质来进行加热，由一台泵（或加一台备用泵）使中间介质不断循环。加热系统的作用是对冻干箱内的产品进行加热，以使产品内的水分不断升华，并达到规定的残余含水量要求。

控制系统由各种控制开关，指示调节仪表及一些自动装置等组成，可以较为简单，也可以很复杂。一般自动化程度较高的冻干机则控制系统较为复杂。控制系统的功用是对冻干机进行手动或自动控制，操纵机器正常运转，以使冻干机生产出合乎要求的产品来。

（二）冷冻干燥的程序

1. 在冻干之前，把需要冻干的产品分装在合适的容器内，一般是玻璃模子瓶、玻璃管子瓶或安瓿，装量要均匀，蒸发表面尽量大而厚度尽量薄一些。

2. 然后放入与冻干箱板层尺寸相适应的金属盘内。对瓶装一般采用脱底盘，有利于热量的有效传递。

3. 装箱之前,先将冻干箱进行空箱降温,然后将产品放入冻干箱内进行预冻;或者将产品放入冻干箱内板层上同时进行预冻。

4. 抽真空之前要根据冷凝器制冷机的降温速度提前使冷凝器工作,抽真空时冷凝器至少应达到-40℃的温度。

5. 待真空度达到一定数值后(通常应达到 13~26Pa 的真空度),或者有的冻干工艺要求达到所要求的真空度后继续抽真空 1~2 小时或以上,即可对箱内产品进行加热。一般加热分两步进行,第一步加温不使产品的温度超过共熔点或称共晶点的温度,待产品内水分基本干完后进行第二步加温,这时可迅速地使产品上升的规定的最高许可温度。在最高许可温度保持 2 小时以上后,即可结束冻干。

整个升华干燥的时间为 12~24 小时,有的甚至更长,与产品在每瓶内的装量,总装量,玻璃容器的形状、规格,产品的种类,冻干曲线及机器的性能等有关。

冻干结束后,要充入干燥无菌的空气进入干燥箱,然后尽快地进行加塞封口,以防重新吸收空气中的水分。

在冻干过程中,把产品和板层的温度、冷凝器温度和真空度对照时间画成曲线,叫做冻干曲线。一般以温度为纵坐标,时间为横坐标。冻干不同的产品采用不同的冻干曲线。同一产品使用不同的冻干曲线时,产品的质量也不相同,冻干曲线还与冻干机的性能有关。因此,不同的产品,不同的冻干机应用不同的冻干曲线。见图 9-11 冻干曲线示意图(其中没有冷凝器的温度曲线和真空度曲线)。

难点释疑

喷雾干燥与冷冻干燥的正确选用

喷雾干燥优点:传热表面积大,干燥时间短,并可将蒸发、结晶、过滤、粉碎等过程集成于一次完成。缺点是热效低、能耗大、设备体积过大。冷冻干燥优点:在较低温度下进行;可保留样品的化学结构、营养成分、生物活性;产品的复水性和速溶性好;脱水彻底,利于长时间保存和运输;可以最大限度地保证生物产品的活性。缺点是干燥速率低、时间长、过程能耗高和设备投资大。如生物制品一般选择冷冻干燥。

（三）冻干机的基本操作

1. **操作前的检查**　①检查循环水压力、压缩空气压力是否满足要求;②检查硅油油位,真空泵的油位及颜色是否正常;③检查压缩机油位、氟利昂液位及湿含量显示器颜色是否在正常范围内;④检查计算机程序是否正常;⑤检查压力表、温度计的数值是否在正常范围内;⑥检查所有阀门是否处于关闭状态。

2. **装料**　①控制岗位操作人员在计算机控制屏上确定所用程序;②启动冻干机装料阶段的程

序;③观察冻干曲线图和设备运转示意图,并对应参照;④当曲线图上温度降至0℃后,通知无菌室。

3. 启动 装好待冻干产品关上门后,岗位操作人员接通知后,立即启动冻干程序。

4. 运行 ①注意观察冻干曲线是否与设定曲线相吻合;②观察控制系统、真空系统、循环系统和制冷系统等是否运行正常;③观察各阶段运行中各部件和各个阀门动作是否正确;④仪表应指示准确,设备运行无异常声响;⑤观察各个油位、液位是否符合要求,制冷剂湿含量显示应在规定范围内。

5. 停机 二期干燥压力达到设定要求时,压缩机还需5分钟左右运行保护,才可停机。

6. 化霜 ①确定化霜程序各参数,检查无误后启动化霜程序;②观察化霜过程中各阀门开关是否正确,水温、水量是否满足要求;③水泵运转应正常,各连接点无水泄漏。

7. 卸料 ①启动降温程序,进行产品降温,待温度降至15℃时,停机;②通知无菌室放空出料。

8. 注意事项 ①启动压缩机时,注意观察压缩机声音是否正常,高、中、低压力表的数值应在正常范围内;②启动真空泵时,注意观察有无异常噪声,真空度是否能达到工作要求;③检查液压系统运行时有无异常噪声,液压压力是否达到要求;④未经工艺员允许不得私自更改任何程序;⑤操作人员不得离岗,必须定时巡检,做好记录;⑥清洗冻干机后,重新启动冻干机时必须检查冻干箱排水阀是否关闭。

点滴积累 V

1. 冷冻干燥技术是将物料(溶液或混悬液)先冻结至冰点以下(通常-40～-10℃),然后在高真空条件下加热,使溶剂升华,从而达到低温脱水的目的。

2. 真空冷冻干燥基本原理是基于水的三相变化。

3. 冷冻干燥操作包括3个基本过程,即冻结(也称预冻结)、升华(也称第一期干燥)、解析干燥(也称第二期干燥)。

目标检测

一、选择题

(一)单项选择题

1. 干燥是( )过程

    A. 传质   B. 传热   C. 传热和传质

    D. 不确定   E. 放热

2. 作为干燥介质的热空气,一般应是( )的空气

    A. 饱和   B. 不饱和   C. 过饱和

    D. 不确定   E. 以上都是

3. 在一定空气状态下,用对流干燥方法干燥湿物料时,能除去的水分为( )

    A. 结合水分   B. 非结合水分   C. 平衡水分

D. 自由水分   E. 以上都是

4. 影响恒速干燥速率的主要因素是( )

    A. 物料的性质   B. 物料的含水量   C. 空气的状态

    D. 物料的形状   E. 以上都是

5. 影响降速干燥阶段干燥速率的主要因素是( )

    A. 空气的状态   B. 空气的流向   C. 物料性质与形状

    D. 空气的流速   E. 以上都是

6. 干燥进行的必要条件是物料表面所产生的水汽(或其他蒸气)压力( )干燥介质中水汽(或其他蒸气)的分压

    A. 等于   B. 小于   C. 大于

    D. 小于或等于   E. 不确定

7. 在干燥流程中,湿空气经预热器预热后,其温度( )

    A. 升高   B. 降低   C. 不变

    D. 先降低再升高   E. 不确定

8. 物料的自由水分即为物料的非结合水分,这句话( )

    A. 对   B. 不对   C. 不全对

    D. 不确定   E. 自相矛盾

9. 物料中结合水分的特点之一是其表面产生的水蒸气压( )同温度下纯水的饱和蒸汽压

    A. 等于   B. 大于   C. 小于

    D. 大于或等于   E. 不确定

10. 物料的平衡水分**一定是**( )

    A. 非结合水分   B. 自由水分   C. 结合水分

    D. 临界水分   E. 不确定

11. 干燥热敏性物料时,为提高干燥速率,可采取的措施是( )

    A. 提高干燥介质的温度   B. 增大干燥面积

    C. 降低干燥介质相对湿度   D. 增大干燥介质流速

    E. 以上都是

12. 在等速干燥阶段中,在给定的空气条件下,对干燥速率正确的判断是( )

    A. 干燥速率随物料种类不同而有极大的差异

    B. 干燥速率随物料种类不同而有较大的差异

    C. 干燥速率随物料大小不同而有极大的差异

    D. 干燥速率随物料大小不同而有较大的差异

    E. 各种不同物料的干燥速率实质上是相同的

13. 真空干燥的主要优点是( )

    A. 省钱   B. 干燥速率缓慢   C. 能避免物料发生不利反应

D. 能避免表面硬化　　　　　E. 以上都是

14. 物料中的平衡水分随温度升高而(　　　)

A. 增大　　　　　　　　B. 减小　　　　　　　　C. 不变

D. 先增大后减小　　　　　E. 不一定,还与其他因素有关

15. 当干燥要求磨损不大,产量较大的粒状物料时,可选用(　　　)干燥器较适合

A. 气流　　　　　　　　B. 厢式　　　　　　　　C. 转筒

D. 喷雾　　　　　　　　E. 带式

16. 当干燥一种易碎,损失较小而产量较大的物料时,可选用(　　　)干燥器较适合

A. 厢式　　　　　　　　B. 气流　　　　　　　　C. 带式

D. 转筒　　　　　　　　E. 喷雾

17. 以下说法**不正确**的是(　　　)

A. 由干燥速率曲线可知,整个干燥过程可分为恒速干燥和降速干燥两个阶段

B. 恒速干燥阶段,湿物料表面温度维持空气的湿球温度不变

C. 恒速干燥阶段,湿物料表面的湿度也维持不变

D. 降速干燥阶段的干燥速率与物料性质及其内部结构有关

E. 以上都不正确

18. 以下不影响降速干燥阶段干燥速率的因素是(　　　)

A. 实际汽化面减小　　　　B. 汽化面的内移

C. 固体内部水分的扩散　　　D. 湿物料的自由含水量

E. 以上都不影响

19. 固体物料在恒速干燥终了时的含水量称为(　　　)

A. 平衡含水量　　　　　B. 自由含水量　　　　　C. 临界含水量

D. 饱和含水量　　　　　E. 以上都不是

20. 不能提高干燥器热效率的方法是(　　　)

A. 提高空气的预热温度　　　B. 降低废气出口温度

C. 减小热损失　　　　　　D. 加大热量补充量

E. 以上都不能

(二) 多项选择题

1. 原料药中除去湿分的目的是(　　　)

A. 降低物料的重量和体积　　B. 便于加工、运输　　C. 便于贮存和使用

D. 使用更安全　　　　　　E. 降低使用期限

2. 去湿操作可采取哪些方法(　　　)

A. 萃取　　　　　　　　B. 压榨　　　　　　　　C. 沉降

D. 过滤　　　　　　　　E. 离心分离

3. 喷雾干燥器的主要缺点是(　　　)

A. 适应性差

B. 干燥介质用量大

C. 回收物料微粒的废气分离装置要求高

D. 生产能力低

E. 产品的干燥程度不均匀

4. 流化床干燥器的主要优点是(　　)

　　A. 产品的最终含水量较低　　　　　B. 气体流速比较高

　　C. 物料的破碎程度较大　　　　　　D. 流体阻力较大

　　E. 结构简单、操作方便

5. 真空冷冻干燥的特点包括(　　)

　　A. 干燥过程是在低温、低压条件下进行

　　B. 设备投资费用低、动力消耗小

　　C. 适于热敏性药物、易氧化物料及易挥发成分的干燥

　　D. 干燥时间长

　　E. 有利于药品的长期保存

6. 冻干制剂的赋形剂应具备(　　)

　　A. 价廉、纯度高　　　　　　　　　B. 无毒、无抗原性、热原易除去

　　C. 引湿性小　　　　　　　　　　　D. 共晶点高

　　E. 冻干后的外观洁白细腻

7. 冻干机的构成包括(　　)

　　A. 真空系统　　　　　　B. 冻干箱　　　　　　C. 搁板

　　D. 冷凝器　　　　　　　E. 真空隔离阀

8. 冻干系统的组成部分包括(　　)

　　A. 制冷系统　　　　　　B. 循环系统　　　　　C. 真空系统

　　D. 液压系统　　　　　　E. 控制系统

二、简答题

1. 物料中的非结合水分是指哪些水分？在干燥过程中能否除去？

2. 要提高恒速干燥阶段的干燥速率,你认为可采取哪些措施？

3. 为什么湿空气进入干燥器前,都先经预热器预热？

4. 简述喷雾干燥的主要优点。

5. 简述冻干机的主要组成部分。

6. 对冻干系统的控制系统有哪些要求？

三、实例分析

1. 某高职院校药学专业学生到当地一家生化制药企业顶岗实习,他来到生产胸腺素的生产线,

车间采用猪胸腺作为原料通过一系列的提取、纯化生产工艺制得胸腺素,最后需干燥供临床使用,这时带教师傅问该学生应采用何种方法进行干燥,请说出你的答案。

2. 牛黄是一种疗效确切的名贵中药材,主要的药理作用是镇静、解热。但天然牛黄药源有限,远远不能满足医疗需要,从 20 世纪 50 年代开始,我国就参考天然牛黄的化学组成,研制成功人工牛黄,人工牛黄的组分有胆红素、胆固醇、胆酸等,制备时按配方称定所需的各种原料。先将配方量的胆红素溶于少量有机溶剂,再加入胆酸、胆固醇等,混合均匀,然后干燥,你认为采用何种干燥方法为宜?

实训项目九　热干燥过程控制训练

【实训目的】

1. 了解洞道式干燥器的结构及工作原理。

2. 掌握洞道式干燥的操作要点及有关注意事项。

3. 通过测定过程训练,掌握物料的湿含量、物料与湿分的结合性质、物料性质和干燥介质等对干燥不同阶段的影响规律。

4. 掌握干燥速率曲线对干燥操作的指导作用。

【实训内容】

1. 实训项目名称洞道式干燥操作技能训练。

2. 实训装置洞道式干燥装置的配置情况如下。

(1)洞道尺寸:长 1.10m、宽 0.125m、高 0.18m。

(2)空气预热器加热功率:500~1500W。

(3)空气流量:1~5m³/min。

(4)干燥温度:40~120℃。

(5)重量传感器显示仪量程:0~200g,精度 0.2 级。

(6)干燥温度计、湿球温度计量程:0~150℃,精度 0.5 级。

(7)孔板流量计处温度计量程:0~100℃,精度 0.5 级。

(8)孔板流量计压差变送器和显示仪量程:0~4kPa,精度 0.5 级。

(9)电子秒表:绝对误差 0.5 秒。

【实训步骤】

1. 将干燥物料试样放入水中浸湿。

2. 向湿球温度计的附加蓄水池内补充适量的水,使池内水面上升至适当位置。

3. 将被干燥物料的空支架安装在洞道内。

4. 熟悉所用秒表的使用方法,然后让秒表的示值为零,处于备用状态。

5. 将空气流量调节阀全开。

6. 将空气预热器加热电压调节旋钮调至全关状态。

7. 全开新鲜空气进口阀和废气排出阀,全关废气循环阀。

8. 按下风机电源开关的绿色按键,启动风机。

9. 用空气流量调节阀将空气流量调至指定读数,适当打开废气循环阀,使废气循环阀有少量的废气排出,再用空气流量调节阀将空气流量调至指定值。

10. 按下空气预热器的电源开关,让电热器通电,并调节加热电压旋钮,使干燥器的干球温度达到指定值。

11. 干燥器的流量和干球温度恒定达 5 分钟之后,并且数字显示仪显示的数字不再增长,即可开始实验,此时读取数字显示仪的读数作为试样支撑架的重量。

12. 将被干燥物料试样从水盆内取出,控去浮挂在其表面上的水分(最好先挤去所含的水分,以免干燥时间过长)。

13. 将支架从干燥器内取出,插入试样后将支架放至洞道干燥室内,并安插在支撑杆上。注意不要用力过大,以免传感器受损。

14. 立即按下秒表开始计时,并记录显示仪表的显示值,然后记录每减少 1g 重量所需要的时间数(记录总重量和时间),直至干燥物料的重量不再因时间的延长而明显减轻时即可结束。

【实训提示】

1. 严格按操作规程进行操作,防止发生操作事故。

2. 注意各种仪器、设备的操作要求,并掌握操作方法。

【实训思考】

1. 实验过程中,为何必须经常观测空气的流量和干燥器的进口温度?

2. 开机时,为什么一定要先开风机后开空气预热器,停机时则相反?

3. 洞道式干燥适合哪些物料的干燥?

4. 分析每减少 1g 重量所需要的时间数的变化规律,说明原因。

【实训体会】

通过"洞道式干燥操作技能训练"的实训,熟悉了洞道式干燥的操作要点及有关注意事项。掌握了湿球温度计构造及使用方法、秒表的使用、空气流量调节阀的使用、电压调节方法、空气进口和废气出口的调节、风机的启动、干燥器的干球温度调节方法、准确读取数字显示仪、被干燥物料放置方法、干燥速率曲线对干燥操作的指导等基本操作;学习了干燥过程的控制方法;通过测定过程训练,掌握了物料的湿含量、物料与湿分的结合性质、物料性质和干燥介质等对干燥不同阶段的影响规律。

【实训报告】

包括实训目的、实训内容、实训步骤、实训问题处理、结果分析、改革成果及体会等。

【实训测试】

根据学生出勤、在实训过程中的表现、实训报告完成情况和实训测试成绩综合评定学生的实训成绩。

（李　艳）

综合实训

综合实训一　阿司匹林的合成及精制

【实训目的】

1. 掌握固-液分离、结晶等分离纯化技术的原理及操作。

2. 掌握和熟悉酯化反应的原理与方法

3. 熟悉阿司匹林的性状、结构和化学性质。

4. 了解阿司匹林中杂质的来源。

【实训原理】

可能存在于最终产物中的杂质是水杨酸本身,这是由于乙酰化反应不完全或由于产物在分离步骤中发生分解造成的。它可以在各步纯化过程和产物的重结晶过程中被除去。与大多数酚类化合物一样,水杨酸可与三氯化铁形成蓝紫色络合物,乙酰水杨酸因酚羟基已被酰化,不再与三氯化铁发生颜色反应,据此可将杂质检出。

【实训材料】

1. **实训器材**　天平及砝码,电热套,100ml 锥形瓶,100ml 量筒,100℃温度计,200℃温度计,铁架台及其附件,玻璃棒,吸滤瓶(布氏漏斗),漏斗,滤纸,烧杯,试管,培养皿,pH 试纸。

2. **实训试剂**　水杨酸,乙酸酐,浓硫酸,乙酸乙酯,饱和碳酸氢钠,1%三氯化铁溶液,浓盐酸。

【实训方法】

(一) 阿司匹林的合成

在 100ml 的锥形瓶中,加入水杨酸 10.0g,乙酸酐 14.0ml;然后用滴管加入 5 滴浓硫酸,缓缓地旋摇锥形瓶,使水杨酸溶解。将锥形瓶放在水浴上慢慢加热至70℃,维持温度30分钟。然后将锥形瓶从热源上取下,使其慢慢冷却至室温。在冷却过程中,阿司匹林渐渐从溶液中析出。在冷却到室温,结晶形成后,加入水 150ml;并将该溶液放入冰浴中冷却。待充分冷却后,大量固体析出,抽滤得到固体,冰水洗涤,并尽量压紧抽干,得到阿司匹林粗品。空气中风干,称重。

(二) 阿司匹林的分离

将阿司匹林粗品放在 150ml 烧杯中,加入饱和碳酸氢钠水溶液125ml。搅拌到没有二氧化碳放出为止(无气泡放出,嘶嘶声停止)。有不溶的固体存在,真空抽滤,除去不溶物并用少量水(5~10ml)洗涤。另取150ml烧杯一只,放入浓盐酸17.5ml和水50ml,将得到的滤液慢慢地分多次倒入烧杯中,边倒边搅拌。阿司匹林从溶液中析出。将烧杯放入冰浴中冷却,抽滤固体。并用冷水洗涤,抽紧压干固体,转入表面皿上,干燥。熔点(mp.)133~135℃。取几粒结晶加入有5ml水的小烧杯中,加入1~2滴1%三氯化铁溶液,观察有无颜色反应。

(三)阿司匹林的纯化

将所得的阿司匹林放入25ml锥形瓶中,加入少量热的乙酸乙酯(约15ml),在水浴上缓缓地不断地加热直至固体溶解,如不溶,则热滤。滤液冷却至室温,再用冰浴冷却,阿司匹林渐渐析出,抽滤得到阿司匹林精品。称重,测熔点。mp. 135~136℃。

【实训提示】

1. 为了检验产品中是否还有水杨酸,利用水杨酸属酚类物质、可与三氯化铁发生颜色反应的特点,用几粒结晶加入盛有3ml水的试管中,加入1~2滴1% $FeCl_3$ 溶液,观察有无颜色反应(紫色)。

2. 仪器要全部干燥,药品也要实现经干燥处理,乙酸酐要使用新蒸馏的,收集139~140℃的馏分。

3. 本实验的几次结晶都比较困难,要有耐心。在冰水冷却下,用玻棒充分摩擦器皿壁,才能结晶出来。

4. 由于产品微溶于水,所以水洗时要用少量冷水洗涤,用水不能太多。

5. 有机化学实验中温度高时反应速度快,但温度不宜过高,否则副反应增多。

【实训思考】

进行分离纯化前,阿司匹林中的杂质主要有哪些?

【实训报告】

包括实训目的、实训内容、实训步骤、实训问题处理、结果分析、改革成果及体会等。

【实训测试】

根据学生出勤、在实训过程中的表现、实训报告完成情况和实训测试成绩,综合评定学生的实训成绩。

综合实训二 黄连中盐酸小檗碱的分离纯化

【实训目的】

1. 掌握盐酸小檗碱的一种提取方法,熟悉盐析法、重结晶法。

2. 熟悉和掌握柱色谱法、薄层色谱法的分离原理及操作技能。

【实训原理】

黄连为毛茛科黄连属植物黄连、三角叶黄连或云连的干燥根茎。黄连的有效成分主要是生物碱,已分离出的主要生物碱有小檗碱、掌叶防己碱、黄连碱等。其中小檗碱含量最高,可达10%左右,是以盐酸盐的状态存在于黄连中。小檗碱有很强的抗菌作用,已广泛地应用于临床,掌叶防己碱也作药用,其抗菌性能和小檗碱相似。

小檗碱为黄色针状结晶,熔点为145℃,游离的小檗碱能缓缓溶于水(1:20)及乙醇中(1:100),易溶于热水及热醇,难溶于乙醚,石油醚、苯、三氯甲烷等有机溶剂,其盐在水中溶解度很小,尤其是盐酸盐。盐酸盐为1:500,枸橼酸盐1:125,酸性硫酸盐1:100,硫酸盐1:30,但在热水中都比较容易溶解。

小檗碱常以季铵碱形式存在,碱性强(pK_a11.53),能溶于水,其水溶液有3种互变形式。

季铵式(红棕色)　　　　　　　　醇式(黄色)　　　　　　　　醛式(黄色)

小檗碱(黄连素)　　　　　　　　　　　掌叶防己碱

掌叶防己碱又称巴马亭,为黄色结晶,溶于水、乙醇,几乎不溶于三氯甲烷、乙醚等有机溶剂。盐酸掌叶防己碱为黄色针状结晶,并有强烈的黄色荧光。易溶于热水或热乙醇,在冷水中的溶解度也比盐酸小檗碱大。

本实验是利用小檗碱和掌叶防己碱的硫酸盐在水中溶解度大的性质,用硫酸水提取出来总生物碱,再利用其盐酸盐难溶于水及盐析作用,使生物碱盐析出,以除去水溶性杂质。利用两种生物碱极性不同,采用柱色谱分离,最后用薄层色谱法来检验柱色谱的分离效果。

【实训材料】

1. **实训器材**　电热套,烘箱,烧杯,漏斗,布氏漏斗,蒸发皿,天平,玻璃柱(1cm×40cm)(或碱式滴定管),乳胶管,螺旋夹,锥形瓶,研钵,玻璃板,展开槽,点样毛细管,紫外线灯。

2. **实训试剂**　0.2%H_2SO_4,石灰乳,浓盐酸,pH试纸,NaCl,蒸馏水,10%NaOH,95%乙醇,氧化铝(80~100目),硅胶G,羧甲纤维素钠。

【实训方法】

(一) 提取

取黄连粗粉20g,加入0.3%H_2SO_4液至250ml,加热微沸20分钟(注意随时补充蒸发损失的溶剂),棉花过滤,残渣再加 0.3%H₂SO₄ 液 150ml 加热微沸 15 分钟,棉花过滤,两次滤液合并。向滤液中加入石灰乳调节 pH 11~12,棉花过滤,再向滤液中滴加浓 HCl,调节 pH 2~3,然后加入 5%(V/V) 氯化钠,搅拌并使完全溶解,并继续搅拌至溶液出现微浊现象为止,放置过夜。则有盐酸小檗碱沉淀析出。

(二) 分离纯化

抽滤,得盐酸小檗碱粗品,水洗,将所得粗品(未干燥)放入 20 倍量沸水中,搅拌溶解后,继续加热数分钟,趁热过滤。滤液滴加浓盐酸,调 pH 1~2,静置,则有盐酸小檗碱结晶析出。滤取结晶,用蒸馏水洗数次,抽干,70℃以下干燥,即为精制盐酸小檗碱,称重,计算收率。

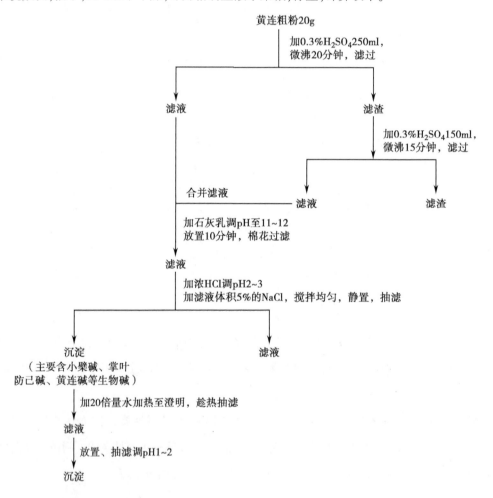

(三) 柱色谱分离及薄层色谱检测

吸附剂:12g 氧化铝(80~100 目)

色谱柱:1cm×30cm 玻璃柱(也可用碱式滴定管代替)

洗脱剂:95%乙醇,少量无水乙醇

1. 氧化铝吸附柱的制备(湿法装柱)　取一根 40cm 长的色谱柱,柱的下端套一段 3~4cm 长的乳胶管,在乳胶管上夹一螺旋夹,以控制洗脱液流出的速度。在柱底填一层松紧合适、平整的脱脂棉。将此色谱柱垂直地固定在铁架台上,关闭螺旋夹。

柱内加入一定体积95%乙醇,打开螺旋夹,放出管内乙醇,将色谱柱下端脱脂棉内的空气充分赶尽,然后再向色谱柱中加入一定体积的乙醇。

取中性氧化铝(100~200目)30g于烧杯中,加一定体积的乙醇调成浆状,赶尽其中气泡,然后通过小玻璃漏斗将浆状氧化铝徐徐注入柱中,并同时打开下端螺旋夹,让洗脱剂缓缓流出,不断用手轻轻振动玻璃柱,使氧化铝沉降均匀。当柱内液面接近氧化铝柱面时,表面保持有少量溶剂(0.5cm左右),关闭螺旋夹。

2. 样品的加入 称取25~50mg盐酸小檗碱,用尽量少的无水乙醇溶解制成溶液。用滴管沿色谱管壁小心加入,勿使氧化铝柱面受到振动。打开螺旋夹,待液面近与氧化铝表面相平时,迅速用少量无水乙醇将柱壁样液洗下,待液面下降后再洗,反复多次,直至表面溶剂无色,让样品完全保留于氧化铝中,并保留有1cm左右溶剂。在此过程中要准确迅速,洗涤溶剂尽量少并尽可能不要扰动氧化铝表面平整。

3. 洗脱 用滴管吸取95%乙醇,经管壁轻轻加入柱内,打开螺旋夹,控制流速20~30滴/分,不断加入洗脱剂,使洗脱剂的液面始终高于氧化铝。待氧化铝柱上呈现数段不同颜色的色带时,继续冲洗,使其彼此分离,并收集鲜黄色带,此段为盐酸小檗碱,其余色带为其他成分(棕色段可不再洗脱)。

4. 薄层色谱

(1)制备:取色谱用硅胶8g,加0.3%~0.5%羧甲基纤维素钠(CMC-Na)20~25ml,用研钵研成稀浆糊状,然后均匀倒在两块清洁的玻璃板上,铺成一层均匀薄层,室温晾干,105℃活化30分钟备用。

(2)点样、展开、显色:取盐酸小檗碱鲜黄色带和盐酸小檗碱乙醇对照品溶液,分别用毛细管点在薄层板上,重复点样3~5次。用乙醇-丙酮-乙酸(4∶5∶1)为展开剂进行展开,取展开剂8~10ml,展开完毕,先观察荧光斑点。

【实训提示】

1. 提取加热时注意保持微沸,不宜爆沸。

2. 盐析时加入氯化钠时需迎着烧杯壁搅拌,使氯化钠完全溶解。

3. 研硅胶G时,顺时针研,研大概10~15分钟。

4. 柱色谱整个操作过程,氧化铝柱表面应保持一定高度的溶剂(洗脱剂),不得使柱面溶剂流干。

5. 柱色谱一般采用等量收集洗脱液流分。每份洗脱剂体积的毫升数,一般与吸附剂重量相近。如果洗脱剂极性较大或样品各组分结构相近似时,每份收集量要小。

6. 洗脱时流速不宜过快,太快时柱中交换来不及达到平衡,影响分离效果。

7. 由于氧化铝表面活性较大,有时会促使某些成分发生变化,应在短时间内完成一个柱色谱的分离,以免样品在柱上起异构化、氧化、皂化、水合以及脱氢形成双键等反应。样品在柱上会扩散也会影响分离效果。

【实训思考】

1. 写出每一步骤中小檗碱的存在形式。

2. 采用柱色谱分离时应注意哪些方面的问题?

3. 为什么本实验采用氧化铝而不采用硅胶作吸附剂？

【实训报告】

包括实训目的、实训内容、实训步骤、实训问题处理、结果分析、改革成果及体会等。

【实训测试】

根据学生出勤、在实训过程中的表现、实训报告完成情况和实训测试成绩，综合评定学生的实训成绩。

综合实训三　土霉素的提取分离

【实训目的】

1. 了解发酵产物的分离提取流程。

2. 熟悉和掌握等电点结晶法的原理及操作。

3. 熟悉和掌握树脂脱色的原理与技术。

【实训原理】

目前，土霉素的提取工艺已相当成熟，其提取主要根据其理化性质而进行，可采用沉淀法、溶剂萃取法、离子交换法和吸附法来进行提取。工业生产上主要采用等电点沉淀法，其原理是利用土霉素具有两性，在其等电点时溶解度最小，从水溶液中析出结晶，以直接获得土霉素产品。

【实训材料】

1. **实训仪器**　烧杯，布氏漏斗，机械搅拌，电子天平，酸度计，离心机，磁力搅拌器，真空泵，分光光度计。

2. **实训试剂**　草酸，黄血盐，硫酸锌，硼砂，氨水，亚硫酸钠，盐酸，氢氧化钠，122#树脂。

【实训方法】

（一）发酵液预处理

1. **酸化**　取 600ml 土霉素发酵液，置装有机械搅拌的 1000ml 烧杯中，开始搅拌，待发酵液温度降至 20℃以下时，缓缓加入草酸溶液，并不时测定发酵液的 pH。当发酵液 pH 为 1.7~1.8 时（用酸度计测），酸化完毕。

酸化过程采用草酸酸化，使菌丝中的土霉素释放出来并生成溶于水的盐，并且能析出草酸钙沉淀，从而除去发酵液中的钙离子，同时草酸钙能促进蛋白质的凝结，从而提高滤液的质量。另外，草酸属于弱酸，其对设备的腐蚀性要比盐酸、硫酸小。

加入草酸的目的是释放菌丝中的单位，同时要保证土霉素的稳定性、成品的质量和提取成本。目前，工业提取的 pH 控制在 1.7~1.8，pH 过高对单位的释放不利，pH 过低影响产品的质量，同时会增加产品的成本。

2. **除杂**　在酸化反应的烧杯中，搅拌下依次缓慢加入黄血盐溶液（0.25%）、硫酸锌溶液（0.15%）、硼砂溶液（0.2%），加入时间间隔 15min，以便作用完全。

发酵液中存在许多有机物和无机物，加入净化剂除去铁离子和蛋白质。除杂过程采用的净化剂是黄血酸钾和硫酸锌,利用两者的协同效应除去蛋白质,同时除去铁离子。

(二) 稀释过滤

将处理过的发酵液稀释 1 倍,用真空抽滤瓶进行抽滤,滤饼用草酸水冲洗,滤液应完全澄清,否则必须重新过滤,直到完全澄清。

(三) 脱色

1. 树脂处理 脱色采用 122#树脂,使用前,要用 1mol/L 盐酸和氢氧化钠交替处理树脂,最后将树脂转化成氢型后,蒸馏水洗至近中性。要用抽滤瓶抽干,一般按每克树脂处理 100 000Da 的比例,根据滤液体积计算所用树脂,并称量待用。

采用 122#型树脂脱色,其原理是利用 122#型树脂为阳离子交换树脂,处理为氢型树脂后,所带的氢离子与色素蛋白中的氮、氧形成氢键,对滤液中色素有吸附作用,可进行脱色。要求脱色液在 500nm 下的透光率>85%(使用 721 型分光光度计测定脱色液的透光率)。

2. 树脂的装柱方法 将树脂柱的出口旋钮旋紧,往玻璃树脂柱中放入几个玻璃珠,以防脱色树脂漏出,再将称量好的树脂搅匀(树脂悬浮于水中),缓缓倒入树脂柱。注意装柱时树脂柱中不能有气泡,如有气泡应立即排出。脱色前后应注意不能使树脂处于干燥状态,否则树脂会失效。

3. 收集 脱色时要注意前一段时间的脱色液不要收集,待其效价达到 2000U/ml 以上时再收集。

(四) 结晶

取一定量脱色液放入 4 个锥形瓶中,用氨水调 pH 为 4.6(用酸度计测),恒温 30℃用磁力搅拌器搅拌,结晶,搅拌转数为 70r/min,结晶 1 小时。

土霉素脱色液中加入碱化剂调 pH 到等电点附近,使土霉素从脱色液中直接沉淀出来。碱化试剂一般有氢氧化钠、氨水、碳酸钠、亚硫酸钠。由于氢氧化钠碱性过强,单独使用会造成局部过碱,从而破坏土霉素,影响产品质量;碳酸钠虽然有抗氧化性和脱色的作用,但其碱性较弱,调 pH 用量比较大;氨水的碱性比氢氧化钠弱、比碳酸钠强,并且价格比较便宜,使用量适中,所以氨水是最好的碱化试剂。碱化过程中所用的氨水应当含有 2%~3% 的亚硫酸钠,这样既能调 pH,又能起稳定的作用,同时还能脱色。

pH 不同,对产品的质量和产量会造成不同的影响。土霉素的等电点为 pH 4.6~4.8,在 pH 4.5~7.5,游离碱在水中的溶解度几乎不变。若 pH 控制在接近等电点时,虽然沉淀结晶较完全,收率也高,但会有大量杂质(主要是接近等电点 pH 的蛋白质)同时沉淀析出,影响产品的色泽和质量;若 pH 控制得较低一些,对提高产品质量虽有好处(即上述蛋白质等杂质不同时析出,而残留在母液中),但沉淀结晶不完全,收率要低些,影响产量。因此,在选择沉淀结晶 pH 时,就必须同时考虑到产、质量的效果。

(五) 离心、干燥

经过沉淀结晶后,结晶液进入离心机中,进行固-液分离,离心后的晶体再经过正压干燥,即得土霉素碱产品。

【实训提示】

1. 除杂纯化搅拌时间要够,溶液温度保持在 15℃ 以下。

2. pH 要调准确。

【实训思考】

写出土霉素提取工艺流程图。

【实训报告】

包括实训目的、实训内容、实训步骤、实训问题处理、结果分析、改革成果及体会等。

【实训测试】

根据学生出勤、在实训过程中的表现、实训报告完成情况和实训测试成绩,综合评定学生的实训成绩。

(马 娟)

参考文献

[1]陈优生.药物分离与纯化技术.第2版.北京:人民卫生出版社,2013.

[2]冯淑华,林强.药物分离纯化技术.北京:化学工业出版社,2009.

[3]辛秀兰.现代生物制药工艺学.北京:化学工业出版社,2006.

[4]张雪荣.药物分离与纯化技术.第3版.北京:化学工业出版社,2015.

[5]李淑芬,白鹏.制药分离工程.北京:化学工业出版社,2009.

[6]李阳,罗素琴,刘乐乐.手性药物的合成与拆分的研究进展.内蒙古医科大学学报,2014,36(1):74-78.

[7]杨千姣,刘丹,曲蕾,等.手性拆分技术及其在手性药物合成中的应用新进展.中国药物化学杂志,2009,19(6):429-435.

[8]邱玉华.生物分离与纯化技术.北京:化学工业出版社,2007.

目标检测参考答案

第一章 绪 论

一、单项选择题

1. A　　　2. C

二、简答题

略

第二章 固相析出技术

一、选择题

(一) 单项选择题

1. A	2. B	3. A	4. B	5. B	6. A	7. B	8. B	9. C	10. A
11. D	12. A	13. A	14. C	15. C	16. B	17. B	18. A	19. D	20. C

(二) 多项选择题

1. ABCDE　2. ABCDE　3. ABCDE　4. ABCDE　5. ABCDE

二、简答题

略

三、实例分析

①调 pH 和加热法:利用蛋白质对酸、碱和热变性方面性质的差异,可去除非活性杂蛋白。如制备脂肪酶时,在 pH 3,4 时以 400℃加热 150 分钟,淀粉酶活力可丧失 90%而被除去,而脂肪酶活力仍保持 80%以上。②蛋白质表面变性法:蛋白质表面变性后其性质有所不同,借以去除杂蛋白。如制备过氧化氢酶时,加入氯仿和乙醇进行振荡可以将杂蛋白变性而去除。③蛋白质沉淀剂法:利用醋酸铝、利凡诺、鞣酸、离子型表面活性剂等蛋白质沉淀剂可以去除杂蛋白及黏多糖类杂质。使用时要注意这类试剂常可引起酶变性失活,因此应迅速除去。④选择性变性法:各种蛋白质对变性剂的稳定性不同,可以用选择性变性剂去除杂蛋白。如细胞色素 C 对三氯乙酸较稳定,所以在制备时可用 2.5%三氯乙酸使其他杂蛋白变性使沉淀除去。⑤加保护剂热变性法:酶与底物或竞争性抑制剂结合后,其稳定性常显著增加。所以常用它们为保护剂,再用一些剧烈手段破坏杂蛋白,如用 D-甲基苯甲酸为 D-氨基酸氧化酶的保护剂,经加热除去杂蛋白,使该酶得到很好的提纯。⑥核酸沉淀剂

法:酶液中的核酸类杂质,可以用氯化锰、鱼精蛋白硫酸盐等沉淀剂使其沉淀而除去。必要时,也可用核糖核酸酶将核酸降解后除去。

第三章　固-液分离技术

一、选择题

（一）单项选择题

1. A　　2. B　　3. B　　4. B　　5. C　　6. B　　7. A　　8. B　　9. B　　10. B

（二）多项选择题

1. CD　2. ACDE　3. AC　4. BC　5. ABCDE

二、简答题

略

三、实例分析

空气沉降室属于重力沉降,其生产能力计算式为 $V_1 = \dfrac{FH}{\tau} 3600 F u_t$,由式可知,生产能力 V_1 与沉降器的高度无关,仅由颗粒的沉降速度 u_t 及沉降器的水平截面积所决定。因此,可以采用在空气沉降室内增加沉降板层数的方法,来提高空气沉降室的生产能力。

第四章　萃取技术

一、选择题

（一）单项选择题

1. C　　2. D　　3. A　　4. C　　5. B　　6. B　　7. C　　8. A　　9. C　　10. C

11. C　　12. A　　13. D　　14. D　　15. D

（二）多项选择题

1. CDE　2. ABC　3. ACDE　4. AB　5. ABDE

二、问答题

略

三、实例分析

采用超临界流体萃取法,由于挥发油所含化学成分的沸点相对较低,相对分子质量不大,在超临界二氧化碳流体中具有良好的溶解能力,大多数挥发油都可以采用纯超临界二氧化碳流体直接萃取,所需操作温度较低,避免了其中有效成分被破坏或分解,萃取产物上的质量好,产品的收率较高。

第五章 蒸馏技术

一、选择题

（一）单项选择题

1. A 　2. D 　3. B 　4. B 　5. A 　6. A 　7. C 　8. A 　9. A 　10. B

（二）多项选择题

1. ABCD 　2. ACD 　3. ABCDE 　4. AB 　5. BD

二、简答题

略

三、实例分析

1. 回流比有两个极限，全回流时，达到一定的分离程度需要的理论塔板数最小（设备费最低），但无产品取出，对工业生产无意义；最小回流比时，需要无限多理论塔板数，设备费为无限大，随回流比加大，N_T 降为有限数，设备费降低，但随 R 加大，塔径、换热设备等加大，且操作费加大。操作回流比 R 应尽可能使设备费与操作费总和为最小，通常取 $R = (1.1 \sim 2) R_{min}$。

2. 当加料板从适宜位置向上移两层板时，精馏段理论塔板数减少，在其他条件不变时，分离能力下降，$X_D \downarrow$，易挥发组分收率降低，$X_W \uparrow$。

第六章 膜分离技术

一、选择题

（一）单项选择题

1. B 　2. D 　3. B 　4. A 　5. C 　6. C 　7. A 　8. D 　9. D 　10. C

11. A 　12. C 　13. D 　14. B 　15. C 　16. C 　17. C 　18. D 　19. C 　20. C

（二）多项选择题

1. BDE 　2. BCDE 　3. ABC 　4. ACD

二、简答题

略

三、实例分析

1. 膜分离技术利用的是膜的选择透过特性，即小分子物质可选择性地透过，而大分子物质被截留。从操作方式来看，浓缩模式有利于获得大分子物质的浓缩液，透析模式有利于提高小分子物质的收率。由于我们需要通过膜分离得到较纯的小分子物质，因此根据分离要求和膜操作特点，可确定选用透析模式进行操作。

2. 有机酸或酚性化合物在水中可以解离成氢离子和酸根离子，因此可将含有有机酸的水溶液通过强碱性阴离子交换树脂，使酸根离子交换到树脂上，而其他碱性成分或分子型成分可随溶液从柱底流出,交换后树脂用水洗涤,然后用稀酸水洗脱即可得到纯的有机酸,若有稀碱水洗脱,可得到有机酸盐。

3. 用盐析方法从牛乳中得到的沉淀粗品中主要含有大分子的蛋白质和少量的盐析剂硫酸钠。超滤膜的孔径为$(1\sim5)\times10^{-8}m$,可有效除去水中的微粒、胶体、细菌、热原质和各种有机物,但几乎不能截留无机离子。因此可通过超滤的方式将沉淀粗品中的盐析剂硫酸钠去除。

第七章　色谱分离技术

一、选择题

（一）单项选择题

1. B　　2. D　　3. A　　4. A　　5. C　　6. B　　7. C　　8. B　　9. C　　10. B

11. C　　12. C　　13. D　　14. B

（二）多项选择题

1. ACDE　2. ABE　3. BC　4. BE　5. ABCD

二、简答题

略

三、实例分析

1. 中药中的有机酸及酚性化合物属于酸性化合物,可以用阴离子交换树脂法从中药提取液中富集这些化合物。含有机酸及酚性化合物的水溶液通过阴离子交换树脂,被交换到树脂上,而碱性或中性成分不能被交换吸附,可随溶液从柱底流出。交换后的树脂用水洗涤,然后用稀酸水洗脱,即得游离的有机酸及酚性化合物,若用稀碱水洗脱,则可得到有机酸盐。

2. 大孔树脂提取分离喜树碱→喜树果粉末→70%乙醇浸泡→浓缩→浓缩液加饱和石灰水,搅拌30分钟过滤→滤液调pH至8~9→上大孔树脂柱→90%pH2~3的乙醇洗脱→洗脱液浓缩汁悬浊状→乙酸乙酯萃取→浓缩避光结晶(喜树碱)。

第八章　其他分离纯化技术

一、选择题

（一）单项选择题

1. B　　2. A　　3. C　　4. B　　5. D　　6. A　　7. B　　8. C　　9. D　　10. D

11. C　　12. A　　13. D

（二）多项选择题

1. ABCE　2. ABCE　3. ABE　4. ACE　5. ABCDE　6. ACDE　7. ABDE　8. BCDE　9. ABDE

二、简答题

略

三、实例分析

不同的血红蛋白所带电荷不同、相对分子质量不同,其泳动方向和速度不同,可分离出各自的区带,将所得电泳区带与正常人的血红蛋白电泳图谱进行比较,可发现异常血红蛋白区带(如 HbH、HbE、HbBarts、HbS、HbD 和 HbC 等异常血红蛋白带);同时对电泳出的各区带进行电泳扫描,可进行各种血红蛋白的定量分析,如能定量检查 HbA,HbA_2,HbF 含量,其参考范围分别为 HbA 96.5%~97.5%,HbA_2 2.5%~3.5%,HbF 含量低。且某些区带成分的含量多少也具有临床意义,正常参考值成人男女 HbA_2 为 2.0%~3.5%并且没有出现异常血红蛋白带。如 $HbA_2 \leqslant 3.5$,或出现异常血红蛋白带(HbH、HbBarts),判为 α-地中海贫血表型阳性;如 $HbA_2 > 3.5\%$或出现异常血红蛋白带(HbF>2.0%),则判为 β-地中海贫血表型阳性。HbE 病时也在 HbA_2 区带位置处增加,但含量很大(在 10%以上)。HbA_2 轻度增加亦可见于肝病、肿瘤和某些血液病。

第九章　药物干燥技术

一、选择题

(一) 单项选择题

1. C　　2. B　　3. D　　4. C　　5. C　　6. C　　7. A　　8. C　　9. C　　10. C

11. B　　12. E　　13. C　　14. B　　15. C　　16. C　　17. C　　18. D　　19. C　　20. D

(二) 多项选择题

1. ABC　2. BDE　3. BCD　4. ABE　5. ACDE　6. ABCDE　7. ABCDE　8. ABCDE

二、简答题

略

三、实例分析

1. 胸腺素可用于自身免疫病、变态反应性疾病、肿瘤等多种疾病的治疗,猪胸腺素为多肽混合物,高温易致其失活,因而应采用冷冻干燥的方法进行干燥。

2. 胆酸、胆固醇为固醇类化合物,胆红素分子中由 4 个吡咯环通过亚甲基和次甲基连在一起的开链组成,三者对热都较稳定,但工艺中加入有机溶剂需在成品中除去,故采用真空干燥(减压干燥)的方法较好。

药物分离与纯化技术课程标准

供化学制药技术、药学、生物制
药技术专业用

ER-课程标准